"十三五"国家重点出版物出版规划项目

现代机械工程系列精品教材

普通高等教育"十一五"国家级规划教材

模具制造工艺

第2版

主　编　付建军

副主编　吴江柳　韩　飞

参　编　黄诗君　罗　锋　石健滨

　　　　沈耀仁　陈久川　于　杰

　　　　李　飞　刘新宇　张丽桃

主　审　成凤文

机械工业出版社

本书较系统地介绍了模具制造工艺，主要内容包括：模具机械加工的基本理论、模具机械加工、模具数控加工、模具特种加工、快速成型技术及其在模具制造中的应用、其他模具制造新技术简介、典型模具制造工艺以及典型模具的装配与调试。本书在内容上注重模具制造知识的系统性、实用性和先进性。

本书所举的例子和加工方法主要取自工程实际，以增强读者的工程化意识，并间接获得一定的工程经验。

本书在第 1 版的基础上增加了三维视图、动画和视频图像，以便更好地帮助读者理解和掌握本书内容。

本书可作为高等工科院校本科和专科的材料成型及控制工程专业的教材，内容上兼顾其他相关专业选修课需要，并可供有关工程技术人员参考。

图书在版编目（CIP）数据

模具制造工艺/付建军主编. —2 版. —北京：机械工业出版社，2017.3
（2025.1 重印）

普通高等教育"十一五"国家级规划教材 "十三五"国家重点出版物出版规划项目 现代机械工程系列精品教材

ISBN 978-7-111-56401-0

Ⅰ.①模… Ⅱ.①付… Ⅲ.①模具-制造-生产工艺-高等学校-教材 Ⅳ.①TG760.6

中国版本图书馆 CIP 数据核字（2017）第 059664 号

机械工业出版社（北京市百万庄大街 22 号 邮政编码 100037）
策划编辑：丁昕祯 责任编辑：丁昕祯 安桂芳 任正一
责任校对：潘 蕊 封面设计：张 静
责任印制：常天培
北京华宇信诺印刷有限公司印刷
2025 年 1 月第 2 版第 10 次印刷
184mm×260mm · 14.5 印张 · 353 千字
标准书号：ISBN 978-7-111-56401-0
定价：48.00 元

电话服务　　　　　　　　网络服务
客服电话：010-88361066　机 工 官 网：www.cmpbook.com
　　　　　010-88379833　机 工 官 博：weibo.com/cmp1952
　　　　　010-68326294　金 书 网：www.golden-book.com
封底无防伪标均为盗版　机工教育服务网：www.cmpedu.com

本书是在普通高等教育"十一五"国家级规划教材《模具制造工艺》基础上修订的。本书第 1 版自 2004 年出版以来，得到广大读者的认可和好评，后经多次重印，总发行量近五万册。为了使教材内容跟上模具制造业快速发展的步伐，反映当前模具制造的最新技术，适应高校转型发展的需求，贯彻近几年来颁布的现行国家标准，特对第 1 版进行修订。

本次修订保持了第 1 版应用性、针对性、实用性强的特色，着力突出新技术、新工艺、新国标，内容编排面向读者和工程实际。

1. 加强了现代加工方法的内容

将淘汰或基本淘汰的加工方法去除，如插削加工，增加了模具数控加工、模具特种加工、快速成型技术在模具制造中的应用以及其他模具制造新技术介绍等内容。

2. 重点、难点内容配有三维图和动画

为了提高教学质量，适应读者个性化和随时性学习的需要，针对重点和难点内容制作了三维图及仿真动画，读者只需用手机扫描二维码，即可浏览，使枯燥的制造工艺过程和理论阐述变得形象、直观、易于理解。

3. 图例选择源于工程实际

为了培养学生分析实际工艺的能力，进一步强化工程意识，帮助读者解决工程实际问题，书中所选择的图例多源于工程实际。另外，增加了章后思考题中工程实例的比例。

4. 采用现行国家标准

书中涉及的计量单位、名词术语，图样中标注的表面粗糙度、几何公差、极限与配合等，均符合国家标准要求。

本书可作为高等工科院校材料成型及控制工程专业及近机类专业教材，也可供相关工程技术人员参考。

本次修订工作分工如下：第一章、第二章由北华航天工业学院付建军编写；第三章由北华航天工业学院陈久川、上海工程技术大学沈耀仁编写；第四章由北华航天工业学院于杰编写；第五章由广东工业大学黄诗君编写；第六章由北华航天工业学院李飞、刘新宇、黑龙江工程学院石健滨编写；第七章由北华航天工业学院张丽桃编写；第八章由哈尔滨工业大学（威海）韩飞编写；第九章由北华航天工业学院罗锋编写；书中三维图和仿真动画由北华航天工业学院郭亮制作；全书新国标使用由北华航天工业学院杨墨审核。

本次修订由北华航天工业学院付建军担任主编，哈尔滨工业大学（威海）韩飞和上海工程技术大学吴江柳担任副主编；北华航天工业学院成凤文教授主审。

感谢北华航天工业学院张泽芹老师在本书编写过程中所做的资料搜集和整理工作。在本书修订过程中，参考了其他院校的相关教材，在此深表谢意。

由于编者水平有限，错误和不妥之处在所难免，敬请各位读者不吝赐教，以便改正。

编　者

本书是根据 2003 年 1 月在上海工程技术大学召开的普通高等教育应用型本科材料成型及控制工程专业规划教材建设研讨会的会议纪要，以及会后所审定的《模具制造工艺》教材编写大纲编写的。

本书在编写中根据应用型本科教育的特点、专业培养目标和教学要求确定内容安排，力求通过本课程的学习，使学生系统掌握模具制造的基本理论知识和常用工艺方法，了解先进模具制造技术及发展趋势，具有分析模具结构工艺性、合理设计模具的能力，培养学生较强的从事模具制造工艺技术工作和组织模具生产管理工作的能力。

本书是材料成型及控制工程专业（模具方向）的教材，内容上在满足课程教学大纲的前提下，兼顾其他相关专业学生选修课需要，并可供有关工程技术人员参考。

本书的主要内容是：模具机械加工的基本理论、模具机械加工、模具数控加工、模具特种加工、模具快速成形加工、其他模具加工新技术、典型模具制造工艺、典型模具的装配与调试。

本书以模具制造为主线，首先对模具机械加工的基本理论做了较全面的介绍，然后对模具的一般传统加工方法及现代先进加工方法在突出应用性的基础上予以讲述，使学生掌握当前国内外先进的模具制造工艺。本书还对目前正在发展之中的前沿制造技术及管理模式、理念做了介绍。

本书突出应用性和针对性，注重培养学生的实际工艺分析能力，使学生能通过正确地分析设计资料来选择工艺方法，确保加工的质量、效率和成本，同时从设计、设备、材料和工艺等全方位考虑问题，寻求工艺设计的整体优化。

本书注重实用性，书中所举示例和加工工艺主要取自于工程实际，以增强学生的工程化意识，并使学生能间接获取一定的工程经验。

书中各章后均附有一定量的思考题，供教学使用。

本书第一章、第二章、第七章由北华航天工业学院付建军编写；第三章由上海工程技术大学沈耀仁编写；第四章由上海工程技术大学吴江柳编写；第五章由广东工业大学黄诗君编写；第六章由黑龙江工程学院石健滨编写；第八章由哈尔滨工业大学（威海）韩飞编写；第九章由北华航天工业学院罗锋编写。全书由付建军担任主编，吴江柳和韩飞担任副主编，上海工程技术大学焦馥杰教授、北京理工大学庞思勤教授主审。

感谢北华航天工业学院成凤文、张泽芹老师在本书编写过程中所做的资料搜集和整理工作。感谢为本书提供参考资料的各位编者。

由于编者水平有限，错误和不妥之处在所难免，敬请各位读者不吝赐教。

编　者

绪　论

第一节　模具制造技术的发展

在现代制造业生产中，模具是生产各种产品的重要工艺装备，它以其特定的形状通过一定的方式使原材料成形。采用模具生产零部件，具有生产率高、质量好、成本低、节省能源和原材料等一系列优点，在铸造、锻造、冲压、塑料、橡胶、玻璃、粉末冶金、陶瓷制品等行业中得到了广泛的应用。它已成为当代工业生产的重要手段和工艺发展方向。模具工业对国民经济和社会的发展，起着越来越重要的作用。

模具工业的快速发展，不断对模具制造技术提出更高的要求。世界上一些工业发达国家，模具制造技术的发展非常迅速，特别是在制造精密、复杂、大型、长寿命模具技术的发展方面，现已成为衡量一个国家机械制造水平的重要标志之一。为了适应工业生产对模具的需求，在模具制造过程中采用了许多新工艺和先进加工设备，不仅改善了模具的加工质量，也提高了模具制造的机械化、自动化程度。同时，电子计算机、快速成型技术的发展及应用为模具设计和制造开辟了新的广阔前景。

近年来，我国的模具制造技术也有较大发展，从过去只能制造简单模具，发展到今天可以利用现代制造技术生产一些大型、精密、复杂、长寿命的模具。目前，全国已有模具生产厂家数千个，拥有职工数十万人，每年能生产上百万套模具。随着社会的发展，市场的需要，将会有更多的优秀专业技术人员加入到模具制造的队伍中来。为了尽快发展我国的模具工业，国家采取了许多具体措施，争取在较短的时间内，使模具生产基本适应各行业产品发展的需要。尤其是近些年来，国家有关部门对模具工业更加重视，给专业模具厂投资，支持其进行技术改造，并将模具列为国家规划重点科研攻关项目，选派有关工程技术人员出国学习考察，引进国外模具先进技术，制订有关的模具标准。通过这一系列措施的实施，使得我国模具工业有了很大发展，并在某些技术方面有所突破。

科技的进步与发展，使各学科之间相互促进和相互依赖的关系越来越密切。模具制造技术的发展也离不开与其相关技术的发展，主要表现在：

1. 制造设备水平的提高促进模具制造技术发展

随着先进、精密和高自动化程度的模具加工设备的应用，如数控仿形铣床、数控加工中心、精密坐标磨床、连续轨迹数控坐标磨床、高精度低损耗数控电火花成形加工机床、精密电火花线切割机床、精密电解加工机床、三坐标测量仪、挤压研磨机、快速成型设备等模具加工和检测设备的应用，拓展了可进行机械加工模具的范围，提高了加工精度，降低了制件的表面粗糙度值，大大提高了加工效率，推进了模具设计、制造一体化技术的发展。

2. 新材料的应用促进模具制造技术发展

模具材料是影响模具寿命、质量、生产率和生产成本的重要因素。只有高质量的、品种齐全的模具材料，模具的质量才有可能真正提高。目前我国模具的平均寿命仅为国外模具平均寿命的 1/5～1/3，在造成这一差距的因素中，模具材料和热处理方面的影响占 60% 以上。经过多年努力，我国已经研究开发了几十种模具新钢种及硬质合金材料，实践证明，这些材料具有良好的使用效果。目前材料研究生产部门还在继续开发生产塑料模具钢，压铸模具钢，高强韧、高耐磨优质模具钢等。在实际生产中，为促进模具制造技术的提高，模具设计和制造者应大力推广应用新型模具材料，以提高我国生产模具的平均使用寿命。

热处理是提高模具钢的强韧性和表面性能，发挥模具钢潜力的有效措施。为了提高模具基体的强度、刚度和韧性，应进一步完善和推广使用组织预处理、高淬低回、低淬低回、低温快速退火等热处理工艺；为使模具表面强化，即提高模具表面的强度、润滑性、耐蚀性，应推广化学热处理（氮化、硫化）、渗金属、化学沉积、电镀、涂层及电火花强化等技术。

3. 标准化程度的提高促进模具制造技术发展

模具的标准化是模具工业与模具技术发展的重要标志。到目前为止，我国已经制订了冲压模、塑料模、压铸模和模具基础技术等 50 多项国家标准，基本满足了国内模具生产技术发展的需要。产品的商品化程度是以标准化为前提的，随着标准的颁布实施，模具的商品化程度也大大提高，从"八五"期间的 20% 提高到目前的 40% 以上。商品化推动了专业化生产，降低了制造成本，缩短了制造周期，提高了标准件的内、外部质量，也促进了新型材料的应用。随着我国加入世界贸易组织，模具标准化程度的提高有着更加深远的意义。

4. 模具计算机辅助设计和辅助制造（模具 CAD/CAM）

随着计算机技术的发展，模具计算机辅助设计和辅助制造（模具 CAD/CAM）技术也随之快速发展，从而大大促进了模具制造技术不断改进。我国的模具设计与制造正朝着数字化方向迈进，国内外一些通用或专用软件已经得到了比较普遍的应用，特别是模具成形零件方面的软件，这种技术采用计算机辅助设计，进而将数据交换到加工制造设备上，实现计算机辅助制造，或将设计与制造连成一体，实现所谓的设计制造一体化。计算机辅助设计和制造，不仅提高了设计速度，还可以实现模具工作状况的模拟；不仅可以依据设计模型进行自动加工程序的编制，还可以实现加工结束后的自动检测。实践证明，采用计算机辅助设计与制造技术，大大缩短了模具的制造周期，提高了模具成形零件的设计和制造质量。

尽管我国的模具工业发展较快，模具制造的水平也在逐步提高，但和工业发达国家相比，仍存在较大差距，主要表现在模具品种少、精度差、寿命短、生产周期长、经济效益差、力量分散、管理水平低等方面。由于模具制造技术的相对落后，造成了模具供不应求的状况，远不能适应国民经济发展的需要，严重影响工业产品品种的发展和质量的提高。许多模具（尤其是精密、复杂、大型模具）由于国内制造水平的限制，不得不从国外高价引进。

应该看到，我国模具工业要想在尽可能短的时间内赶上世界工业发达国家的水平，还要付出许多艰苦的努力。根据我国模具技术的发展现状及存在的问题，模具制造技术今后应朝着以下几个方面发展：

1）模具制造技术向生产精密、高效、长寿命模具方向发展，以满足模具市场的需要。

2）加速模具标准化和商品化进程，以提高模具质量，缩短模具制造周期。

3）大力开发和推广模具 CAD/CAM 技术，以提高模具制造过程的自动化程度。

4）积极开发模具制造的新工艺、新技术，以满足用户对模具的不同需求。

5）发展模具专业化生产，以提高模具制造的反应灵活性并提高质量和效率。

第二节　模具制造的特点及基本要求

1. 模具制造的特点

模具生产具有一般机械产品生产的共性，同时又具有其特殊性，这就决定了模具制造工艺的特点。与一般机械制造相比，通常模具制造难度较大。作为一种专用工艺装备，模具生产和工艺主要有以下特点：

（1）**制造质量要求高**　模具制造不仅要求加工精度高，而且要求加工表面质量好。一般来说，模具工作部分的制造极限偏差都应控制在±0.01mm以内，有的甚至要求在微米级范围内；模具加工后的表面缺陷要求非常严格，而且工作部分的表面粗糙度要求 Ra 小于 $0.8\mu m$。

（2）**形状复杂**　模具的工作部分一般都是二维或三维的复杂曲面（尤其型腔模具），而不是一般机械加工的简单几何型面。

（3）**模具生产为单件、多品种生产**　每副模具只能生产某一特定形状、尺寸和精度的制件。在制造工艺上尽量采用通用机床、通用刀量具和仪器，尽可能地减少专用工具的数量。在制造工序安排上，要求工序相对集中，以保证模具加工的质量和进度，简化管理和减少工序周转时间。

（4）**材料硬度高**　模具实际上是一种机械加工工具，其硬度要求较高，一般都是用淬火合金工具钢或硬质合金等材料制成的，若用传统的机械加工方法制造，往往十分困难，所以模具加工方法有别于一般机械加工。

（5）**生产周期短**　由于新产品更新换代的加快和市场竞争的日趋激烈，要求模具生产周期越来越短。模具的生产管理、设计和工艺工作都应该适应这一要求。必须提高模具的现代设计、制造水平和标准化水平，以缩短制造周期，提高质量，降低成本。

（6）**要求成套性生产**　当某个制件需要多副模具加工时，前一模具所制造的产品是后一模具的毛坯，模具之间相互牵连制约，只有最终制件合格，这一系列模具才算合格。因此，在模具的生产和计划安排上必须充分考虑这一特点。

2. 模具制造的基本要求

研究模具制造的过程，就是研究探讨模具制造的可能性和如何制造的问题，进而研究怎样以较低的成本、较短的周期制造较高质量模具的问题。成本、周期和质量是模具制造的主要技术经济指标。严格地讲，寻求这三个指标的最佳值，单从模具制造的角度考虑是不够的，应综合考虑设计、制造和使用这三个环节，三者要协调。"设计"除考虑满足使用功能外，还要充分考虑制造的可行性；"制造"要满足设计要求，同时也制约设计，并指导用户使用；设计与制造也要了解"使用"，使得设计在满足使用功能等前提下便于制造，为达到较好的技术经济指标奠定基础。

应用模具的目的在于保证产品质量，提高生产率和降低成本等。为此，除了正确进行模具设计，采用合理的模具结构之外，还必须以先进的模具制造技术作为保证。但是，不论采用哪一种方法都应满足以下几个基本要求：

（1）**制造精度高**　模具精度主要是由其制品精度和模具结构的要求来决定的。为了保证制品精度，模具的工作部分精度通常要比制品精度高 2~4 级；模具结构对上、下模之间配合有较高的要求，为此组成模具的零部件都必须有足够高的制造精度，否则将不可能生产出合格的制品，甚至会使模具损坏。

（2）使用寿命长　模具是相对比较昂贵的工艺装备，其使用寿命长短将直接影响产品的成本。因此，除了小批量生产和新产品试制等特殊情况外，一般都要求模具有较长的使用寿命，在大批量生产的情况下，模具的使用寿命更加重要。

（3）制造周期短　模具制造周期的长短主要取决于设计上的模具标准化程度、制造技术和生产管理水平的高低。为了满足产品市场的需要，提高产品的竞争能力，必须在保证质量的前提下尽量缩短模具制造周期。

（4）模具成本低　模具成本与模具结构设计的复杂程度、模具材料、制造精度要求及加工方法等有关。模具技术人员必须根据制品要求，合理设计和制订其加工工艺，降低成本。

需要指出的是，上述四项指标是相互关联、相互影响的。片面追求模具精度和使用寿命必然会导致制造成本的增加。当然，只顾降低成本和缩短制造周期而忽视模具精度和使用寿命的做法也是不可取的。在设计与制造模具时，应根据实际情况做出全面的考虑，即应在保证制品质量的前提下，选择与制品生产量相适应的模具结构和制造方法，使模具制造周期短、成本低。

第三节　本课程的性质、任务和学习方法

本课程为材料成型及控制工程专业的主要专业课之一。通过本课程的学习，使学生掌握模具制造的基本专业知识和常用工艺方法，了解和掌握先进模具制造技术，具有分析模具结构工艺性的能力，从而提高模具设计的综合水平；使学生具有较强的从事模具制造工艺技术工作和组织模具生产管理的能力。

由于现代工业生产的发展和材料成形新技术的应用，对模具制造技术的要求越来越高。模具的制造方法已不再只是过去意义上的传统的一般机械加工，而是广泛采用电火花成形、数控线切割、电化学加工、超声波加工、激光加工以及成形磨削、数控仿形以及快速成型等现代加工技术。

通过本课程的学习，要求学生掌握各种现代模具加工方法的基本原理、特点及加工工艺，掌握各种制造方法对模具结构、材料的要求，以提高学生分析模具结构工艺性的能力。

由于模具制造工艺发展迅速，同时本课程的实践性很强，涉及的知识面较广，因此，学生在学习本课程时，除了重视其中必要的工艺原理与特点等理论学习外，还应密切关注现代模具制造的新发展和新动向，特别注意实践环节，尽可能多地去参观有关展览及模具厂，认真参加现场教学和相关实验，以增加感性认识，提高动手能力。

思　考　题

1. 简述模具制造在现代制造业生产中起到的作用。
2. 为什么说模具制造技术的发展离不开相关技术的发展？
3. 与一般机械产品生产相比，模具生产具有哪些特殊性？
4. 本课程的性质、学习任务是什么？
5. 学习本课程应注意哪些方面的问题？

模具机械加工的基本理论

第一节　模具制造工艺规程编制

模具加工工艺规程是规定模具零部件机械加工工艺过程和操作方法等的工艺文件。模具生产工艺水平的高低及解决各种工艺问题的方法和手段，都要通过机械加工工艺规程来体现，在很大程度上决定了能否高效、低成本地加工出合格产品。因此，模具加工工艺规程的编制是一项十分重要的工作。

模具机械加工与其他机械产品的机械加工相比较，其特殊性是：模具一般是单件小批生产，模具标准件则是成批生产；成形零件加工精度较高，形状也千差万别，采取的加工方法往往不同于一般机械加工方法。所以，模具加工工艺规程具有与其他机械产品同样的普遍性，同时还具有其特殊性。

一、基本概念

1. 模具生产过程与工艺过程

（1）生产过程　生产过程是将原材料或半成品转变成为成品的各有关劳动过程的总和。一般模具产品的生产过程主要包括：

1）生产技术准备过程：这个过程主要是完成模具产品投入生产前的各项生产和技术准备工作。如模具产品的实验研究和设计，工艺设计和专用工艺装备的设计与制造；各种生产资料的准备以及生产组织等方面的准备工作。

2）毛坯的制造过程：如铸造、锻造和冲压等。

3）零件的各种加工过程：如模具的机械加工、焊接、热处理和其他表面处理等。

4）产品的装配过程：包括部装、总装、检验试模和油封等。

5）各种生产服务活动：如生产中原材料、半成品、标准件、外购件和工具的准备、供应、运输、保管以及产品的包装和发运等。

现代模具工业的发展趋势是自动化、专业化生产，这使得模具生产过程变得比较简单，有利于保证质量、提高效率和降低成本。如模具零件毛坯的生产，由专业化的毛坯生产工厂来承担。模具上的导柱、导套、顶杆等零件和模架，由专业化的标准件厂来完成。这既有利于模具上各种零件质量的保证，也利于降低成本。对于专业化零部件制造厂和模具制造厂都是有利的。

（2）工艺过程　在模具产品的生产过程中，对于那些使原材料成为成品的直接有关的过程，如毛坯制造、机械加工、热处理和装配等，称为工艺过程。用机械加工的方法，直接改变毛坯的形状、尺寸和表面质量，使之成为产品零件的那部分工艺过程，称为模具机械加工工艺过程。将合理的机械加工工艺过程确定后，以文字和图表形式作为加工的技术文件，即为模具机械加工工艺规程。

2. 模具机械加工工艺过程的组成

模具加工工艺过程是由若干个按顺序排列的工序组成，而每一个工序又可依次细分为安装、工位、工步和走刀。

（1）工序　工序是工艺过程的基本单元。工序是指一个（或一组）工人，在一个固定的工作地点（如机床或钳工台等），对一个（或同时几个）工件所连续完成的那部分工艺过程。

划分工序的主要依据是，零件在加工过程中工作地点、加工对象是否改变以及加工是否连续完成。如果不能满足其中一个条件，则不属于同一工序，而需要构成另一个工序。

（2）工步与走刀　在一个工序内，往往需要采用不同的刀具和切削用量，对不同的表面进行加工。为了便于分析和描述工序的内容，工序还可进一步划分为工步。当加工表面、切削工具和切削用量中的转速与进给量均不变时，所完成的那部分工序称为工步。

在一个工步内由于被加工表面需切除的金属层较厚，需要分几次切削，则每进行一次切削就是一次走刀。走刀是工步的一部分，一个工步可包括一次或多次走刀。

（3）安装与工位　工件在加工之前，在机床或夹具上先占据一个正确的位置，这就是定位。工件定位后再予以夹紧的过程称为装夹。工件经一次装夹后所完成的那一部分工序称为安装。在一个工序内，工件的加工可能只需一次装夹，也可能需要几次装夹。工件在加工过程中应尽量减少装夹次数，因为多进行一次装夹就可能多产生一次误差，而且增加了装夹工件的辅助时间。

为了减少工件安装的次数，常采用各种回转工作台、回转夹具或移位夹具，使工件在一次安装中先后处于几个不同位置进行加工。此时，工件在机床上占据的每一个加工位置称为工位。

3. 生产纲领与生产类型

（1）生产纲领　工厂制造产品（或零件）的年产量，称为生产纲领。在制订工艺规程时，一般按产品（或零件）的生产纲领来确定生产类型。

零件的生产纲领可按下式计算：

$$N = Qn(1+a+b)$$

式中　N——零件的生产纲领；

Q——产品的生产纲领；

n——每台产品中该零件的数量；

a——该零件的备品率；

b——该零件的废品率。

（2）生产类型　根据产品的生产纲领的大小和品种的多少，模具制造业的生产类型主要可分为：单件生产和成批生产（模具制造业中很少出现特大批量生产的情况）。

1）单件生产。生产的产品品种较多，每种产品的产量很少，同一个工作地点的加工对象经常改变，且很少重复生产。如新产品试制用的各种模具和大型模具等都属于单件生产。

2）成批生产。产品的品种不是很多，但每种产品均有一定的数量。工作地点的加工对象周期性地更换，这种生产称为成批生产。例如，模具中常用的标准模板、模座、导柱、导套等零件及标准模架等，多属于成批生产。

同一产品（或零件）每批投入生产的数量称为批量。根据产品的特征和批量的大小，成批生产可分为小批生产、中批生产和大批生产。不同的生产类型，所考虑的工艺装备、对工人的技术要求、工时定额、零件的互换性等都不相同。

二、工艺规程制订的原则和步骤

1. 工艺规程的作用

工艺规程是记述由毛坯加工成为零件的一种工艺文件，它简要地规定了零件的加工顺序、选用机床、工具、工序的技术要求及必要的操作方法等。因此，工艺规程具有指导生产和组织工艺准备的作用，是生产中必不可少的技术文件。

2. 制订工艺规程的原则

制订工艺规程的原则是在一定的生产条件下，所编制的工艺规程能以最少的劳动量和最低的费用，可靠地加工出符合图样及技术要求的零件。工艺规程首先要保证产品质量，同时要争取最好的经济效益。在制订工艺规程时，要体现以下三个方面的要求：

1）技术上的先进性。在制订工艺规程时，要了解国内外本行业工艺技术的发展。通过必要的工艺实验，优先采用先进工艺和工艺装备，同时，还要充分利用现有生产条件。

2）经济上的合理性。在一定的生产条件下，可能会出现多个能保证工件技术要求的工艺方案。此时，应全面考虑，并通过核算或评比，选择经济上最合理的方案，使产品的成本最低。

3）有良好的劳动条件。制订工艺规程时，要注意保证工人具有良好、安全的劳动条件，通过机械化、自动化等途径，把工人从笨重的体力劳动中解放出来，尽量减少环境对人体的侵害。

制订工艺规程时，工艺人员必须认真研究原始资料，如产品图样、生产纲领、毛坯资料及生产条件的状况等，参照同行业工艺技术的发展，综合本部门的生产实践经验和现有条件，进行工艺文件的编制。

3. 制订工艺规程的步骤

编制工艺规程，一般可按以下步骤进行：

1）对产品装配图和零件图的分析与工艺审查。

2）确定生产类型。

3）确定毛坯的种类和尺寸。

4）选择定位基准和主要表面的加工方法，拟订零件加工工艺路线。

5）确定各工序余量，计算工序尺寸、公差，提出其技术要求。

6）确定机床、工艺装备、切削用量及时间定额。

7）填写工艺文件。

4. 工艺文件及应用

将工艺规程的内容，填入一定格式的卡片，即为生产准备和施工依据的技术文件，称为工艺文件。在我国，各企业机械加工工艺规程表格不尽一致，但是其基本内容是相同的，常见的有以下几种：

（1）工艺过程综合卡片　这种卡片主要列出了整个零件加工所经过的工艺路线（包括毛坯、机械加工和热处理等），它是制订其他工艺文件的基础，也是生产技术准备、编制作业计划和组织生产的依据。在单件小批生产中，一般简单零件只编制工艺过程综合卡片，作为工艺指导文件。

（2）工艺卡片　这种卡片是以工序为单位，详细说明整个工艺过程的工艺文件。它不仅标出工序顺序、工序内容，同时对主要工序还表示出工步内容、工位及必要的加工简图或加工说明。此外，还包括零件的工艺特性（材料、质量、加工表面及其精度和表面粗糙度要求等）、毛坯性质和生产纲领。在成批生产中，广泛采取这种卡片。对单件小批生产中的某些重要零件也要制订工艺卡片。

（3）工序卡片　工序卡片是在工艺卡片的基础上分别为每一个工序制订的，是用来具体指导工人进行操作的一种工艺文件。工序卡片中详细记载了该工序加工所必需的工艺资料，如定位基准、安装方法、机床、工艺装备、工序尺寸及公差、切削用量及工时定额等。在大批量生产中，广泛采用这种卡片。在中、小批生产中，对个别重要工序有时也编制工序卡片。

三、产品图样的工艺分析

模具零件图是制订工艺规程最主要的原始资料。在制订工艺时，必须首先对零件加以认真分析。为了更深刻地理解零件结构上的特征和主要技术要求，通常还要研究模具的总装图、部件装配图及验收标准，从中了解零件的功用和相关零件间的配合，以及主要技术要求制订的依据，以便从加工制造的角度来分析零件的工艺性是否良好，为合理制订工艺规程做好必要的准备。

1. 零件结构的工艺分析

零件结构的工艺性，是指所设计的零件在满足使用要求的前提下制造的可行性和经济性。零件结构的工艺性好，是指零件的结构形状在满足使用要求的前提下，按现有的生产条件能用较经济的方法方便地加工出来。

模具零件的结构，由于使用要求不同而具有各种形状和尺寸。但是，如果从形体上加以分析，各种零件都是由一些基本的表面和特殊表面组成的。基本表面有内、外圆柱表面，圆锥表面和平面等，特殊表面主要有螺旋面、渐开线形表面及其他一些成形表面等。

在研究具体零件的结构特点时，首先要分析该零件是由哪些表面组成的，因为表面形状是选择加工方法的基本因素。例如，外圆表面一般是由车削和磨削加工出来，内孔则多通过钻、扩、铰、镗和磨削等加工方法获得。除表面形状外，表面尺寸对工艺也有重要的影响，以内孔为例，大孔与小孔、深孔与浅孔在工艺上均有不同的特点。

在分析零件的结构时，不仅要注意零件的各个构成表面本身的特征，而且要注意这些表面的不同组合，正是这些不同的组合才形成零件结构上的特点。例如，以内、外圆为主的表面，既可组成盘、环类零件，也可构成套筒类零件。对于套筒类零件，既可是一般的轴套，也可以是形状复杂的薄壁套筒。上述不同结构的零件在工艺上往往有着较大的差异。在模具制造中，通常还是按照零件结构和加工工艺过程的相似性，将各种零件大致分为轴类零件、套类零件、板类零件和腔类零件。

2. 零件的技术要求分析

零件的技术要求包括下列几个方面：①主要加工表面的尺寸精度；②主要加工表面的几何形状精度；③主要加工表面之间的相互位置精度；④零件表面质量；⑤零件材料、热处理要求及其他要求。这些要求对制订工艺方案有重要的影响。

根据零件结构特点，在认真分析了零件主要表面的技术要求之后，对零件加工工艺即可有一个初步的轮廓。

首先，根据零件主要表面的精度和表面质量的要求，初步确定为达到这些要求所需的最终加工方法，然后再确定相应的中间工序及粗加工工序所需的加工方法。例如，对于孔径不大的IT7级精度的内孔，最终加工方法为精铰时，则在精铰孔之前，通常要经过钻孔、扩孔和粗铰孔等加工工序。

加工表面之间的相对位置要求，包括表面之间的尺寸联系和相对位置精度。认真分析零件图上尺寸的标注及主要表面的位置精度，即可初步确定各加工表面的加工顺序。

零件的热处理要求影响加工方法和加工余量的选择，对零件加工工艺路线的安排也有一定的影响。例如，要求渗碳、淬火的零件，热处理后一般变形较大。对于零件上精度要求较高的表面，工艺上要安排精加工工序（多为磨削加工），而且要适当加大精加工的工序加工余量。

在研究零件图时，如发现图样上的视图、尺寸标注、技术要求有错误或遗漏、或结构工艺性不好时，应提出修改意见。但修改时必须征得设计人员的同意，并经过一定的审批手续。必要时，与设计者协商改进，以确保在保证产品功用的前提下，更容易将其制造出来。

四、毛坯设计

毛坯是根据零件所要求的形状、工艺尺寸等而制成的供进一步加工用的生产对象。模具零件的毛坯设计是否合理，对于模具零件加工的工艺性以及模具质量和寿命都有很大的影响。在毛坯设计中，首先考虑的是毛坯的形式，决定毛坯形式时主要考虑以下两个方面：

（1）模具材料的类别　在模具设计中规定的模具材料类别，可以作为确定毛坯形式的选择依据。例如，精密冲裁模的上、下模座多为铸钢材料，大型覆盖件拉深模的凸模、凹模和压边圈零件为合金铸铁时，这类零件的毛坯形式必然为铸件。又如，非标准模架的上、下模座材料多为45钢，毛坯形式应该是厚钢板的原型材。对于模具结构中的工作零件，如精密冲裁模和重载冲压模的工作零件，多为高碳高合金工具钢，毛坯形式应该为锻造件。对于高寿命冲裁模的工作零件，材料多为硬质合金材料，毛坯形式为粉末冶金件。对于模具结构中的一般结构件，则多选择原型材毛坯形式。

（2）模具零件几何形状特征和尺寸关系　当模具零件的不同外形表面尺寸相差较大时，如大型凸缘式模柄零件，为了节省原材料和减少机械加工工作量，应该选择锻件毛坯形式。

模具零件的毛坯形式主要分为原型材、锻造件、铸造件和半成品件四种。

1. 原型材

原型材是指利用冶金材料厂提供的各种截面的棒料、丝料、板料或其他形状截面的型材，经过下料以后直接送往加工车间进行表面加工的毛坯。

2. 锻件

经原型材下料，再通过锻造获得合理的几何形状和尺寸的坯料，称为锻件毛坯。

（1）锻造的目的　模具零件毛坯的材质状态如何，对于模具加工的质量和模具寿命都有较大的影响。特别是模具中的工作零件，大量使用高碳高铬工具钢，这类材料的冶金质量存在缺陷，如存在大量共晶网状碳化物，这种碳化物很硬也很脆，而且分布不均匀，降低了材质的力学性能，恶化了热处理工艺性能，降低了模具的使用寿命。只有通过锻造，打碎共晶网状碳化物，并使碳化物分布均匀，晶粒组织细化，才能充分发挥材料的力学性能，提高模具零件的加工工艺性和使用寿命。

（2）锻件毛坯　由于模具生产大多属于单件或小批生产，模具零件锻件的锻造方式多为自由锻造。模具零件锻造的几何形状多为圆柱形、圆板形、矩形，也有少数为 T 形、凵形、Π 形等。

1）锻件加工余量。如果锻件机械加工的加工余量过大，不仅浪费了材料，同时造成机械加工工作量过大，增加了机械加工工时；如果锻件的加工余量过小，使锻造过程中产生的锻造夹层、表层裂纹、氧化层、脱碳层和锻造不平现象不能消除，无法得到合格的模具零件。

2）锻件下料尺寸的确定。合理地选择圆棒料的尺寸规格和下料方式，对于保证锻件质量和方便锻造操作都有直接的关系。在圆棒料的下料长度（L）和圆棒料的直径（d）的关系上，应满足 $L=(1.25 \sim 2.5)d$。在满足上述关系的前提下，尽量选用小规格的圆棒料。关于下料方式，对于模具钢材料，原则上采用锯床切割下料。应避免锯一个切口后打断，这样易生成裂纹。如采用热切法下料，应注意将毛刺除尽，否则易生成折叠，造成锻件废品。

锻件毛坯下料尺寸的确定：

① 锻件坯料体积 $V_{坯}$ 为

$$V_{坯} = V_{锻} K$$

式中　　$V_{锻}$——锻件的体积；

　　　　K——损耗系数，$K = 1.05 \sim 1.10$。

锻件在锻造过程中的总损耗量包括烧损量、切头损耗、芯料损耗三部分。为了计算方便，总损耗量可按锻件重量的 5% ~ 10% 选取。在加热 1~2 次锻成，基本无鼓形和切头时，总损耗取 5%。在加热次数较多和有一定鼓形时，总损耗取 10%。

② 计算锻件坯料尺寸。理论圆棒料直径 $D_{理}$ 为

$$D_{理} = \sqrt[3]{0.637V_{坯}}$$

圆棒料的直径按现有棒料的直径规格选用，当 $D_{理}$ 比较接近实有规格时，$D_{实} \approx D_{理}$。圆棒料的长度 $L_{实}$ 应根据锻件毛坯的质量和选定的坯料直径，查选棒料长度重量表确定。

计算完 $D_{实}$ 和 $L_{实}$ 后应验证锻造比，如果不符合要求，应重新选取 $D_{实}$。

3. 铸件

在模具零件中常见的铸件有冲压模具的上模座和下模座、大型塑料模的框架等，材料为灰铸铁 HT2OO 和 HT250；精密冲裁模的上模座和下模座，材料为铸钢 ZG270—500；大、中型冲压成形模的工作零件，材料为球墨铸铁和合金铸铁；另外，吹塑模具和注射模具中的铸造铝合金，如铝硅合金 ZL102 等。

对于铸件的质量要求主要有：

1）铸件的化学成分和力学性能应符合图样规定的材料牌号标准。

2）铸件的形状和尺寸要求应符合铸件图的规定。

3）铸件的表面应进行清砂处理；去除结疤、飞边和毛刺，其残留高度应 ≤1~3mm。

4）铸件内部，特别是靠近工作面处不得有气孔、砂眼、裂纹等缺陷；非工作面不得有严重的疏松和较大的缩孔。

5）铸件应及时进行热处理，铸钢件应依据牌号确定热处理工艺，一般以完全退火为主，退火后硬度≤229HBW；铸铁件应进行时效处理，以消除内应力和改善加工性能，铸铁件热处理后的硬度≤269HBW。

4. 半成品件

随着模具专业化和专门化的发展以及模具标准化的提高，以商品形式出现的冷冲模架、矩形凹模板、矩形模板、矩形垫板等零件，以及塑料注射模标准模架的应用日益广泛。当采购这些半成品件后，再进行成形表面和相关部位的加工，对于降低模具成本和缩短模具制造周期都是大有好处的。这种毛坯形式应该成为模具零件毛坯的主要形式。

五、定位基准的选择

在制订零件加工的工艺规程时，正确地选择工件定位基准有着十分重要的意义。定位基准选择的好坏，不仅影响零件加工的位置精度，而且对零件各表面的加工顺序也有很大的影响。下面，首先建立一些有关基准和定位的概念，然后再着重讨论定位基准选择的原则。

1. 基准的概念

零件总是由若干表面组成，各表面之间有一定的尺寸和相互位置要求。模具零件表面间的相对位置包括两方面要求：表面间的距离尺寸精度和相对位置精度（如同轴度、平行度、垂直度和圆跳动等）。研究零件表面间的相对位置关系是离不开基准的，不明确基准就无法确定零件表面的位置。基准就其一般意义来讲，就是零件上用以确定其他点、线、面的位置所依据的点、线、面。基准按其作用不同，可分为设计基准和工艺基准两大类。

（1）设计基准　在零件图上用以确定其他点、线、面的基准，称为设计基准。例如，图2-1所示的零件，轴线 O-O 是各外圆表面和内孔的设计基准；端面 A 是端面 B、C 的设计基准；内孔表面 D 体现的轴线 O-O 是 ϕ40h6 外圆表面径向圆跳动和端面 B 轴向圆跳动的设计基准。

（2）工艺基准　零件在加工和装配过程中所使用的基准，称为工艺基准。工艺基准按用途不同，又分为定位基准、测量基准和装配基准。

1）定位基准。加工时使工件在机床或夹具中占据一正确位置所用的基准，称为定位基准。例如，阶梯轴的中心孔，如图2-1所示，零件套在心轴上磨削 ϕ40h6 外圆表面时，内孔即为定位基准。

2）测量基准。零件检验时，用以测量已加工表面尺寸及位置的基准，称为测量基准。图2-1中，当以内孔为基准（套在检验心轴上）检验 ϕ40h6 外圆的径向圆跳动和端面 B 的轴向圆跳动时，内孔即为测量基准。

3）装配基准。装配时用以确定零件在部件或产品中位置的基准，称为装配基准。例如，图2-1所示零件 ϕ40h6 外圆表面及端面 B 即为装配基准。

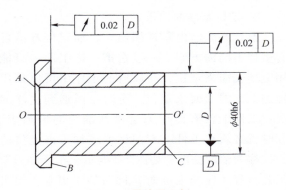

图 2-1　零件图示例

2. 工件的安装方式

为了在工件的某一部位上加工出符合规定技术要求的表面，在机械加工前，必须使工件在机床上相对于工具占据某一正确的位置。通常人们把这个过程称为工件的"定位"。工件定位后，为防止在加工中受到切削力、重力等的作用而移动，还应采用一定的机构，将工件"夹紧"，使其位置保持不变。将工件从"定位"到"夹紧"的整个过程，统称为"安装"。

工件安装的好坏，是模具加工中的一个重要问题，它不仅直接影响加工精度、工件安装的快慢、稳定性，还影响生产率的高低。为了保证加工表面与其设计基准间的相对位置精度，工件安装时应使加工表面的设计基准相对机床占据一正确的位置，如图2-1所示。为了保证加工表面 ϕ40h6 外圆表面径向圆跳动的要求，工件安装时必须使其设计基准（内孔轴线 $O\text{-}O$）与机床主轴的轴线重合。

在各种不同的机床上加工零件时，有各种不同的安装方法。它可以归纳为直接找正法、划线找正法和采用夹具安装法等三种。

（1）直接找正法　采用这种方法时，工件在机床上应占有的正确位置，是通过一系列的尝试而获得的。具体的方式是在工件直接装在机床上后，用千分表或划针，以目测法校正工件的正确位置，一边校验，一边找正，直至符合要求。

直接找正法的定位精度和找正的快慢，取决于找正方法、找正工具和工人的技术水平。它的缺点是花费时间多、生产率低，且要凭经验操作，对工人技术水平要求高。故仅用于单件、小批量生产中。此外，对工件的定位精度要求较高时，如误差小于 0.01 ~ 0.05mm 时，如果采用夹具，因其本身有制造误差，而难以达到要求，就不得不使用精密量具和由较高技术水平的工人用直接找正法来定位，以达到其精度要求。

（2）划线找正法　此法是在机床上用划针按毛坯或半成品上所划的线来找正工件，使其获得正确位置的一种方法。显而易见，此法要多一道划线工序。划的线本身有一定宽度，在划线时尚有划线误差，校正工件位置时还有观察误差。因此，该法多用于生产批量较小、毛坯精度较低以及大型工件等不宜使用夹具的粗加工中。

（3）采用夹具安装法　夹具是机床的一种附加装置，它在机床上相对刀具的位置，在工件未安装前已预先调整好，所以在加工一批工件时，不必再逐个找正定位，就能保证加工的技术要求，既省工又省事，是先进的定位方法，在成批和大量生产中广泛应用。夹具在现代生产中已得到了大量应用。

3. 定位基准的选择

设计基准已由零件图给定，而定位基准可以有多种不同的方案。一般在第一道工序中只能选用毛坯表面来定位，在以后的工序中可以采用已经加工过的表面来定位。有时可能遇到这样的情况：工件上没有能作为定位基准用的恰当表面，此时就必须在工件上专门设置或加工出定位的基面，称为辅助基准。如图2-2所示，车床小刀架的工艺凸台 A 应和定位面 B 同时加工出来，使定位稳定可靠。辅助基准在零件工作中一般并无用途，

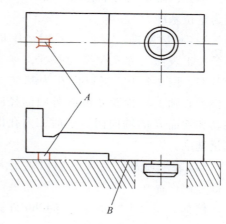

图 2-2　具有工艺凸台的刀架毛坯

完全是为了工艺上的需要。加工完毕后，如有必要可以去掉。

一般起始工序所用的粗基准和最终工序（含中间工序）所用的精基准的选择原则如下：

（1）粗基准的选择　在起始工序中，工件定位只能选择未经加工的毛坯表面，这种定位表面称为粗基准。粗基准选择的好坏，对以后各加工表面的加工余量的分配，以及工件上加工表面和不加工表面相对位置均有很大的影响。因此，必须重视粗基准的选择。粗基准选择的要求是为后续工序提供必要的定位基面。具体选择时应考虑下列原则：

1）对于具有不加工表面的工件，为保证不加工表面与加工表面之间的相对位置要求，一般应选择不加工表面为粗基准。如果工件有多个不加工表面，则粗基准应选位置精度要求较高者，以达到壁厚均匀、外形对称等要求。

2）对于具有较多加工表面的工件粗基准的选择，应按下述原则合理分配各加工表面的加工余量：①应保证各加工表面都有足够的加工余量。为此，粗基准应选择毛坯上加工余量最小的表面；②对于某些重要的表面（如滑道和重要的内孔等），应尽可能使其加工余量均匀，对滑道的加工余量要求尽可能小些，以便获得硬度和耐磨性更好且均匀的表面；③使工件上各加工表面金属切除余量最小。为了保证该项目要求，应选择工件上那些加工面积较大、形状比较复杂、加工劳动量较大的表面为粗基准。

3）粗基准的表面应尽量平整，没有浇口、冒口或飞边等其他表面缺陷，以便使工件定位可靠，夹紧方便。

4）表面粗糙且精度低的毛坯粗基准的选择：一般情况下，同一尺寸方向上的粗基准表面只能使用一次。否则，因重复使用所产生的定位误差，会引起相应加工表面间出现较大的位置误差。

上述粗基准选择的原则，每一项都只能说明一个方面的问题，实际应用时往往会出现相互矛盾的情况，这就需要全面考虑，灵活运用，保证重点。

（2）精基准的选择　在最终工序和中间工序中，应采用已加工表面定位，这种定位基面称为精基准。精基准的选择不仅影响工件的加工质量，而且与工件安装是否方便可靠也有很大关系，选择精基准的原则如下：

1）应尽可能选用加工表面的设计基准作为精基准，避免基准不重合造成的定位误差。这一原则就是"基准重合"原则。

如图 2-3 所示，当加工表面 B 和 C 时，从基准重合原则出发，应选择表面 A（设计基准）为定位基准。加工后，表面 B、C 相对 A 面的平行度取决于机床的几何精度；尺寸精度误差则取决于机床—刀具—工件等工艺系统的一系列因素。

2）当工件以某一组精基准定位，可以比较方便地加工其他各表面时，应尽可能在多数工序中采用同一组精基准定位，这就是"基准统一"原则。

例如，轴类零件的大多数工序都采用顶尖孔为定位基准，齿轮的齿坯和齿形加

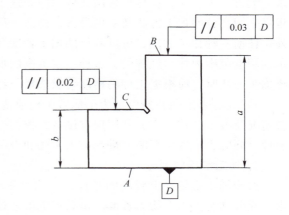

图 2-3　基准重合工件示例

工多采用齿轮的内孔及基准端面为定位基准。

采用"基准统一"原则，能用同一组基面加工大多数表面，有利于保证各表面的相互位置要求，避免基准转换带来的误差，而且简化了夹具设计和制造，缩短了生产准备周期。

3）有些精加工和光整加工工序应遵循"自为基准"原则。因为这些工序要求余量小而均匀，以保证表面加工的质量并提高生产率。此时，应选择加工表面本身作为精基准，而该加工表面与其他表面之间的位置精度，则应采用先行工序保证。如在导轨磨床上磨削导轨，安装后用百分表找正工件的导轨表面本身，此时，床脚仅起支撑作用。此外，珩磨、铰孔及浮动镗孔等也都是"自为基准"的例子。

4）定位基准的选择应便于工件的安装与加工，并使夹具的结构简单。

六、零件工艺路线分析与拟定

模具加工工艺规程的制订，在具体工作中应该在充分调查研究的基础上，提出多种方案进行分析比较。因为工艺路线不但影响加工的质量和生产率，而且影响到工人的劳动强度、设备投资、车间面积、生产成本等。

工艺路线的拟定是制订工艺过程的总体布局。其主要任务是选择各个表面的加工方法和加工方案，确定各个表面的加工顺序以及整个工艺过程中工序数目等。

除定位基准的合理选择外，拟定工艺路线还要考虑表面加工方法、加工阶段划分、工序的集中与分散和加工顺序等四个方面。

1. 表面加工方法的选择

1）首先要保证加工表面的加工精度和表面粗糙度的要求。由于获得同一精度及表面粗糙度的加工方法往往有若干种，实际选择时还要结合零件的结构形状、尺寸大小以及材料和热处理等要求全面考虑。例如，对于IT7级精度的孔，采用镗削、铰削、拉削和磨削均可达到要求，但型腔体上的孔，一般不宜选择拉削和磨孔，而常选择镗孔或铰孔，其中孔径大时选择镗孔，孔径小时选择铰孔。

2）工件材料的性质对加工方法的选择也有影响。如淬火钢应采用磨削加工，非铁金属零件，为避免磨削时堵塞砂轮，一般都采用高速镗、精密铣或高速精密车削进行精加工。

3）表面加工方法的选择。除了首先保证质量要求外，还应考虑生产率和经济性的要求。大批量生产时，应尽量采用高效率的先进工艺方法。在年产量不大的生产情况下，如若盲目采用高效率加工方法及专用设备，则会因设备利用率不高，造成经济上的较大损失。此外，任何一种加工方法，可以获得的加工精度和表面质量均有一个相当大的范围。但只在一定的精度范围内才是经济的，这种一定范围的加工精度，即为该种加工方法的经济精度。选择加工方法时，应根据工件的精度要求选择与经济精度相适应的加工方法。

4）充分考虑现有条件。为了能够正确地选择加工方法，还要考虑本厂、本车间现有设备情况及技术条件。充分利用现有设备、挖掘企业潜力、发挥工人及技术人员的积极性和创造性。同时也应考虑不断改进现有的方法和设备，推广新技术，提高工艺水平。

2. 加工阶段的划分

对于加工质量要求较高的零件，工艺过程应分阶段进行，这样才能保证零件的精度要求，充分利用人力、物力资源。模具加工工艺过程一般可分为以下几个阶段：

（1）粗加工阶段　主要任务是切除各加工表面上的大部分加工余量，使毛坯在形状和尺寸上尽量接近成品。因此，在此阶段中应尽量采取能提高生产率的加工措施。

（2）半精加工阶段　它的任务是使主要表面消除粗加工留下的误差，达到一定的精度及留有精加工余量，为精加工做好准备，并完成一些次要表面如钻孔、铣槽等的加工。

（3）精加工阶段　精加工阶段主要是去除半精加工所留的加工余量，使工件各主要表面达到图样要求的尺寸精度和表面粗糙度。

（4）光整加工阶段　对于精度和表面粗糙度要求很高，如 IT6 级及 IT7 级以上的精度，表面粗糙度 Ra 值为 $0.4\mu m$ 的零件可采用光整加工。但光整加工一般不用于纠正几何形状和相互位置误差。

工艺过程分阶段的主要原因是：

（1）保证加工质量　工件粗加工时切除金属较多，产生较大的切削力和切削热，同时也需要较大的夹紧力，而且加工后内应力要重新分布。在这些力和热的作用下，工件会发生较大的变形。如果不分阶段地连续进行粗精加工，就无法避免上述原因所引起的加工误差。加工过程分阶段后，粗加工造成的加工误差，通过半精加工和精加工即可得到纠正。并逐步提高零件的加工精度和减小表面粗糙度值，保证零件的加工质量。

（2）合理使用设备　加工过程划分阶段后，粗加工可采用功率大、刚性好和精度低的高效率机床加工，以提高生产率。精加工则可采用高精度机床加工，以确保零件的精度要求，这样才能做到设备的合理使用。

（3）便于安排热处理工序　对于一些精密零件，粗加工后安排去应力的时效处理，可减少内应力变形对精加工的影响；半精加工后安排淬火不仅容易满足零件的性能要求，而且淬火引起的变形也可通过精加工工序予以消除。

此外，粗、精加工分开后，毛坯的缺陷（如气孔、砂眼和加工余量不足等）可在粗加工后及早发现，及时决定修补或报废，以免对应报废的零件继续精加工而造成浪费。精加工表面安排在后面，还可以保护其不受损伤。

在拟定工艺路线时，一般应遵循划分加工阶段这一原则。但具体运用时要灵活掌握，不能绝对化。例如，对于精度要求较低而刚性又较好的零件，可不必划分阶段。对于一些刚性好的重型零件，由于装夹、吊运很费工时，往往不划分阶段，而在一次安装中完成表面的粗、精加工，更易保证位置精度。

3. 工序的集中与分散

对同一个工件的同样加工内容，可以安排两种不同形式的工艺规程：一种是工序集中，另一种是工序分散。所谓工序集中，是使每个工序中包括尽可能多的工步内容，因而使总的工序数目减少，夹具的数目和工件的安装次数也相应地减少。所谓工序分散，是将工艺路线中的工步内容分散在更多的工序中去完成，因而每道工序的工步少，工艺路线长。

工序集中和工序分散的特点都很突出。工序集中有利于保证各加工面间的相互位置精度要求，有利于采用自动化程度高的机床设备，节省装夹工件的时间，减少工件的搬动次数。工序分散可使每个工序使用的设备和夹具比较简单，调整、对刀也比较容易，对操作工人的技术水平要求较低。

传统的流水线、自动线生产多采用工序分散的组织形式（个别工序也有相对集中的形式，如对箱体类零件采用专用组合机床加工孔系等）。这种组织形式可以实现高效率生产，但是适应性较差，特别是那些工序相对集中、专用组合机床较多的生产线，转产比较困难。

采用高效自动化机床，以工序集中的形式组织生产（典型的例子是采用加工中心机床组织生产），除了具有上述工序集中的优点以外，生产适应性强，转产相对容易，因而虽然设备价格昂贵，仍然得到越来越多的应用。

4. 加工顺序的安排

（1）切削加工顺序的安排　机械加工顺序的安排，应考虑以下几个原则：

1）先粗后精。当零件需要分阶段进行加工时，先安排各表面的粗加工，中间安排半精加工，最后安排主要表面的精加工和光整加工。由于次要表面精度要求不高，一般在粗、半精加工阶段即可完成。对于那些与主要表面相对位置关系密切的表面，通常多置于主要表面精加工之后进行加工。

2）先主后次。零件上的装配基面和主要工作表面等先安排加工。而键槽、紧固用的光孔和螺孔等由于加工面小，往往又和主要表面有相互位置要求，一般应安排在主要表面达到一定精度之后，如半精加工之后，但应在最后精加工之前进行加工。

3）基面先行。每一加工阶段总是先安排基面加工工序，以便后续工序用此基面定位，加工其他表面。

4）先面后孔。对于模座、凸凹模固定板、型腔固定板、推板等一般模具零件，平面所占轮廓尺寸较大，用平面定位比较稳定可靠。因此，其工艺过程总是首先选择平面作为定位精基准面，先加工平面再加工孔。

（2）热处理工序的安排　模具零件常采用的热处理工艺有退火、正火、调质、时效、淬火、回火、渗碳和氮化等。按照热处理的目的，将上述热处理工艺可大致分为预备热处理和最终热处理两大类。

1）预备热处理。预备热处理包括退火、正火、时效和调质等。这类热处理的目的是改善加工性能，消除内应力和为最终热处理做组织准备，其工序位置多在粗加工前后。

2）最终热处理。最终热处理包括各种淬火、回火、渗碳和氮化处理等。这类热处理的目的主要是提高零件材料的硬度和耐磨性，常安排在精加工前后。

（3）辅助工序的安排　辅助工序包括工件的检验、去毛刺、清洗和涂防锈油等。其中，检验工序是主要的辅助工序，它对保证零件质量有极重要的作用。检验工序应安排在：①粗加工全部结束后，精加工之前；②零件从一个车间转向另一个车间前后；③重要工序加工前后；④零件加工完毕之后。钳工去毛刺一般安排在易产生毛刺的工序之后，检验及热处理工序之前。清洗和涂防锈油工序安排在零件加工之后，进入装箱和成品库前进行。

七、加工余量与工序尺寸的确定

1. 加工余量的概念

（1）加工总余量与工序余量　毛坯尺寸与零件公称尺寸之差称为加工总余量。每一工序所切除的金属层厚度称为工序余量。加工总余量和工序余量的关系可用下式表示：

$$Z_0 = Z_1 + Z_2 + \cdots + Z_n = \sum_{i=1}^{n} Z_i$$

式中　Z_0——加工总余量；

Z_i——工序余量，Z_1 为第一道粗加工工序的加工余量，它与毛坯的制造精度有关；

n——机械加工的工序数目。

工序余量还可定义为相邻两工序公称尺寸之差。按照这一定义，工序余量有单边余量和双边余量之分。零件非对称结构的非对称表面，其加工余量一般为单边余量，可表示为

$$Z_i = l_{i-1} - l_i$$

式中　　Z_i——本道工序的工序余量；

l_i——本道工序的公称尺寸；

l_{i-1}——上道工序的公称尺寸。

零件对称结构的对称表面，其加工余量为双边余量，可表示为

$$2Z_i = l_{i-1} - l_i$$

回转体表面（内、外圆柱面）的加工余量为双边余量，对于外圆表面有

$$2Z_i = d_{i-1} - d_i$$

式中　　d_i——本道工序的公称尺寸（直径）；

d_{i-1}——上道工序的公称尺寸（直径）。

对于内圆表面有

$$2Z_i = D_i - D_{i-1}$$

式中　　D_i——本道工序的公称尺寸（直径）；

D_{i-1}——上道工序的公称尺寸（直径）。

由于工序尺寸有公差，所以加工余量也必然在某一公差范围内变化。其公差大小等于本道工序尺寸与上道工序尺寸公差之和。因此，如图2-4所示，工序余量有标称余量（简称余量）、最大余量和最小余量之分。从图2-4中可知，被包容件的余量Z_b包含上道工序的尺寸公差，余量公差可表示如下：

$$T_z = Z_{max} - Z_{min} = T_b + T_a$$

式中　　T_z——工序余量公差；

Z_{max}——工序最大余量；

Z_{min}——工序最小余量；

T_b——加工面在本道工序的工序尺寸公差；

T_a——加工面在上道工序的工序尺寸公差。

一般情况下，工序尺寸的公差按"入体原则"标注。即对被包容尺寸（轴的外径，实体长、宽、高），其最大加工尺寸就是公称尺寸，上极限偏差为零；对包容尺寸（孔径、槽宽），其最小加工尺寸就是公称尺寸，下极限偏差为零。毛坯尺寸公差按双向对称偏差形式标注。

（2）影响工序余量的因素　影响工序余量的因素比较复杂，除前述第一道粗加工工序余量与毛坯制造精度有关以外，其他工序的工序余量主要有以下几个方面的影响因素。

1）上道工序的尺寸公差T_a越大，则本道工序的标称余量越大。本道工序应切除上道工序尺寸公差中包含的各种可能产生的误差。

2）上道工序产生的表面粗糙度Rz（轮廓最大高度）和表面缺陷层深度H_a在本道工序加工时，

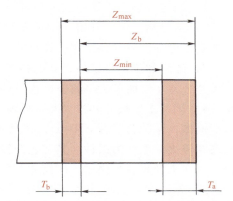

图2-4　被包容件的加工余量和公差

应将它们切除掉。

3）上道工序留下的需要单独考虑的空间误差 e_a。这里所说的空间误差是指轴线直线度误差和各种位置误差。形成上述误差的情况各异，有的可能是上道工序加工方法带来的，有的可能是热处理后产生的，也有的可能是毛坯带来的，虽经前面工序加工，但仍未得到完全纠正。因此，其量值大小需根据具体情况进行具体分析。有的可查表确定，有的则需抽样检查，进行统计分析。

4）本道工序的装夹误差 ε_b。装夹误差应包括定位误差和夹紧误差。由于这项误差会直接影响被加工表面与切削刀具的相对位置，所以加工余量中应包括这项误差。

由于空间误差和装夹误差都是有方向的，所以要采用矢量相加的方法，取矢量和的模进行余量计算。

综合上述各种影响因素，可有如下余量计算公式：

① 对于单边余量

$$Z_{\min} = T_a + Rz + H_a + |e_a + \varepsilon_b|$$

② 对于双边余量

$$Z_{\min} = T_a/2 + Rz + H_a + |e_a + \varepsilon_b|$$

2. 加工余量的确定

确定加工余量的方法有计算法、查表法和经验法三种。

（1）计算法 在影响因素清楚的情况下，用计算法是比较准确的。要做到对余量影响因素清楚，必须具备一定的测量手段和掌握必要的统计分析资料。在掌握了各种误差因素大小的条件下，才能比较准确地计算余量。

（2）查表法 此法主要以工厂生产实践和实验研究积累的经验所制成的表格为基础，并结合实际加工情况加以修正，确定加工余量。这种方法方便、迅速，生产上应用广泛。

（3）经验法 由一些有经验的工程技术人员或工人根据经验确定加工余量的大小。由经验法确定的加工余量往往偏大，这主要是因为主观上怕出废品的缘故，这种方法在模具生产中广泛采用。

3. 工序尺寸与公差的确定

生产上绝大部分加工面都是在基准重合（工艺基准和设计基准重合）的情况下进行加工的。所以，掌握基准重合情况下工序尺寸与公差的确定过程非常重要，现介绍如下：

1）确定各加工工序的加工余量。

2）从终加工工序开始（即从设计尺寸开始）到第二道加工工序，依次加上每道加工工序余量，可分别得到各工序公称尺寸。

3）除终加工工序以外，其他各加工工序按各自所采用加工方法的加工经济精度确定工序尺寸公差（终加工工序的公差按设计要求确定）。

4）填写工序尺寸并按"入体原则"标注工序尺寸公差。

例如，某轴直径为 $\phi50$mm，其尺寸精度要求为IT5，表面粗糙度值为 $Ra0.04\mu$m，并要求高频淬火，毛坯为锻件。其工艺路线为：粗车—半精车—高频感应淬火—粗磨—精磨—研磨。现在来计算各工序的工序尺寸及公差。

1）**先用查表法确定加工余量。** 由工艺手册查得：研磨余量为 0.01mm，精磨余量为 0.1mm，粗磨余量为 0.3mm，半精车余量为 1.1mm，粗车余量为 4.5mm，由公式可得加工总余量为 6.01mm，取加工总余量为 6mm，把粗车余量修正为 4.49mm。

2）**计算各加工工序公称尺寸**。研磨后工序公称尺寸为 50mm（设计尺寸）；其他各工序公称尺寸依次为

精磨　　　50mm+0.01mm＝50.01mm

粗磨　　　50.01mm+0.1mm＝50.11mm

半精车　　50.11mm+0.3mm＝50.41mm

粗车　　　50.41mm+1.1mm＝51.51mm

毛坯　　　51.51mm+4.49mm＝56mm

3）**确定各工序的加工经济精度和表面粗糙度**。由工艺手册查得：研磨后为 IT5，$Ra0.04\mu m$（零件的设计要求）；精磨后选定为 IT6，$Ra0.16\mu m$；粗磨后选定为 IT8，$Ra1.25\mu m$；半精车后选定为 IT11，$Ra2.5\mu m$；粗车后选定为 IT13，$Ra16\mu m$。

4）**公差确定与标注**。根据上述经济加工精度查公差表，将查得的公差数值按"入体原则"标注在工序公称尺寸上。查工艺手册可得锻造毛坯极限偏差为 ±2mm。

八、工艺装备的选择

在拟定工艺路线过程中，对设备及工装的选择也很重要。它对保证零件的加工质量和提高生产率有着直接的作用。

1. 机床的选择

在选择机床时，应注意以下几点：

1）机床的主要规格尺寸应与零件的外廓尺寸相适应。即小零件应选小的机床，大零件应选大的机床，做到机床的合理使用。

2）机床的精度应与工序要求的加工精度相适应。对于高精度的零件加工，在缺乏精密机床时，可通过机床改造"以粗干精"。

3）机床的生产率与加工零件的生产类型相适应，单件小批生产选择通用机床，大批量生产选择高生产率的专用机床。

4）机床选择还应结合现场的实际情况。例如，机床的类型、规格及精度状况、机床负荷的平衡状况以及设备的分布排列情况等。

2. 夹具的选择

单件小批生产，应尽量选用通用夹具，如各种卡盘、台虎钳和回转台等。为提高生产率，应积极推广使用组合夹具。大批量生产，应采用高生产率的气、液传动的专用夹具。夹具的精度应与加工精度相适应。

3. 刀具的选择

一般采用标准刀具。必要时也可采用各种高生产率的复合刀具及其他一些专用刀具。刀具的类型、规格及精度等级应符合加工要求，特别是对刀具寿命要求是一项重要指标。

4. 量具选择

单件小批生产中应尽量采用通用量具，如游标卡尺和百分表等。大批量生产中应采用量规和高生产率的专用检具，如极限量具等。量具的精度必须与加工精度相适应。

第二节　模具制造精度分析

一、概述

模具的制造精度主要体现在模具工作零件的制造精度和相关零部件的装配精度。模具零件的加工质量是保证产品质量的基础。零件的机械加工质量包括零件的机械加工精度和加工表面质量两方面，本节主要讨论模具零件的机械加工精度问题。

机械加工精度是指零件加工后的实际几何参数与理想（设计）几何参数的符合程度。符合程度越高，加工精度就越高。在机械加工过程中，由于各种因素的影响，使得加工出的零件不可能与理想（设计）的要求完全符合。

零件的加工精度包含三方面的内容：尺寸精度、形状精度和位置精度。这三者之间是有联系的。通常形状公差应限制在位置公差之内，而位置公差一般也应限制在尺寸公差之内。当尺寸精度要求高时，相应的位置精度、形状精度也应提高要求，但形状精度要求高时，相应的位置精度和尺寸精度有时不一定要求高，这要根据零件的功能要求来决定。

零件的加工精度越高，加工成本就越高，生产率就越低。因此设计人员应根据零件的使用要求，合理地规定零件的加工精度。

在机械加工中，零件的尺寸、几何形状和表面间相对位置的形成，取决于工件和刀具在切削运动过程中相互位置的关系，而工件和刀具，又安装在夹具和机床上，并受到夹具和机床的约束。因此，在机械加工时，机床、夹具、刀具和工件就构成了一个完整的系统，称为工艺系统。加工精度问题也就牵涉到整个工艺系统的精度问题。工艺系统中的种种误差，在不同的具体条件下，以不同的程度和方式反映为加工误差。工艺系统的误差是"因"，是根源，加工误差是"果"，是表现。因此，工艺系统的误差称为原始误差。

如前所述，模具工作部位的精度高于产品制件的精度，如冲裁模刃口尺寸的精度要高于产品制件的精度。在工作状态下，受到工作条件的影响，其静态精度数值往往发生了变化，这时的精度称为动态精度。一般模具的精度应与产品制件的精度相协调，同时也受模具加工技术手段、条件的制约。

影响模具精度的主要因素有：

（1）制件的精度　产品制件的精度越高，模具工作零件的精度就越高。模具精度的高低不仅对产品制件的精度有直接影响，而且对模具的生产周期、生产成本以及使用寿命都有很大的影响。

（2）模具加工技术手段的水平　模具加工设备的加工精度和自动化程度，是保证模具精度的基本条件。今后模具零件精度将更大地依赖于模具加工技术手段的高低。

（3）模具装配钳工的技术水平　模具的最终精度在很大程度上依赖于装配调试，模具光整表面的表面粗糙度值大小也主要依赖于模具钳工的技术水平，因此模具装配钳工技术水平是影响模具精度的重要因素。

（4）模具制造的生产方式和管理水平　模具制造的生产方式和管理水平，同样在很大程度上影响模具制造精度水平。例如，模具工作刃口尺寸在模具设计和生产时，是采用"实配法"，还是"分别制造法"是影响模具精度的重要方面。对于高精度模具只有采用

"分别制造法"，才能满足高精度的要求和实现互换性生产。

二、影响零件制造精度的因素

1. 工艺系统的几何误差对加工精度的影响

（1）加工原理误差　加工原理误差是指采用了近似的成形运动或近似的刀刃轮廓进行加工而产生的误差。例如，在三坐标数控铣床上铣削复杂型面零件时，通常要用球头刀并采用"行切法"加工。由于数控铣床一般只具有空间直线插补功能，所以即便是加工一条平面曲线，也必须用许多很短的折线段去逼近它。当刀具连续地将这些小线段加工出来，也就得到了所需的曲线形状。逼近的精度可由每根线段的长度来控制。因此，在曲线或曲面的数控加工中，刀具相对于工件的成形运动是近似的。

又如滚齿用的齿轮滚刀，就有两种误差：一是为了制造方便，采用阿基米德蜗杆或法向直廓蜗杆代替渐开线基本蜗杆而产生的刀刃齿廓形误差；二是由于滚刀刀齿有限，实际上加工出的齿形是一条由微小折线段组成的曲线，和理论上的光滑渐开线有差异，从而产生加工原理误差。

采用近似的成形运动或近似的刀刃轮廓，虽然会带来加工原理误差，但往往可简化机床结构或刀具形状，或可提高生产率，且能得到满足要求的加工精度。因此，只要其误差不超过规定的精度要求，在生产中仍能得到广泛的应用。

（2）调整误差　在机械加工的每一道工序中，总是要对工艺系统进行这样或那样的调整工作。由于调整不可能绝对准确，因而会产生调整误差。

通常工艺系统的调整有两种基本方法：试切法和调整法。不同的调整方式有不同的误差来源方式。

（3）机床误差　引起机床误差的原因是机床的制造误差、安装误差和磨损。机床误差的项目很多，但对工件加工精度影响较大的主要有：①机床导轨导向误差；②机床主轴的回转误差。

（4）夹具的制造误差与磨损　夹具的误差主要有：①定位元件、刀具导向元件、分度机构、夹具体等的制造误差；②夹具装配后，以上各种元件工作面间的相对尺寸误差；③夹具在使用过程中工作表面的磨损。

夹具误差将直接影响工件加工表面的位置精度或尺寸精度。一般来说，夹具误差对加工表面的位置误差影响最大。在设计夹具时，凡影响工件精度的尺寸应严格控制其制造误差，精加工用夹具的尺寸公差一般可取工件上相应尺寸或位置公差的1/2~1/3，粗加工用夹具则可取为1/5~1/10。

（5）刀具的制造误差与磨损　刀具制造误差对加工精度的影响，根据刀具的种类、材料等的不同而异。

1）采用定尺寸刀具（如钻头、铰刀、键槽铣刀、镗刀块及圆拉刀等）加工时，刀具的尺寸精度直接影响工件的尺寸精度。

2）采用成形刀具（如成形车刀、成形铣刀、成形砂轮等）加工时，刀具的形状精度将直接影响工件的形状精度。

3）展成刀具（如齿轮滚刀、花键滚刀、插齿刀等）的刀刃形状必须是加工表面的共轭曲线。因此，刀刃的形状误差会影响加工表面的形状精度。

4）对于一般刀具（如车刀、铣刀、镗刀），其制造精度对加工精度无直接影响，但这类刀具的寿命较短，且容易磨损。

任何工具在切削过程中都不可避免地要产生磨损，并由此引起工件尺寸和形状误差。刀具的尺寸磨损是指刀刃在加工表面的法线方向（也即误差敏感方向）上的磨损量，它直接反映出刀具磨损对加工精度的影响。

2. 工艺系统受力变形引起的加工误差

切削加工时，由机床、刀具、夹具和工件组成的工艺系统，在切削力、夹紧力以及重力等的作用下，将产生相应的变形，使刀具和工件在静态下调整好的相互位置，以及切削成形运动所需要的正确几何关系发生变化，从而造成加工误差。

工艺系统的受力变形是加工中原始误差的重要来源。事实上，它不仅严重地影响工件加工精度，而且影响加工表面质量，限制加工生产率的提高。

工艺系统受力变形通常是弹性变形。一般来说，工艺系统抵抗弹性变形的能力越强，则加工精度越高。工艺系统抵抗变形的能力，用刚度来描述。所谓工艺系统刚度，是指工件加工表面切削力的法向分力，与刀具相对工件在该力的方向上非进给位移的比值。

（1）工艺系统刚度对加工精度的影响

1）切削力作用点位置变化引起的工件形状误差。切削过程中，工艺系统的刚度会随切削力作用点位置的变化而变化，这使得工艺系受力变形也随之变化，引起工件形状误差。

2）切削力大小变化引起的加工误差。例如，在车床上加工短轴，这时如果毛坯形状误差较大或材料硬度很不均匀，工件加工时切削力的大小就会有较大变化，工艺系统的变形也就会随切削力大小的变化而变化，因而引起工件加工误差。

分析可知，当工件毛坯有形状误差（如圆度、圆柱度、直线度等）或相互位置误差（如偏心、径向圆跳动等）时，加工后仍然会有同类的加工误差出现。在成批大量生产中用调整法加工一批工件时，如果毛坯尺寸不一，那么加工后这批工件仍有尺寸不一的误差，这一现象称为"误差复映"。

如果一批毛坯材料硬度不均匀，差别很大，就会使工件的尺寸分散范围扩大，甚至超差。

3）夹紧力和重力引起的加工误差。工件在装夹时，由于工件刚度较低或夹紧力着力点不当，会使工件产生相应的变形，造成加工误差。

4）传动力和惯性力对加工精度影响。其主要有以下两点：①机床传动力对加工精度的影响，主要取决于传动件作用于被传动件上的力学分析情况。当存在有使工件及定位件产生变形的力时，刀具相对于工件发生误差位移，从而引起加工误差；②惯性力的影响。当高速切削时，如果工艺系统中有不平衡的高速旋转构件存在，就会产生离心力，它和传动力一样，在工件的每一转中不断变更方向，引起工件几何轴线做摆动而引起加工误差。

周期变化的惯性力还常常引起工艺系统的强迫振动。

因此，机械加工中若遇到这种情况，可采用"对重平衡"的方法来消除这种影响，即在不平衡质量的反向加装重块，使两者的离心力相互抵消。

（2）减小工艺系统受力变形对加工精度影响的措施　减小工艺系统受力变形是保证加工精度的有效途径之一。在生产实际中，主要从两个方面采取措施来予以解决：一是提高系统刚度；二是减小载荷及其变化。

1）提高工艺系统的刚度主要考虑：①合理的结构设计；②提高连接表面的接触刚度；③采用合理的装夹和加工方式。

2）减小载荷及其变化。采取适当的工艺措施，如合理选择刀具几何参数和切削用量以减小切削力，即可减少受力变形。

另外还应减小工件残余应力引起的变形。残余应力也称内应力，是指在没有外力作用下或去除外力后工件内存留的应力。具有残余应力的零件处于一种不稳定的状态，零件将会不断缓慢地翘曲变形，原有的加工精度会逐渐丧失。

残余应力是由于金属内部相邻组织发生了不均匀的体积变化而产生的。促成这种变化的因素主要来自冷、热加工。

要减少残余应力，一般可采取下列措施：

1）增加消除内应力的热处理工序，如对铸件、锻件、焊接件进行退火或回火；零件淬火后进行回火；对精度较高的零件，如床身、丝杠、箱体、精密主轴等在粗加工后进行时效处理。

2）合理安排工艺过程，如粗、精加工不在同一工序中进行，使粗加工后有一定时间让残余应力重新分布，以减少对精加工的影响。

3）改善零件结构，提高零件的刚度，使壁厚均匀等，均可减少残余应力的产生。

3. 工艺系统的热变形对加工精度的影响

在机械加工过程中，工艺系统会受到各种热的影响而产生温度变形，一般也称为热变形。这种变形将破坏刀具与工件的正确几何关系和运动关系，造成工件的加工误差。另外，工艺系统热变形还影响加工效率。为减少热变形对加工精度的影响，精加工时通常需要预热机床以获得热平衡，或降低切削用量以减少切削热和摩擦热，或粗加工后停机以待热量散发后再进行精加工，或增加工序（使粗、精加工分开）等。

热总是由高温处向低温处传递的。热的传递方式有三种，即导热传热、对流传热和辐射传热。引起工艺系统变形的热源可分内部热源和外部热源两大类。内部热源主要指切削热和摩擦热，它们产生于工艺系统内部，其热量主要是以热传导的形式传递的。外部热源主要是指工艺系统外部的、以对流传热为主要形式的环境温度（它与气温变化、通风、空气对流和周围环境等有关）和各种辐射热（包括由阳光、照明、暖气设备等发出的辐射热）。

工艺系统在各种热源作用下，温度会逐渐升高，同时它们也通过各种传热方式向周围的介质散发热量。当工件、刀具和机床的温度达到某一数值时，单位时间内散出的热量与热源传入的热量趋于相等，这时工艺系统就达到了热平衡状态。在热平衡状态下，工艺系统各部分的温度就保持在一相对固定的数值上，因而各部分的热变形也就相应地趋于稳定。

（1）**工件热变形对加工精度的影响**　加工过程中，切削热传入工件，使工件发生变形，一些大件还受热辐射的影响，而对于精密零件，环境温度的变化也会有明显的影响。

具体加工时，随着加工方法、工件形状与大小，以及工件精度要求的不同，热变形对加工精度的影响有时可以忽略，有时必须考虑。例如，在自动化机床上用调整法成批生产，由于工件尺寸小，精度要求不高，热变形的影响一般不予考虑；而对于大型精密零件，如床身导轨的磨削，温差引起的变形影响就不容忽略。如加工高为 600mm、长为 2000mm 的床身，其顶面与底面的温差为 24℃时，热变形可达 $20\mu m$，且为中凸；磨后冷却一段时间，导轨将变成中凹，这就不能满足某些机床导轨的技术要求，必须采取使热变形减小的措施。

（2）**刀具热变形对加工精度的影响** 刀具热变形主要是由切削热引起的。通常传入刀具的热量并不太多，但由于热量集中在切削部分，以及刀体小，热容量小，故仍会有很高的温升。

连续切削时，刀具的热变形在切削初始阶段增加很快，随后变得较缓慢，经过不长的一段时间后（10~20min）便趋于热平衡状态。此后，热变形变化量就非常小。通常刀具总的热变形量可达 0.03~0.05mm。

为了减小刀具的热变形，应合理选择切削用量和刀具几何参数，并给予充分冷却和润滑，以减少切削热，降低切削温度。

（3）**机床热变形对加工精度的影响** 机床在工作过程中，受到内外热源的影响，各部分的温度将逐渐升高。由于各部件的热源不同，分布不均匀，以及机床结构的复杂性，导致各部件的温升不同，而且同一部件不同位置的温升也不相同，进而形成不均匀的温度场，使机床各部件之间的相互位置发生变化，破坏了机床原有的几何精度而造成加工误差。

机床空运转时，各运动部件产生的摩擦热基本不变。运转一段时间之后，各部件传入的热量和散失的热量基本相等，即达到热平衡状态，变形趋于稳定。机床达到热平衡状态时的几何精度称为热态几何精度。在机床达到热平衡状态之前，机床几何精度变化不定，对加工精度的影响也变化不定。因此，精密加工应在机床处于热平衡之后进行。

4. 提高加工精度的途径

机械加工误差是由工艺系统中的原始误差引起的。在对某一特定条件下的加工误差进行分析时，首先要列举出其原始误差，即要了解所有原始误差因素及对每一原始误差的数值和方向定量化。其次要研究原始误差与零件加工误差之间的数据转换关系。最后，用各种测量手段实测出零件的误差值，进而采取一定的工艺措施消除或减少加工误差。

生产实际中尽管有许多减少误差的方法和措施，但从消除或减少误差的技术上看，可将它们分成两大类，即：

（1）**误差预防技术** 指减小原始误差或减少原始误差的影响，即减少误差源或改变误差源与加工误差之间的数量转换关系。但实践与分析表明，精度要求高于某一程度后，利用误差预防技术来提高加工精度所花费的成本将呈指数规律增长。

（2）**误差补偿技术** 指在现存的原始误差条件下，通过分析、测量，进而建立数学模型，并以这些原始误差为依据，人为地在工艺系统中引入一个附加的误差源，使之与工艺系统原有的误差相抵消，以减少或消除零件的加工误差。从提高加工精度考虑，在现有工艺系统条件下，误差补偿技术是一种行之有效的方法。特别是借助计算机辅助技术，可达到很好的实际效果。

第三节 模具机械加工表面质量

一、模具零件表面质量

1. 加工表面质量含义

机械加工表面质量也称表面完整性，它主要包含两个方面的内容：

（1）表面的几何特征 表面的几何特征主要由以下几部分组成：

1）表面粗糙度。即加工表面上具有的较小间距和峰谷所组成的微观几何形状特征。它主要与刀刃的形状、刀具的进给、切屑的形成等因素有关，其波高与波长的比值一般大于1：50。

2）表面波纹度。即介于宏观几何形状误差与表面粗糙度之间的中间几何形状误差。它主要是由切削刀具的偏移和振动造成的，其波高与波长的比值一般为1：50~1：1000。

3）表面加工纹理。即表面微观结构的主要方向。它取决于形成表面所采用的机械加工方法，即主运动和进给运动的关系。

4）伤痕。在加工表面上一些个别位置上出现的缺陷。它们大多是随机分布的，如砂眼、气孔、裂痕和划痕等。

（2）表面层力学物理性能　表面层力学物理性能的变化，主要有三个方面的内容：①表面层加工硬化；②表面层金相组织的变化；③表面层残余应力。

2. 零件表面质量对零件使用性能的影响

（1）零件表面质量对零件耐磨性的影响　零件的耐磨性与摩擦副的材料、润滑条件和零件表面质量等因素有关。特别是在前两个条件已确定的前提下，零件表面质量就起着决定性的作用。

当两个零件的表面接触时，其表面凸峰顶部先接触，因此实际接触面积远远小于理论上的接触面积。表面越粗糙，实际接触面积就越小，凸峰处单位面积压力就会增大，表面磨损更容易。即使在有润滑油的条件下，也会因接触处压强超过油膜张力的临界值，破坏了油膜的形成，从而加剧表面层的磨损。

表面粗糙度虽然对摩擦面影响很大，但并不是表面粗糙度数值越小越耐磨。从图2-5的实验曲线可知，表面粗糙度 Ra 与初期磨损量 Δ_0 之间存在一个最佳值。此点所对应的是零件最耐磨的表面粗糙度值。在一定条件下，若零件表面粗糙度值过大，实际压强增大，凸峰间的挤裂、破碎和切断等作用加剧，磨损也就明显。在零件表面粗糙度值过小的情况下，紧密接触的两个光滑表面间贮油能力很差。一旦润滑条件恶化，则两表面金属分子间产生较大亲和力，因粘合现象而使表面产生"咬焊"，导致磨损加剧。因此，零件摩擦表面粗糙度值偏离最佳值太大（无论是过小还是过大），都是不利的。

在不同的工作条件下，零件的最优表面粗糙度值是不同的。重载荷情况下零件的最优表面粗糙度值要比轻载荷时大。表面粗糙度的轮廓形状和表面加工纹理对零件的耐磨性也有影响，因为表面轮廓形状及表面加工纹理影响零件的实际接触面积与润滑情况。

表面层的加工硬化使零件的表面层硬度提高，从而使表面层处的弹性和塑性变形减小，磨损减少，使零件的耐磨性提高。但硬化过度，会使零件的表面层金属变脆，磨损加剧，甚至出现剥落现象，所以零件的表面硬化层必须控制在一定范围内。

（2）零件表面质量对零件疲劳强度的影响　零件在交变载荷的作用下，其表面微观上不平的凹谷处和表面层的缺陷处容易引起应力集中而产生疲劳裂纹，造成零件的疲劳破坏。试验表明，减小表面粗糙度值可以使零

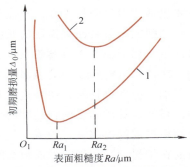

图 2-5　初期磨损量与表面粗糙度
1—轻载荷　2—重载荷

件的疲劳强度有所提高。因此，对于一些重要零件表面，如连杆、曲轴等，应进行光整加工，以减小零件的表面粗糙度值，提高其疲劳强度。

加工硬化对零件的疲劳强度影响也很大。表面层的加工硬化可以在零件表面形成一个冷硬层，因而能在一定程度上阻碍表面层疲劳裂纹的出现，从而使零件疲劳强度提高。但零件表面层冷硬程度过大，反而易产生裂纹，故零件的冷硬程度与硬化深度应控制在一定范围之内。

表面层的残余应力对零件疲劳强度也有很大影响，当表面层为残余压应力时，能延缓疲劳裂纹的扩展，提高零件的疲劳强度；当表面层为残余拉应力时，容易使零件表面产生裂纹而降低其疲劳强度。

（3）零件表面质量对零件耐腐蚀性能的影响　零件的耐腐蚀性在很大程度上取决于零件的表面粗糙度。零件表面越粗糙，越容易积聚腐蚀性物质，凹谷越深，渗透与腐蚀作用越强烈。因此，减小零件表面粗糙度值，可以提高零件的耐腐蚀性能。

表面残余应力对零件的耐腐蚀性能也有较大影响。零件表面残余压应力使零件表面紧密，腐蚀性物质不易进入，可增强零件的耐腐蚀性，而表面残余拉应力则降低零件的耐腐蚀性。

（4）零件的表面质量对配合性质及其他方面的影响　相配合零件间的配合关系是用过盈量或间隙值来表示的。在间隙配合中，如果零件的配合表面粗糙，则会使配合件很快磨损而增大配合间隙，改变配合性质，降低配合精度；在过盈配合中，如果零件的配合表面粗糙，则装配后配合表面的凸峰被挤平，配合件间的有效过盈量减小，降低配合件间连接强度，影响了配合的可靠性。因此对有配合要求的表面，必须规定较小的表面粗糙度值。

总之，提高加工表面质量，对保证零件的使用性能、提高零件的寿命是很重要的。

二、影响表面质量的因素及改善途径

1. 影响加工表面几何特征的因素及其改进措施

由上所述，加工表面几何特征包括表面粗糙度、表面波纹度、表面加工纹理、伤痕等四个方面内容，其中表面粗糙度是构成加工表面几何特征的基本单元。

（1）切削加工后的表面粗糙度　国家标准规定，表面粗糙度等级用轮廓算术平均偏差 Ra、轮廓最大高度 Rz 的数值大小表示，并要求优先采用 Ra。

切削加工表面粗糙度值主要取决于切削残留面积的高度。影响切削残留面积高度的因素主要包括：刀尖圆弧半径 r_ε、主偏角 κ_r、副偏角 κ_r' 及进给量 f 等。

切削加工后表面粗糙度的实际轮廓形状，与纯几何因素所形成的理论轮廓有较大差别。这是由于切削加工中有塑性变形发生的缘故。在实际切削时，选择低速宽刀精切和高速精切，往往可以得到较小的表面粗糙度值。

加工脆性材料时，切削速度对表面粗糙度的影响不大。一般来说，切削脆性材料比切削塑性材料容易达到表面粗糙度的要求。对于同样的材料，金相组织越是粗大，切削加工后的表面粗糙度值也越大。为减小切削加工后的表面粗糙度值，常在精加工前进行调质等处理，目的在于得到均匀细密的晶粒组织和较高的硬度。

此外，合理选择切削液，适当增大刀具的前角、提高刀具的刃磨质量等，均能有效地减小表面粗糙度值。

还有一些其他因素影响加工表面粗糙度，如在已加工表面的残留面积上叠加着一些不规则金属生成物、粘附物或刻痕等。其形成主要原因有积屑瘤、鳞刺、振动、摩擦、切削刃不平整、切削划伤等。

（2）磨削加工后的表面粗糙度　正像切削加工时表面粗糙度的形成过程一样，磨削加工表面粗糙度的形成也是由几何因素和表面层金属的塑性变形（物理因素）决定的，但磨削过程要比切削过程复杂得多。

1）几何因素的影响。磨削表面是由砂轮上大量的磨粒刻划出的无数极细的沟槽形成的。单纯从几何因素考虑，可以认为在单位面积上刻痕越多，即通过单位面积的磨粒数越多，刻痕的等高性越好，则磨削表面的表面粗糙度值越小。

2）表面层金属的塑性变形（物理因素）的影响。砂轮的磨削速度远比一般切削加工的速度高，且磨粒大多为负前角，磨削比压大，磨削区温度很高，工件表层温度有时可达900℃，工件表层金属容易产生相变而烧伤。因此，磨削过程的塑性变形要比一般切削过程大得多。

由于塑性变形的缘故，被磨表面的几何形状与单纯根据几何因素所得到的原始形状大不相同。在力和热等因素的综合作用下，被磨工件表层金属的晶粒在横向被拉长了，有时还产生细微的裂口和局部的金属堆积现象。影响磨削表层金属塑性变形的因素，往往是影响表面粗糙度的决定性因素。

影响工件产生塑性变形的因素主要有：磨削用量，砂轮的粒度、硬度、组织和材料以及磨削液的选择，如何选择各因素的参数，应视具体情况而定。

2. 影响表层金属力学物理性能的工艺因素及其改进措施

由于受到切削力和切削热的作用，表面金属层的力学物理性能会产生很大的变化，最主要的变化是表层金属显微硬度的变化、金相组织的变化和在表层金属中产生残余应力等。

（1）加工表面层的冷作硬化

1）冷作硬化的产生。机械加工过程中产生的塑性变形，使晶格扭曲、畸变，晶粒间产生滑移，晶粒被拉长，这些都会使表面层金属的硬度增加，这种现象统称为冷作硬化（或称为强化）。表层金属冷作硬化的结果，会增大金属变形的阻力，减小金属的塑性，金属的物理性质（如密度、导电性、导热性等）也有所变化。

金属冷作硬化的结果，使金属处于高能位不稳定状态，只要一有条件，金属的冷硬结构本能地向比较稳定的结构转化，这些现象称为弱化。机械加工过程中产生的切削热，将使金属在塑性变形中产生的冷硬现象得到恢复。

由于金属在机械加工过程中同时受到力因素和热因素的作用，机械加工后表面层金属的最后性质取决于强化和弱化两个过程的综合。

评定冷作硬化的指标有下列三项：①表层金属的显微硬度 HV；②硬化层深度 h（μm）；③硬化程度 N。硬化程度与显微硬度的关系如下：

$$N = \frac{HV - HV_0}{HV_0} \times 100\%$$

式中　HV_0——工件原表面层的显微硬度。

2）影响表面冷作硬化的因素。金属切削加工时，影响表面层加工冷作硬化的因素可从四个方面来分析：

① 切削力越大，塑性变形越大，硬化程度越大，硬化层深度也越大。因此，增大进给量 f 和背吃刀量 a_p，减小刀具前角 γ_o，都会增大切削力，使加工冷作硬化严重。

② 当变形速度很快（即切削速度很高）时，塑性变形可能跟不上，这样塑性变形将不充分，冷作硬化层深度和硬化程度都会减小。

③ 切削温度高，回复作用增大，硬化程度减小。如高速切削或刀具钝化后切削，都会使切削温度上升，使硬化程度和深度减小。

④ 工件材料的塑性越大，冷作硬化程度也越严重。碳钢中含碳量越大，强度越高，其塑性越小，冷作硬化程度也越小。

金属磨削加工时，影响表面冷作硬化的因素主要有：

① 磨削用量的影响。加大磨削深度，磨削力随之增大，磨削过程的塑性变形加剧，表面冷硬倾向增大。提高纵向进给速度，每颗磨粒的切削厚度随之增大，磨削力加大，冷作硬化程度增大。因此加工表面的冷硬状况要综合考虑上述两种因素的作用。提高工件转速会缩短砂轮对工件热作用的时间，使软化倾向减弱，因而表面层的冷硬增大。提高磨削速度，每颗磨粒切除的切削厚度变小，减弱了塑性变形程度；而磨削区的温度增高，弱化倾向增大。所以，高速磨削时加工表面的冷硬程度比普通磨削时低。

② 砂轮粒度的影响。砂轮的粒度越大，每颗磨粒的载荷越小，冷硬程度也越小。

3）冷作硬化的测量方法。冷作硬化的测量主要是指表面层的显微硬度 HV 和硬化层深度 h 的测量，硬化程度 N 可由表面层的显微硬度 HV 和工件内部金属原来的显微硬度 HV_0 计算求得。

表面层显微硬度 HV 的常用测定方法是用显微硬度计来测量，它的测量原理与维氏硬度计相同。加工表面冷硬层很薄时，可在斜截面上测量显微硬度。对于平面试件可按图 2-6a 磨出斜面，然后逐点测量其显微硬度，并将测量结果绘制成如图 2-6b 所示的图形。斜切角 α 常取为 $0°30' \sim 2°30'$。采用斜截面测量法，不仅可测量显微硬度，还能较为准确地测出硬化层深度 h。由图 2-6a 可知

$$h = l\sin\alpha + Ra$$

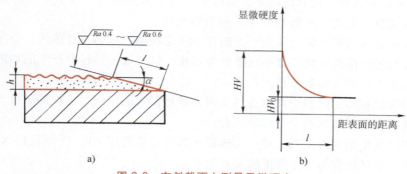

图 2-6 在斜截面上测量显微硬度

a）试件斜面制备 b）试件斜面硬度

（2）表层金属的金相组织变化

1）磨削加工表面金相组织的变化。机械加工过程中，在工件的加工区及其邻近的区域，温度会急剧升高。当温度升高到超过工件材料金相组织变化的临界点时，就会发生金相

组织变化。对于一般的切削加工方法，通常不会上升到如此高的程度。但在磨削加工时，不仅磨削比压特别大，而且磨削速度也特别高，切除金属的功率消耗远大于其他加工方法。加工所消耗能量的绝大部分都要转化为热，这些热量中的大部分（约80%）将传给被加工表面，使工件表面具有很高的温度。对于已淬火的钢件，很高的磨削温度往往会使表层金属的金相组织产生变化，使表层金属硬度下降，使工件表面呈现氧化膜颜色，这种现象称为磨削烧伤。磨削加工是一种典型的容易产生加工表面金相组织变化的加工方法，在磨削加工中的烧伤现象，会严重影响零件的使用性能。

2）影响磨削烧伤的因素及改善途径。磨削烧伤与温度有着十分密切的关系。一切影响温度的因素都在一定程度上对烧伤有影响，因此，研究磨削烧伤问题可以从切削时的温度入手，通常从以下三方面考虑：

① 合理选用磨削用量。以平磨为例来分析磨削用量对烧伤的影响。磨削深度 a_p 对磨削温度影响极大；加大横向进给量 f_t 对减轻烧伤有利，但增大 f_t 会导致工件表面粗糙度值变大，因而，可采用较宽的砂轮来弥补；加大工件的回转速度 v_w，磨削表面的温度升高，但其增长速度与磨削深度 a_p 的影响相比小得多。从减轻烧伤而同时又尽可能地保持较高的生产率考虑，在选择磨削用量时，应选用较大的工件速度和较小的磨削深度。

② 正确选择砂轮。磨削导热性差的材料（如耐热钢、轴承钢及不锈钢等），容易产生烧伤现象，应特别注意合理选择砂轮的硬度、结合剂和组织。硬度太高的砂轮，由于砂轮钝化之后不易脱落，容易产生烧伤，所以应选择较软的砂轮。选择具有一定弹性的结合剂（如橡胶结合剂、树脂结合剂），也有助于避免烧伤现象的产生。此外，为了减少砂轮与工件之间的摩擦热，在砂轮的孔隙内浸入石蜡之类的润滑物质，对降低磨削区的温度、防止工件烧伤也有一定效果。

③ 改善冷却条件。磨削时，磨削液若能直接进入磨削区，对磨削区进行充分冷却，能有效地防止烧伤现象的产生。因为水的比热容和汽化热都很高，在室温条件下，1mL 水变成100℃以上的水蒸气至少能带走2512J 的热量，而磨削区热源每秒钟的发热量，在一般磨削用量下都在4187J 以下。据此推测，只要设法保证在每秒时间内确有 2mL 的磨削液进入磨削区，将有相当可观的热量被带走，就可以避免产生烧伤。然而，目前常用的冷却方法（图 2-7），其冷却效果很差，实际上没有多少磨削液能够真正进入磨削区 AB。因此，须采取切实可行的措施，改善冷却条件，防止烧伤现象产生。

内冷却是一种较为有效的冷却方法，如图 2-8 所示。其工作原理是，经过严格过滤的磨削液通过中空主轴法兰套引入砂轮中心腔 3 内，由于离心力的作用，这些磨削液就会通过砂轮内部的孔隙向砂轮四周的边缘甩出，因此磨削液就有可能直接注入磨削区。目前，内冷却装置尚未得到广泛应用，其主要原因是使用内冷却装置时，磨床附近有大量水雾，操作工人劳动条件差，精磨加工时无法通过观察火花试磨对刀。

（3）表层金属的残余应力 在机械加工过程中，当表层金属组织发生形状变化、体积变化或金相组织变化时，将在表面层的

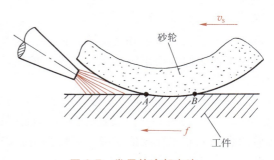

图 2-7　常用的冷却方法

金属与其基体间产生相互平衡的残余应力。

表层金属产生残余应力的原因是：机械加工时在加工表面的金属层内有塑性变形产生，使表层金属的比体积增大。由于塑性变形只在表面层中产生，而表面层金属的比体积增大和体积膨胀，不可避免地要受到与它相连的里层金属的阻碍，这样就在表面层内产生了压缩残余应力，而在里层金属中产生拉伸残余应力。当刀具从被加工表面上切除金属时，表层金属的纤维被拉长，刀具后刀面与已加工表面的摩擦又加大了这种拉伸作用。刀具切离之后，拉伸弹性变形将逐渐恢复，而拉伸塑性变形则不能恢复。表面层金属的拉伸塑性变形，受到与它相连的里层未发生塑性变形金属的阻碍，因此就在表层产生压缩残余应力，而在里层金属中产生拉伸残余应力。

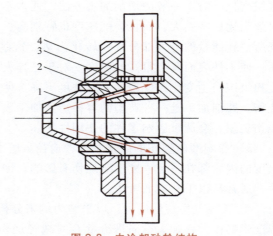

图 2-8　内冷却砂轮结构

1—锥形盖　2—磨削液通孔　3—砂轮中心腔
4—有径向小孔的薄壁套

（4）表面强化工艺　这里所说的表面强化工艺是指通过冷压加工方法使表面层金属发生冷态塑性变形，以降低表面粗糙度值，提高表面硬度，并在表面层产生压缩残余应力的表面强化方法。冷压加工强化工艺是一种既简便又有明显效果的加工方法，因而应用十分广泛。

1）喷丸强化。喷丸强化是利用大量高速运动的珠丸打击被加工工件表面，使工件表面产生冷硬层和压缩残余应力，可显著提高零件的疲劳强度和延长使用寿命。

珠丸可以是铸铁的，也可以是切成小段的钢丝（使用一段时间之后，自然变成球状）。对于铝质工件，为避免表面残留铁质微粒而引起电解腐蚀，宜采用铝丸或玻璃丸。珠丸的直径一般为 0.2~4mm，对于尺寸较小、表面粗糙度值要求较小的工件，采用直径较小的珠丸。

喷丸强化主要用于强化形状复杂或不宜用其他方法强化的工件，如板弹簧、螺旋弹簧、连杆、齿轮、焊缝等。

2）滚压加工。滚压加工是利用经过淬硬和精细研磨过的滚轮或滚珠，在常温状态下对金属表面进行滚压，将表层的凸起部分向下压，凹下部分往上挤，如图 2-9 所示。这样，逐渐将前道工序留下的波峰压平，从而修正工件表面的微观几何形状。此外，它还能使工件表面金属组织细化，形成压缩残余应力。

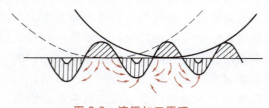

图 2-9　滚压加工原理

3）挤压加工。挤压加工是利用经过研磨的、具有一定形状的超硬材料（金刚石或立方氮化硼）作为挤压头，安装在专用的弹性刀架上，在常温状态下对金属表面进行挤压。挤压后的金属表面粗糙度值下降、硬度提高，表面形成压缩残余应力，从而提高了表面抗疲劳强度。

第四节 模具的技术经济分析

同一个零件的机械加工工艺过程，往往可以拟定出几个不同的方案，这些方案都能满足该零件的技术要求。但是它们的经济性是不同的，因此要进行经济分析比较，选择一个在给定的生产条件下最为经济的方案。对模具技术经济分析的主要指标有：模具精度和表面质量（如前所述）、模具的生产周期、模具的生产成本和模具的寿命。它们相互制约，又相互依存。在模具生产过程中，应根据客观实际和设计要求，综合考虑各项指标。

一、模具的生产周期

模具的生产周期是指从接受模具订货任务开始到模具试模鉴定后交付合格模具所用的时间。当前，模具使用单位要求模具的生产周期越来越短，以满足市场竞争和更新换代的需要。因此，模具生产周期长短是衡量一个模具企业生产能力和技术水平的重要标志之一，也关系到一个模具企业在激烈的市场竞争中有无立足之地。同时，模具的生产周期长短也是衡量一个国家模具技术管理水平高低的标志。

影响模具生产周期的主要因素有：

（1）模具技术和生产的标准化程度 模具标准化程度是一个国家模具技术和生产发展到一定水平的产物。目前，我国模具技术的标准化已有良好的基础，有模具基础技术标准、各种模具设计标准、模具工艺标准、模具毛坯和半成品件标准以及模具检验和验收标准等。由于我国企业的小而全和大而全状况，使得模具标准件的商品化程度还不高，这是影响模具生产周期的重要因素。

（2）模具企业的专门化程度 现代工业发展的趋势是企业分工越来越细，企业产品的专门化程度越高，越能提高产品质量和经济效益，并有利于缩短产品生产周期。目前，我国模具企业的专门化程度还较低，只有各模具企业生产自己最擅长的模具类型，有明确和固定的服务范围，同时各模具企业互相配合搞好协作化生产，才能缩短模具生产周期。

（3）模具生产技术手段的现代化 模具设计、生产、检测手段的现代化也是影响模具生产周期的重要因素。只有大力推广和普及模具 CAD/CAM 技术和网络技术，才能使模具的设计效率得到大幅度提高；模具的机械加工中，毛坯下料采用高速锯床、阳极切割和砂轮切割等高效设备；粗加工采用高速铣床、强力高速磨床；精密加工采用高精度的数控机床，如数控仿形铣床、数控光学曲线磨床、高精度数控电火花线切割机床、数控连续轨迹坐标磨床等；推广先进快速制模技术等，使模具生产技术手段提高到一个新水平。

（4）模具生产的经营和管理水平 从管理上要效率，研究模具企业生产的规律和特点，采用现代化的管理手段和制度管理企业，也是影响模具生产周期的重要因素。

二、模具的生产成本

模具的生产成本是指企业为生产和销售模具所支付费用的总和。模具生产成本包括原材料费、外购件费、外协件费、设备折旧费、经营开支等。从性质上分为生产成本、非生产成本和生产外成本，这里所讲的模具生产成本是指与模具生产过程有直接关系的生产成本。

影响模具生产成本的主要因素有：

（1）**模具结构的复杂程度和模具功能的高低**　现代科学技术的发展使得模具向高精度和多功能自动化方向发展，相应地使模具生产成本提高。

（2）**模具精度的高低**　模具的精度和刚度越高，模具生产成本也越高。模具的精度和刚度应该与客观需要的产品制件的要求、生产纲领的要求相适应。

（3）**模具材料的选择**　模具费用中，材料费在模具生产成本中占 25%～30%，特别是因模具工作零件材料类别的不同，相差较大。所以应该正确地选择模具材料，使模具工作零件的材料类别首先应该和要求的模具寿命相协调，同时应采取各种措施充分发挥材料的效能。

（4）**模具加工设备**　模具加工设备向高效、高精度、高自动化、多功能方向发展，这使得模具成本相应提高。但是，这些是维持和发展模具生产所必需的，应该充分发挥这些设备的效能，提高设备的使用效率。

（5）**模具的标准化程度和企业生产的专门化程度**　这些都是制约模具成本和生产周期的重要因素，应通过模具工业体系的改革，有计划、有步骤地解决。

三、模具寿命

模具寿命是指模具在保证所加工产品零件质量的前提下，所能加工的制件的总数量，它包括工作面的多次修磨和易损件更换后的寿命。

一般在模具设计阶段就应明确该模具所适用的生产纲领或模具生产制件的总数（即模具的设计寿命）。不同类型的模具正常损坏的形式也不一样，但总的来说，工作表面损坏的形式有摩擦损坏、塑性变形、开裂、疲劳损坏、啃伤等。

影响模具寿命的主要因素有：

（1）**模具结构**　合理的模具结构有助于提高模具的承载能力，减轻模具承受的热-机械负荷水平。例如，模具可靠的导向机构，对于避免凸模和凹模间的互相啃伤是至关重要的。又如，承受高强度负荷的冷墩和冷挤压模具，对应力集中十分敏感，当承力件截面尺寸变化较大时，最容易由于应力集中而开裂。因此，对截面尺寸变化处理是否合理，对模具寿命影响较大。

（2）**模具材料**　应根据产品零件生产批量的大小，选择模具材料。生产的批量越大，对模具的寿命要求也越高，此时应选择承载能力强，抗疲劳破坏能力好的高性能模具材料。另外应注意模具材料的冶金质量可能造成的工艺缺陷及对工作时的承载能力的影响，采取必要的措施来弥补冶金质量的不足，以提高模具寿命。

（3）**模具加工质量**　模具零件在机械加工、电火花加工，以及锻造、预处理、淬火、表面处理过程中的缺陷都会对模具的耐磨性、抗咬合能力、抗断裂能力产生显著的影响。例如，模具表面残存的刀痕、电火花加工的显微裂纹、热处理时的表层增碳和脱碳等缺陷，都对模具的承载能力和寿命产生影响。

（4）**模具工作状态**　模具工作时，使用设备的精度与刚度、润滑条件、被加工材料的预处理状态、模具的预热和冷却条件等都对模具寿命产生影响。例如，薄料的精密冲裁对压力机的精度、刚度尤为敏感，必须选择高精度、高刚度的压力机，才能获得良好的效果。

（5）**产品零件状况**　被加工零件材料的表面质量状态、材料硬度、伸长率等力学性能，被加工零件的尺寸精度等都与模具寿命有直接的关系。如镍的质量分数为 80% 的特殊合金成形时极易和模具工作表面发生强烈的咬合现象，使工作表面咬合拉毛，直接影响模具的正常工作。

　　模具的技术经济指标间是互相影响和互相制约的，而且影响因素也是多方面的。在实际生产过程中，要根据产品零件和客观需要综合平衡，抓住主要矛盾，求得最佳的经济效益，满足生产的需要。

思　考　题

1. 什么是设计基准？什么是工艺基准？
2. 如何正确安排零件热处理工序在机械加工中的位置？
3. 制约模具加工精度的因素主要有哪些？
4. 工艺系统热变形是如何影响加工精度的？
5. 如何理解表面完整性与表面粗糙度？
6. 加工细长轴时，工艺系统应做如何考虑？
7. 如何正确拟定模具机械加工工艺路线？

模具机械加工

本章内容主要针对非标准件而言，包括外形面与工作面加工。所谓工作面是指模具中直接对工件作用的表面，如冷冲模的冲裁刃口、塑料模的内腔等，如图3-1所示。

模具零件的外形面一般采用通用切削机床加工，如车床、刨床、铣床、磨床等。读者可参阅机械制造基础相关的内容。

模具零件的工作面可分为外（凸）工作面及内（凹）工作面。外工作面可看作广义轴类，采用轴类零件的工艺方法加工；内工作面可分为型孔与型槽，型孔可看作广义通孔，型槽可看作广义不通孔，采用孔类零件的工艺方法加工。工作面的加工难度比普通轴类与孔类零件的大得多，需采用各种专门的工艺方法与特种机床加工，占模具加工工作量的70%～80%，为本章讨论的重点。

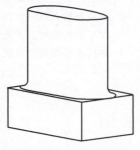

图 3-1　典型的凸模结构

模具加工属于机械加工的范畴，其机械切削加工的层次可分为：普通机床加工、高速铣削加工、坐标机床加工、数控机床加工，本书以此为据分节。

成形磨削本属于磨削加工的范畴，但其加工方法对模具加工工艺的理解有较大的启示，故也单列一节讲述。另外，数控技术发展很快，在一些工厂已占模具加工量的50%以上，所以本书另列一章专门讲述。

第一节　普通机床加工

普通机床（车、刨、铣、磨、钻、插等）一般所加工的零件形状较为简单，效率不高，但对回转面、平面的加工却很实用，所以在板类、盘类零件的外形加工与模具成形面的加工中得到广泛使用。

一、车削加工

车床的种类很多，其中以卧式车床的通用性较好，应用最为广泛。在模具加工中的应用主要如下：

（1）**圆盘类、轴类零件的加工**　圆盘类、轴类零件指模具的导柱、导套、顶杆、模柄等，通常这些零件的回转面采用车削完成粗加工或半精加工。通常车削精度可达 IT6～IT8，表面粗糙度值为 $Ra1.6～0.8\mu m$，对要求较高的工作面与配合面尚需磨削加工。

（2）**局部圆弧面的加工**　如图3-2所示分型面在模具中比较常见，为保证模具准确对合，必须保证对合面圆弧半径的尺寸精度。可在花盘上找正定位后加工，精度由百分表测量控制。有时也采用先加工一个完整圆盘，再用线切割等方法取出一个或几个模块。

（3）**回转曲面的粗加工或半精加工**　复杂的回转曲面通常采用数控车床进行加工；对

拼型腔在车床上加工时，为保证型腔尺寸准确对合，通常应预先将各镶件间的接合面磨平，两板 A、B 用销钉定位，螺钉紧固组成一个整体后再进行车削，如图 3-3 所示。

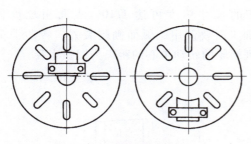

图 3-2　局部圆弧面的加工

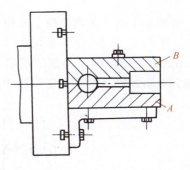

图 3-3　对拼型腔在车床上加工

二、铣削加工

铣床采用不同类型形状的铣刀，配以附件分度头、回转台，可加工各种平面、斜面、沟槽、型腔，在模具成形面加工中应用很广，常用于加工模块的平面、台阶、型腔等。铣削的加工精度可达 IT10，表面粗糙度值为 $Ra1.6\mu m$；若选用高速、小用量铣削，则加工精度可达 IT8，表面粗糙度值为 $Ra0.8\mu m$；要求更高时，铣削后再用成形磨削或电火花进行精加工。

（1）铣削成形面　在模具加工中，铣削平面、斜面、沟槽、型腔的方法如图 3-4 所示，其中应用最多的是立式铣床。

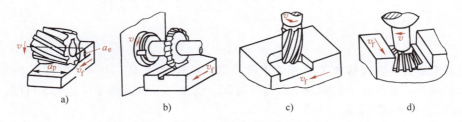

图 3-4　各种铣床加工示意图

a）铣平面　b）铣槽　c）铣型腔　d）铣型槽

（2）加工各种带圆弧的型面与型槽　将回转台安装在铣床的工作台上，而工件则安装在回转台上，可加工各种带圆弧的型面与型槽。安装工件时，必须使被加工圆弧中心与回转台的中心重合，利用回转台相对于主轴的运动实现圆弧进给。对于更复杂的型面，则需要数控铣床实现。图 3-5 为加工圆弧槽的示意图。

（3）加工带孔间尺寸要求的孔　有些铣床可保证定位精度在 0.02mm 以内，利用此功能可加工凹

图 3-5　圆弧槽铣削

模、卸料板等板块上的孔系。

三、刨削加工

刨削加工由于灵活简便，在模具加工中主要用于板块外形面、斜面及各种形状复杂的表面、大型模具的长沟槽等的加工。刨削加工的尺寸精度可达 IT10，表面粗糙度值为 $Ra1.6\mu m$。图 3-6 所示为刨削成形面的例子，加工时要使用圆弧面刨削装置。转动手轮 1，蜗杆 2 带动蜗轮 3 旋转，使刀杆 4 转动，刨刀到蜗轮的转动中心的距离为圆弧半径。

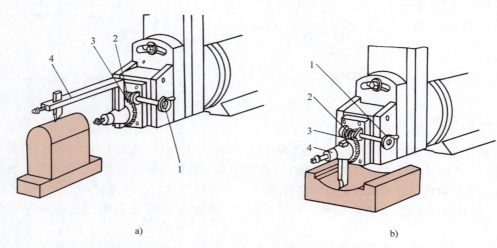

a)   b)

图 3-6 刨削加工示意图

a）刨凸型面 b）刨凹型面

1—手轮 2—蜗杆 3—蜗轮 4—刀杆

四、磨削加工

磨削加工是模具表面精加工的有效手段，形状简单（平面、内圆、外圆）的零件可使用一般磨削加工，形状复杂的零件使用成形磨削方法加工。加工精度可达 IT5～IT7，表面粗糙度值 Ra 可达 $0.8～0.2\mu m$。

各种磨削加工如图 3-7 所示。

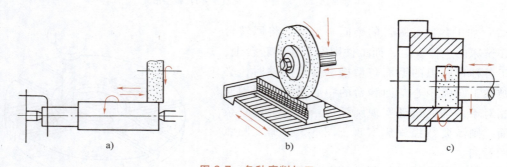

a)   b)   c)

图 3-7 各种磨削加工

a）磨外圆 b）磨平面 c）磨孔

第二节　高速铣削加工

以数控机床为平台的高速铣削（HSM），是 20 世纪 90 年代迅速走向实际应用的先进加工技术，其加工质量、加工效率可以明显提升模具的生产率、模具零件的制造精度及模具使用寿命，成为模具制造的趋势。

高速铣削一般指采用超硬材料的刀具，高的铣削速度、适当的进给量、小的径向和轴向铣削深度，来提高材料切除率、加工精度和加工表面质量的加工技术。

一、高速铣削的特点

对应于一定的工件材料存在一个临界切削速度，此点切削温度最高，超过该临界值，切削速度增加，切削温度反而下降。因此，高速铣削具有如下特点。

1. 生产率高

高速铣削的主轴转速 ≥10000r/min，切削速度为 300～6000m/min，进给率较常规切削提高了 5～10 倍，材料去除率可提高 3～6 倍。高速铣削可加工硬度为 45～65HRC 的淬硬钢，因此可部分取代磨削加工或传统的电火花成形加工，实现模具零件粗精一体化加工，减少了模具零件更换的时间，使模具制造效率大大提高。

传统模具加工过程为：毛坯→粗加工→半精加工→热处理淬硬→电火花加工→精加工→手工修磨，如图 3-8a 所示。采用高速铣削后的模具加工过程为：淬硬的毛坯→粗加工→半精加工→精加工→极少量手工修磨，如图 3-8b 所示。

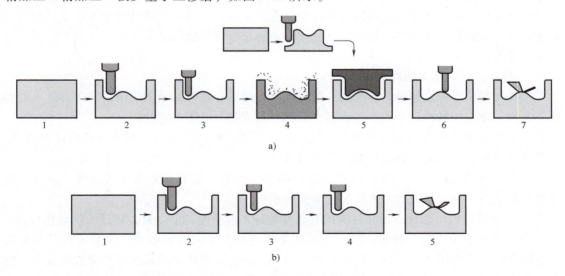

图 3-8　两种模具加工过程比较

a）传统模具加工的过程　b）高速铣削模具加工的过程

2. 工件温度低

高速铣削过程迅速，95%以上的切削热被切屑带走，工件积聚热量极少，温升低，热变形小，适合于加工熔点低、易氧化和易于产生热变形的零件。

3. 铣削力小

随着铣削速度的提高，铣削力较常规切削至少降低 30%。由于径向铣削力降低明显，工件受力变形小，适于加工薄壁、细筋件和细长件，图 3-9 所示为一个高速铣削薄壁件的示例。

4. 表面质量好

由于刀具激振频率远离工艺系统固有频率，不易产生振动，可获得较好的表面质量。铣削铝合金时可达 $Ra0.4 \sim 0.6\mu m$，铣削钢件时可达 $Ra0.2 \sim 0.4\mu m$。

图 3-9　高速铣削薄壁件（最薄处 0.1mm）

5. 加工成本低

对于复杂型面模具，型腔精加工费用往往占到模具总费用的 50% 以上，采用高速铣削可直接精加工由淬硬钢制成的模具型腔。除清角和深沟槽等特殊结构外，高速铣削可完全代替传统的电火花成形加工，从而大大降低模具制造的成本。

6. 环境友好

由于主轴转速很高，切削液难以注入加工区，通常需要用油雾或水雾冷却，进行"干切"或"准干切"，减少或避免了切削液污染，有利于环境保护。

二、刀具技术

高速铣削技术是实现高速切削加工的关键技术之一，刀具的切削性能很大程度上制约了高速铣削技术的推广和应用。提高刀具使用寿命和减小刀具磨损量对提高零件加工精度和效率非常重要。

1. 刀具材料的基本性能

刀具材料的迅速发展是高速铣削加工得以实施的重要工艺基础，高速铣削时刀具承受高压、高温、冲击、振动和摩擦力等作用，因此刀具应具备以下基本性能：

（1）硬度和耐磨性　刀具材料的硬度必须高于零件材料的硬度，刀具材料的硬度越高，耐磨性就越好，但高硬度材料抗冲击性相对较差。

（2）强度和韧性　刀具材料应具备良好的力学性能，具有高的强度和韧性，防止刀具在承受切削力、冲击和振动时发生脆性断裂和崩刃。

（3）热硬性和热韧性　刀具材料的耐热性能好，能承受高温，具备较强的抗氧化性能。

（4）刀具安全性能　高速铣削时，刀具系统要承受巨大的离心力，如果大直径刀具发生刀体破碎，会造成重大人身、设备事故。另外，高速铣削排出的铁屑可能会四处飞溅，割伤或烫伤操作人员，因此机床必须安装防护装置，操作人员必须佩戴防护镜，以确保在安全的环境下作业。

2. 刀具材料选择

目前适合高速铣削加工的主要有 TiC（N）硬质合金、涂层刀具、陶瓷刀具、立方氮化硼（PCBN）和金刚石刀具，其中突出的是聚晶金刚石（PCD）刀具，以上刀具材料各有特点。常见的 PCBN、涂层硬质合金刀具适合于钢铁金属加工，PCD 刀具适合于非铁金属及其合金和非金属材料的高速加工，石墨电极加工选用人造合成单晶金刚石刀具。

（1）非铁金属及其合金高速铣削刀具材料的选用 吸附、发泡模具的材料主要是铝及其合金，选用的刀具材料主要是 PCD、涂层硬质合金铣刀，刀片要求锋利，PCD 刀具是高速加工高硅铝合金的理想材料，不但能获得良好的加工质量，而且刀具使用寿命长，切削时切削速度可达 1000~40000m/min。

（2）碳素钢和合金结构钢高速铣削刀具材料的选用 注射模零件材料常采用预硬钢，刀具材料选择用 PCBN 刀具、TiC（N），加工速度达到 300~800m/min。淬硬钢（45~55HRC）高速铣削时，刀具材料选择 PCBN 或陶瓷，加工速度达到 150~300m/min。零件材料硬度越高越能体现出高速铣削的优越性，并实现以铣代磨，大幅度提高加工效率和加工精度，减少人工抛光工作量和钳工研配作业时间。

（3）非金属高速铣削刀具材料的选用 非金属材料较多，石墨在注射模型腔加工中应用非常广泛，主要用于电火花加工使用的电极加工，其表面质量和加工精度对模具零件质量影响较大，用高速加工方式提高石墨电极表面质量和加工精度，加工时可以选择具有金刚石涂层刀具 PCD、PCBN 或 TiN 涂层硬质合金刀具。

（4）不锈钢高速铣削刀具材料的选用 不锈钢中加入较多的金属元素（Cr 和 Ni），此材料的特点是力学强度好，硬度适中（28~32HRC），切削塑性好，不易断屑，所以要提高刀具切削刃的表面质量以减少切削形成卷曲时的阻力。刀具材料选择 YG 类硬质合金，如加工 Mirrax ESR 奥氏体不锈钢，粗铣切削速度为 160~240m/min，精铣切削速度为 240~280m/min，应避免选用 YT 类硬质合金，因不锈钢中的 Ti 和 YT 类硬质合金中的 Ti 易产生亲和作用，加工刀具易磨损。

3. 刀具结构

高转速的主轴（刀具安装在主轴上）对刀具直径公差和刀具动平衡要求很高，典型刀具结构有整体式和机夹式两类，小直径铣刀一般采用整体式，大直径刀具常用机夹式。整体式高速铣刀在出厂时经过动平衡检验，使用时直接装夹即可；机夹式刀具，在更换刀片或刀片换位后需要进行动平衡才能继续使用，所以高速铣削常用整体式刀具。刀具结构设计应力求简单，确保安全，刀齿尽量采用短切削刃、有经过优化设计的几何角度和良好的断屑能力。

高速铣削刀具刀柄多采用 HSK 接口标准。HSK 刀柄是专门为高转速机床开发的新型刀-机接口，共有用于自动换刀和手动换刀、中心冷却和端面冷却、普通型和紧凑型等 6 种形式。

HSK 刀柄是一种小锥度（1∶10）的空心短锥柄，使用时端面和锥面同时接触（过定位），从而形成高的接触刚度。HSK 刀柄与传统刀柄结构如图 3-10 所示。

三、高速铣削路径规划

高速铣削不仅提高了对机床、夹具、刀具和刀柄的要求，也要求进行必要的刀具路径规划，包括进退刀方式、走刀方式、移刀方式和刀具路径的拐角方式等。若路径不合理，切削中就会产生切削负荷的突变，给零件、机床和刀具带来冲击，影响切削过程的稳定性和加工质量。高速铣削编程软件提供了丰富的可选刀具路径策略，如等高线加工、环绕加工、平行加工、放射状加工、插拉刀方式加工、投影加工、沿面加工、浅平面加工、陡斜面加工、摆

a)

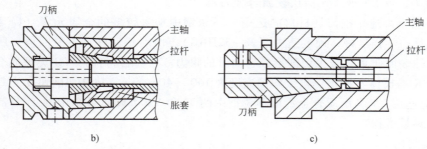

b)   c)

图 3-10　HSK 刀柄与传统刀柄结构

a）HSK 刀柄与传统刀柄　　b）HSK 刀柄与主轴的连接　　c）传统刀柄与主轴的连接

线加工等走刀方式，有的达几十种之多，可根据被加工件的特点灵活地选取某种方式或混合方式。高速铣削路径规划应该注意以下几点：

1. 进退刀方式

传统的铣削进退刀为<u>直上直下</u>的方式，如图 3-11a 所示，这种方式的优点是比较直接，不需要太多的计算，缺点是刀具直接向工件垂直切入，会产生较大的冲击，易引起工件的变形，且对刀具的刚度提出了很高的要求。斜向进退刀时，采用侧刃切入工件，克服了上述缺点，如图 3-11b 所示。高速铣削中，为了使刀具在工件表面上平稳起降，通常采用沿轮廓的切向进退刀方式。

2. 走刀方式

高速铣削中应使走刀方向变化平缓，以免因局部过切而造成刀具或设备的损坏；走刀的速度也要平稳，避免突然加速或减速。高速铣削的走刀方式依据加工表面的特点进行选择，最常用的走刀方式是平行走刀。

3. 移刀方式

高速铣削移刀方式主要有行切移刀、环切中的环间移刀、等高加工的层间移刀等。普通数控的移刀方式不适合高速铣削，如行切移刀时，刀具直接垂直于行切方向的法向移刀，会导致刀具路径中存在尖角；在环切的情况下，环间移刀也是从轨迹的法向直接移刀，也致使

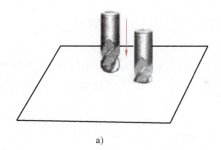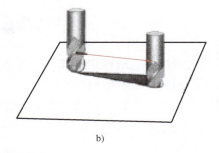

图 3-11　两种进退刀方式的比较

a）直上直下进退刀　b）斜向进退刀

刀具路径轨迹存在不平滑的情况；在等高加工中的层间移刀时，也存在移刀尖角。这些都会导致高速机床频繁地加减速，影响了加工效率，对机床不利。

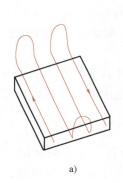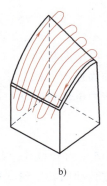

图 3-12　高速铣削行切移刀方式

a）内侧移刀　b）外侧移刀　c）高尔夫球杆头式移刀

在使用小直径刀具进行精加工时，可采用内侧或外侧圆弧移刀，如图 3-12a、b 所示。为克服切圆弧半径过小而导致圆弧接近一点的弊端，可以采用所谓的"高尔夫球杆头式"移刀，即移刀方式的轨迹像高尔夫球杆头，如图 3-12c 所示。

四、加工实例

如图 3-13 所示工件，采用传统工艺需要铣削后淬火处理，再用电火花成形加工完成清角，最后用手工抛光，共需约 20h。而采用高速铣削加工，可以直接加工经淬火处理后磨削加工好六面的坯料，粗加工、半精加工、精加工可一次装夹完成，最后仅需少量的手工抛光，完成该工件仅需 4h。

材料：4Cr5MoVSi　硬度：56HRC

尺寸：50mm×50mm×20mm

图 3-13　旋钮凹模

第三节 模具的精密加工 (机械切削部分)

模具的精密加工 (机械切削部分) 主要采用坐标机床加工。坐标机床与普通机床的根本区别在于它们具有精密传动系统可做准确的移动与定位。有了坐标机床,可以加工模块上精密位置要求的孔、型腔、甚至三维空间曲面。

一、坐标镗床加工

坐标镗床是一种高精度孔的加工机床,主要用于加工模具零件上的精密孔系,因为其所加工的孔不仅具有较高的尺寸和几何形状精度,而且具有较高的孔距精度。孔的尺寸精度可达IT6~IT7,表面粗糙度值可达 $Ra0.8\mu m$,孔距精度可达 $0.005~0.01mm$。坐标镗床还可用于镗孔、扩孔、铰孔等加工以及划线、测量。

1. 坐标镗床的组成与结构

坐标镗床的形式很多,图3-14所示为双柱立式坐标镗床。床身8是基础,工作台1可相对于床身8沿纵向移动,立柱3、6固连于床身8上,横梁2可根据需要上下移动到一定的位置锁定,主轴箱5与主轴7可相对于横梁2沿横向移动。

单柱立式坐标镗床也以床身为基础,主轴固连于立柱上,工作台安装在十字滑板上,可相对于床身沿纵横两个方向移动。主轴的旋转由电动机驱动,通过主轴箱变速机构可实现多级转动,可满足各种孔加工的需要。

2. 坐标镗床的附件

(1) 万能回转台 万能回转台 (见图3-15) 由转盘1、夹具体、水平回转副、垂直回转副组成。工作时,工件安装在转盘上,通过转动回转手轮3可使转盘做水平回转,便于加工周向分布孔,转动倾斜手轮2可使转盘发生倾斜,便于加工斜面上的孔。

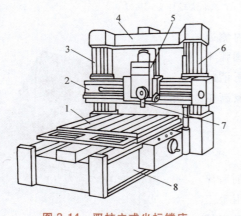

图3-14 双柱立式坐标镗床

1—工作台 2—横梁 3、6—立柱 4—顶梁
5—主轴箱 7—主轴 8—床身

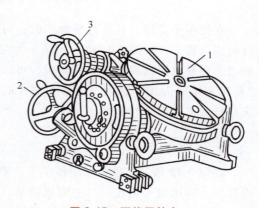

图3-15 万能回转台

1—转盘 2—倾斜手轮 3—回转手轮

(2) 光学中心找正器 光学中心找正器 (见图3-16) 由锥尾和光学系统两部分组成,锥尾用于插入机床主轴锥孔内,使光学中心找正器轴线与机床主轴轴线重合。光学系统由物

镜、反光镜、目镜组成，使目镜中的视场恰为主轴下方的放大景象。为便于找正，在目镜镜片上划有一对相互垂直的细线。

（3）镗孔夹头　镗孔夹头（见图3-17）由锥尾、调节机构、刀夹组成，锥尾用于插入机床主轴锥孔，使夹头轴线与机床主轴轴线重合。旋转调节机构的旋钮可调节镗孔孔径，刀夹用于固定刀具。

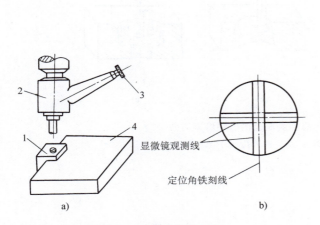 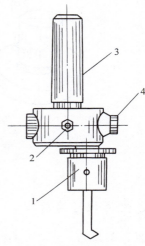

图 3-16　光学中心找正器　　　　　　　　　图 3-17　镗孔夹头

a）光学中心找正器　b）目镜上一对相互垂直的细线　　　1—刀夹　2—紧固螺钉　3—锥尾　4—调节螺钉

1—定位角铁　2—光学中心测定器　3—目镜　4—工件

二、坐标磨床加工

图 3-18 所示为单柱立式坐标磨床，其与普通立式磨床结构上的区别是：其工作台由一对相互垂直的精密丝杠螺母副驱动，定位精度可达 0.001mm，且能数字显示。精密磨头（砂轮主轴）除了精度高、刚性好以外，还可以在 4000~80000r/min 范围内无级调速；行星主轴一方面绕自身轴线做高速旋转运动，另一方面绕套筒轴线做周向进给运动，如图 3-19 所示。

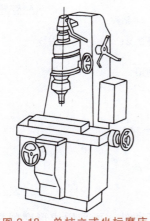 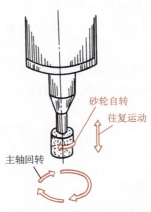

图 3-18　单柱立式坐标磨床　　　　　　　图 3-19　精密磨头的运动

在坐标磨床上磨削工件，必须先将工件找正定位，而后利用工作台的纵横向移动使机床主轴中心与工件圆弧中心重合。在坐标磨床上可进行内圆、外圆、沉孔、锥孔等各种磨削。其基本磨削方法如图3-20所示。

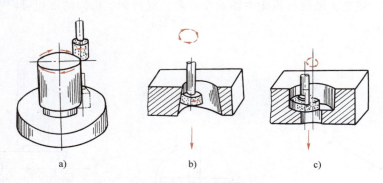

图 3-20　坐标磨床上的各种磨削方法

a）磨外圆　b）磨锥孔　c）磨台阶

三、坐标尺寸换算

1. 换算的目的

一般工件尺寸按设计要求标注，与坐标机床加工要求不相一致，为此加工前要将设计尺寸换算成加工尺寸。

2. 基准选择

（1）矩形件　粗加工选角侧为基准，精加工选一对精密孔建立孔基准。

（2）圆盘件　粗精加工均以孔为基准。

3. 尺寸标注

如图3-21所示，按 ISO 标准标注：

1）尺寸值标在侧面。

2）尺寸大小以坐标值为据。

3）公差范围用小数的位数表达。

设计尺寸公差与坐标公差按以下原则换算：

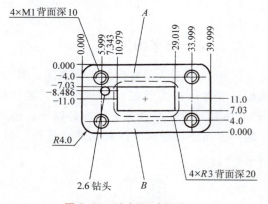

图 3-21　坐标尺寸标注

$\pm0.5 \rightarrow 0.$　$\pm0.1 \rightarrow 0.0$　$\pm0.01 \rightarrow 0.00$　$\pm0.001 \rightarrow 0.000$

如：$30\pm0.5 \rightarrow 30.$　$30\pm0.1 \rightarrow 30.0$　$30\pm0.01 \rightarrow 30.00$

第四节　模具的成形磨削

一、概述

在模具的凸模、凹模等工作零件上的成形面技术要求很高时，可采用成形磨削加工。所谓成形磨削就是将零件的轮廓线分解成若干直线与圆弧，然后按照一定的顺序逐段磨削，使之达到图样的技术要求。成形磨削加工尺寸精度可达 IT5，表面粗糙度值可达 $Ra0.1\mu m$；成形磨削可加工淬硬件及硬质合金材料。

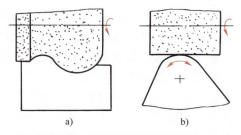

成形磨削按加工原理可分为**成形砂轮磨削法**与**夹具磨削法**两类。成形砂轮磨削法也称仿形法，如图 3-22a 所示，先将砂轮修整成与工件型面完全吻合的相反的型面，再用砂轮去磨削工件，获得所需尺寸及技术要求的工件；夹具磨削法也称展成法，如图 3-22b 所示，加工时将工件装夹在专用夹具上，通过有规律地改变工件与砂轮的位置，实现对成形面的加工，从而获得所需的形状与尺寸。

图 3-22　成形磨削加工示意图
a）成形砂轮磨削法　b）夹具磨削法

二、成形砂轮磨削法

成形砂轮磨削法的难点与关键是砂轮的修整，常用的方法有**砂轮修整器修整法**、**成形刀挤压法**、**数控机床修整法**、**电镀法**。

1. 砂轮修整器修整法

（1）砂轮角度的修整　在磨削工件斜面时采用角度砂轮，角度砂轮由平行砂轮用角度砂轮修整器修整而成。图 3-23 所示为结构比较完善的角度砂轮修整工具，是按照正弦原理设计的。来回旋转手轮 10，通过齿轮 5 和齿条 4 的啮合，将旋转运动转换成直线运动，使装有金刚刀 2 的滑块 3 沿着正弦尺座 1 的导轨往复移动。根据砂轮所需修整的角度，可在正弦圆柱 9 与平板 7 之间垫量块使正弦尺座绕心轴转动一定的角度。

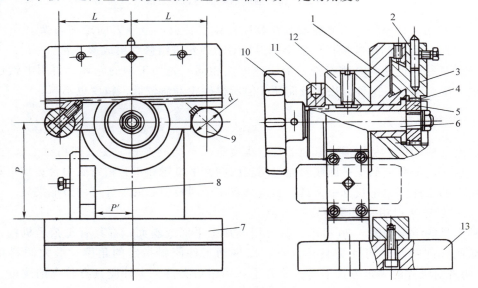

图 3-23　修整砂轮角度的夹具
1—正弦尺座　2—金刚刀　3—滑块　4—齿条　5—齿轮　6—主轴　7—平板
8—侧板　9—正弦圆柱　10—手轮　11—螺母　12—支座　13—底座

（2）圆弧砂轮的修整　修整圆弧砂轮工具的结构虽有多种，但其原理都相同。图 3-24 所示为卧式砂轮修整工具，它由摆杆、滑座和支架等组成。转动手轮 8 可使固定在主轴 7 上的滑座等绕主轴中心回转，其回转的角度用固定在支架上的刻度盘 5、挡块 9 和角度标 6 来控制。金刚刀 1 固定在摆杆 2 上，通过螺杆 3 使摆杆在滑座 4 上移动，在底座与金刚刀尖之间垫量块可调节金刚刀尖至回转中心的距离，以保证砂轮圆弧半径值达到较高的精度，如图 3-25 所示。

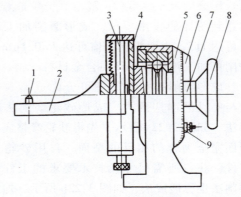

图 3-24　卧式砂轮修整器

1—金刚刀　2—摆杆　3—螺杆　4—滑座　5—刻度盘
6—角度标　7—主轴　8—手轮　9—挡块

2. 成形砂轮其他修整方法

（1）成形刀挤压法　利用车刀挤压慢速旋转的砂轮也可修整砂轮，此法的关键是用电火花线切割机先加工出成形车刀，然后再用车刀对慢速旋转的砂轮挤压，即可修整出所需砂轮。

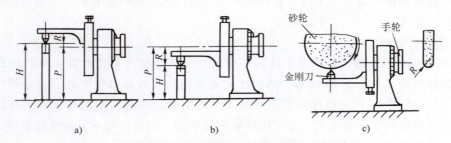

a)　　　　　　　　b)　　　　　　　　c)

图 3-25　调节回转的半径垫量块方法

（2）数控机床修整法　将砂轮安装在数控机床主轴上，金刚刀固定在刀架（车床）或工作台（铣床）上，利用数控指令使金刚刀相对于砂轮进给修整出成形砂轮。

（3）电镀法　此法与金刚石锉刀的制造方法相同，先加工钢的轮坯，再用电镀法在轮坯表面镀一层金刚砂。这种方法比较简便，但所得砂轮寿命较低，精度也不高。

三、夹具磨削法

夹具磨削法的核心是依据成形面的复杂程度选用不同的夹具，使工件相对于砂轮移动，从而加工出所需型面。加工平面或斜面可用正弦精密平口钳和正弦精密磁力台；加工具有一个回转中心的工件可用正弦分中夹具；加工具有多个回转中心的工件可用万能夹具。

1. 正弦精密平口钳和正弦精密磁力台

两种夹具的结构如图 3-26 所示，都可用于加工平面或斜面，都具有正弦尺机构，在底座与正弦圆柱间垫量块可使夹具体倾斜，以带动工件倾斜指定的角度，最大倾斜角度为 45°。但两者对工件的固定方式不同，前者是利用钳口夹持，工件应具有较大的刚度，后者则利用磁性吸合，工件必须具有磁性。

倾斜时应垫入量块值可按下式计算：

$$H = L\sin\alpha$$

（3-1）

式中　　H——应垫入量块值；

　　　　L——正弦圆柱间的中心距；

　　　　α——工件所需倾斜的角度。

图 3-27 所示为使用正弦精密磁力台磨削凸模的实例。

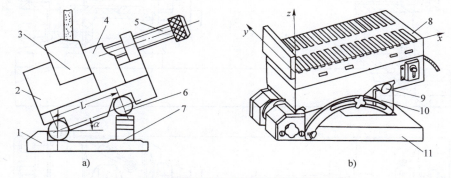

图 3-26　正弦精密平口钳和正弦精密磁力台

a）正弦精密平口钳　b）正弦精密磁力台

1、11—底座　2、4—钳口　3—工件　5—夹紧螺栓　6、9—正弦圆柱　7、10—量块组　8—磁性平台

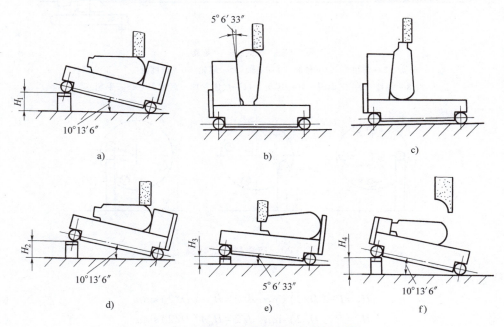

图 3-27　使用正弦精密磁力台磨削凸模

2. 正弦分中夹具

正弦分中夹具主要用于加工具有一个回转中心的工件，如图 3-28 所示。正弦分中夹具主要由正弦头、尾架、底座三部分组成，加工时工件装在两顶尖之间，根据工件的长短可调节尾架的位置。转动安装在蜗杆 8 上的手轮，可通过蜗杆副驱动前顶尖转动，进而由鸡心夹头带动工件转动。利用正弦头右侧面的分度头，可控制工件的回转角度，要求一般精度时直接在分度盘上读取，要求精度高时，可在垫板与正弦圆柱间垫量块调节，如图 3-29 所示。

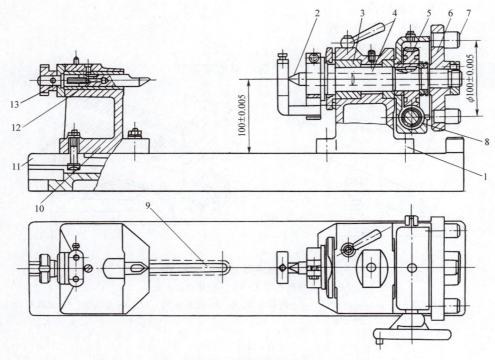

图 3-28 正弦分中夹具

1—支架 2—前顶尖 3—轴套 4—主轴 5—蜗轮 6—分度盘 7—正弦圆柱
8—蜗杆 9—定向键 10—尾架 11—底座 12—后顶尖 13—手轮

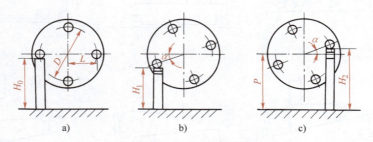

图 3-29 应垫量块的计算

其计算公式如下：

$$H_1 = P - (D/2)\sin\alpha - d/2 = H_0 - (D/2)\sin\alpha \qquad (3\text{-}2)$$

$$H_2 = P + (D/2)\sin\alpha - d/2 = H_0 + (D/2)\sin\alpha \qquad (3\text{-}3)$$

式中　　H_0——夹具处于水平位置时应垫入的量块值；

　　　　P——夹具中心高度；

　　　　D——正弦圆柱间的中心距；

　　　　H_1——低于水平位置时应垫入的量块值；

　　　　H_2——高于水平位置时应垫入的量块值；

　　　　α——回转角度值；

　　　　d——正弦圆柱直径。

在正弦分中夹具加工时，被磨表面的尺寸是采用比较测量法测定的，测量依据为夹具中性线，用比较测量器、量块、百分表找到比较测量面，当被加工面与比较测量面等高时（即百分表读数一致时），加工也就完成了。比较测量法如图 3-30 所示。

3. 万能夹具

万能夹具可加工具有多个回转中心的工件，如图 3-31 所示。与正弦分中夹具相比，结构上主要多了<u>由一对相互垂直的精密丝杠螺母副组成的十字拖板部分</u>，该部分可带动工件相对于夹具主轴沿 x 与 y 两方向移动，从而使工件上不同的回转中心分别与夹具主轴重合，定位后随主轴来回旋转，磨出复杂的曲面。

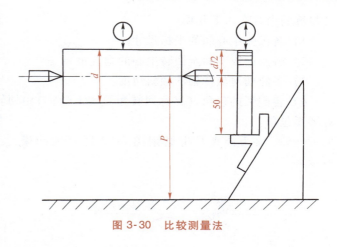

图 3-30　比较测量法

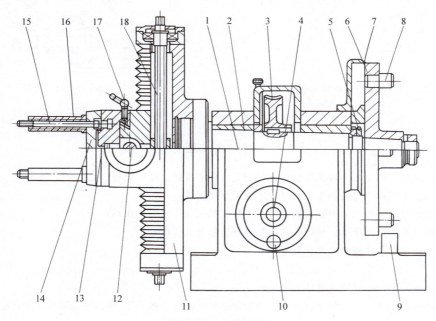

图 3-31　万能夹具

1—主轴　2—轴套　3—蜗轮　4—蜗杆　5—紧固螺母　6—分度盘　7—刻度盘　8—正弦圆柱　9—量块垫板
10—手轮　11、12—十字拖板　13—横滑板　14—转盘　15—螺钉　16—垫筒　17—手柄　18—丝杠

四、成形磨削工艺尺寸的换算

模具零件的设计基准与加工基准不尽一致，因此在成形磨削前，必须将设计尺寸换算成工艺尺寸，并绘制成形磨削工艺图，用于成形磨削。

根据磨削加工与测量的需要，为确保十字拖板沿水平及垂直方向准确移动和定位，在工件图上应建立直角坐标系，每一个圆心设一个回转中心。采用万能夹具磨削工件时，工艺尺寸换算的内容有以下几项：

1）各圆弧中心间的坐标尺寸。

2）各斜面或平面至回转中心的垂直距离。

3）各斜面对坐标轴的倾斜角度。

4）各圆弧的包角（又称回转角）。如工件自由回转而不致碰伤其他表面时，则不必计算圆弧包角。

例如，在万能夹具上磨削图 3-32 所示的凸模，经换算后绘制磨削工艺图如图 3-33 所示。

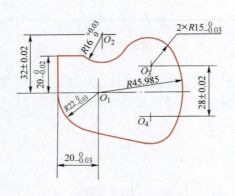

图 3-32　具有多个回转中心的凸模

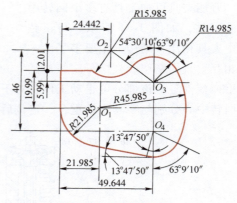

图 3-33　磨削工艺图

思　考　题

1. 模具机械加工的主要内容是什么？如何分类？各采取什么原则处理？

2. 高速铣削加工对模具的加工工艺过程产生了哪些影响？

3. 坐标机床与普通机床的主要区别是什么？数控机床属于坐标机床吗？

4. 坐标镗床的特点是什么？坐标机床的附件分别起什么作用？

5. 试将下列设计尺寸转换成坐标尺寸：

$30^{+0.01}_{-0.01}$　　$29.9^{+0.1}_{-0.1}$　　$29.95^{+0.05}_{0}$　　$30^{0}_{-0.02}$

6. 什么是成形磨削？其特点是什么？

7. 正弦精密平口钳与正弦精密磁力平台分别用于什么场合？图 3-27 中被加工工件应为什么材料？

8. 万能夹具主要由哪几部分组成？它与正弦分中夹具有什么区别？

模具数控加工

第一节 数控加工技术

一、数控加工基本概念

1. 数控与数控机床

数字控制（Numerical Control，NC）是利用数字化信息对机械运动及加工过程进行控制的一种方法，简称为数控。由于现代数控都采用了计算机进行控制，因此，也可以称其为计算机数控（Computerized Numerical Control，CNC）。

采用数控技术进行控制的机床，称为数控机床（NC 机床）。机床控制也是数控技术应用最早、最广泛的领域。

2. 数控加工

数控加工是指在数控机床上进行零件切削加工的一种工艺方法。

数控加工与普通加工方法的区别在于控制方式。在普通机床上进行加工时，机床动作的先后顺序和各运动部件的位移都是由人工直接控制。在数控机床上加工时，所有这些都由预先按规定形式编排并输入到数控机床控制系统的数控程序来控制。因此，实现数控加工的关键是数控编程。由于通过重新编程就能加工出不同的产品，因此它非常适合于多品种、小批量生产方式。

3. 数控加工研究的主要内容

1）数控加工工艺设计。工艺设计是对工件进行数控加工的前期工艺准备工作，它必须在编制程序之前完成，因为只有工艺设计方案确定以后，程序编制工作才有依据。工艺设计搞不好，往往要成倍增加工作量，这是造成数控加工差错的主要原因之一。所以，一定要先做好工艺设计，再考虑编程。工艺设计内容主要如下所述：

① 选择并决定零件的数控加工内容。

② 零件图样的数控加工工艺性分析。

③ 数控加工的工艺路线设计。

④ 数控加工的工序设计。

⑤ 数控加工专用技术文件的编写。

2）对零件图形的数学处理。

3）编写数控加工程序单。

4）按程序单制作控制介质。

5）程序的校验与修改。

6）首件试切加工与现场问题处理。

7）数控加工工艺技术文件的定型与归档。

二、数控机床的工作原理与分类

1. 数控机床的工作原理

在传统的金属切削机床上加工零件时，操作者根据图样的要求，通过不断改变刀具的运动轨迹和运动速度等参数，使刀具对工件进行切削加工，最终加工出合格零件。

数控机床的加工，实质上是应用了"微分"原理。其工作原理与过程可以简要描述如下（见图4-1）。

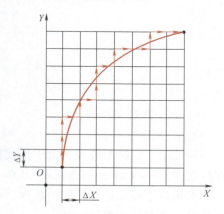

图 4-1　数控加工原理

1）数控装置根据加工程序要求的刀具轨迹，将轨迹按机床对应的坐标轴，以最小移动量（脉冲当量）进行微分（图4-1中的 X、Y），并计算出各轴需要移动的脉冲数。

2）通过数控装置的插补软件或插补运算器，把要求的轨迹用以"最小移动单位"为单位的等效折线进行拟合，并找出最接近理论轨迹的拟合折线。

3）数控装置根据拟合折线的轨迹，给相应的坐标轴连续不断地分配进给脉冲，并通过伺服驱动使机床坐标轴按分配的脉冲运动。

上述针对给定的曲线，在理想轨迹（轮廓）的已知点之间，通过数据点的密化，确定一些中间点的方法，称为插补。

由此可见，只要数控机床的最小移动量（脉冲当量）足够小，所用的拟合折线就完全可以等效代替理论曲线；只要改变坐标轴的脉冲分配方式，即可改变拟合折线的形状，从而达到改变加工轨迹的目的；只要改变分配脉冲的频率，即可改变坐标轴（刀具）的运动速度。这样就实现了数控机床控制刀具移动轨迹的根本目的。

2. 数控机床的组成

在数控机床上进行零件的加工，可以通过如下步骤进行：

1）根据被加工零件的图样与工艺方案，用规定的代码和程序格式，将刀具的移动轨迹、加工工艺过程、工艺参数、切削用量等编写成数控系统能够识别的指令形式，即编写加工程序。

2）将所编写的加工程序输入数控装置。

3）数控装置对输入的程序（代码）进行译码、运算处理，并向各坐标轴的伺服驱动装置和辅助机能控制装置发出相应的控制信号，以控制机床各部件的运动。

4）在运动过程中，数控系统需要随时检测机床的坐标轴位置、行程开关的状态等，并与程序的要求相比较，以决定下一步动作，直到加工出合格的零件。

5）操作者可以随时对机床的加工情况、工作状态进行观察、检查，必要时还需要对机床动作和加工程序进行调整，以保证机床安全、可靠地运行。

由此可知，数控机床的基本组成应包括输入/输出装置、数控装置、伺服驱动和检测反馈装置、辅助控制装置以及机床本体等部分，如图4-2所示。图中的输入/输出装置、数控装置、伺服驱动和检测反馈装置构成了机床数控系统。

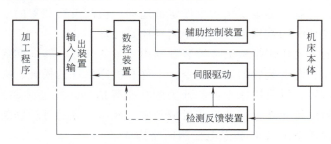

图 4-2　数控机床的组成

控制介质是用于记载各种加工信息（如零件加工的工艺过程、工艺参数和位移数据等）的媒体，经输入装置将加工信息送给数控装置。常用的控制介质有穿孔带、磁带和软盘等。信息是以代码的形式按规定的格式存储的。代码分别表示十进制的数字、字母或符号。目前国际上通常使用 EIA（Electronic Industries Association）代码和 ISO（International Organization for Standardization）代码。我国规定以 ISO 代码作为标准代码。

数控机床加工程序的编制简称数控编程。数控编程就是根据被加工零件图样要求的形状、尺寸、精度、材料及其他技术要求等，确定零件加工的工艺过程、工艺参数，然后根据编程手册规定的代码和程序格式编写零件加工程序单。对于较简单的零件，通常采用手工编程；对于形状复杂的零件，常采用自动编程。

输入装置的作用是将控制介质（信息载体）上的数控代码传递并存入数控系统内。根据控制介质的不同，输入装置可以是光电阅读机、磁带机或软盘驱动器等。数控加工程序也可通过键盘，用手工方式直接输入数控系统。数控加工程序还可由编程计算机用 RS-232C 或采用网络通信方式传送到数控系统中。

数控装置是数控机床的核心，它的功能是接收输入装置输入的加工信息，经过数控装置的系统软件或逻辑电路进行译码、运算和逻辑处理之后，输出各种控制信息和指令，控制机床各部分的工作，使其进行规定的有序运动和动作。

数控装置发出的一个进给脉冲所对应的机床坐标轴的位移量，称为数控机床的最小移动单位，又称为脉冲当量。根据机床精度的不同，常用的脉冲当量有 0.01mm、0.005mm、0.001mm 等。在高精度数控机床上，可以达到 0.0005mm、0.0001mm 甚至更小。测量装置的位置检测精度也必须与之相适应。

伺服系统由伺服驱动电动机和伺服驱动装置组成，它是数控系统的执行部分。由机床上的执行部件和机械传动部件组成数控机床的进给伺服系统和主轴伺服系统，根据数控装置的指令，前者控制机床各轴的切削进给运动，后者控制机床主轴的旋转运动。驱动装置接收来自数控装置的指令信息，经功率放大后，严格按照指令信息的要求驱动机床的移动部件，以加工出符合图样要求的零件。因此，它的伺服精度和动态响应性能是影响数控机床加工精度、表面质量和生产率的重要因素。驱动装置包括控制器（含功率放大器）和执行机构两大部分。目前大都采用直流或交流伺服电动机作为执行机构。

伺服系统有开环、闭环和半闭环之分，在闭环和半闭环伺服系统中，还需配有检测反馈装置，用于进行位置检测和速度检测。

检测反馈装置将数控机床各坐标轴的实际位移量检测出来，经反馈系统输入到机床的数控装置中。数控装置将反馈回来的实际位移量值和速度与设定值进行比较，并向机床输出新的位移、速度指令，控制驱动装置按指令设定值运动。检测反馈装置的安装、检测信号反馈的位置，取决于数控系统的结构是开环、半闭环还是闭环形式。

辅助控制装置的主要作用是根据数控装置输出主轴的转速、转向和启停指令，刀具的选择和交换指令，冷却、润滑装置的启停指令，工件和机床部件的松开、夹紧，工作台转位等辅助指令所提供的信号，以及机床上检测开关的状态等信号，经过必要的编译和逻辑运算，经放大后驱动相应的执行元件，带动机床机械部件、液压、气动等辅助装置完成指令规定的动作。辅助控制装置通常由 PLC 和强电控制回路构成。

数控机床的本体包括主运动部件、进给运动部件（如工作台）、刀架及传动部件和床身立柱等支撑部件，此外还有冷却、润滑、转位、夹紧等辅助装置。对加工中心类的数控机床，还有存放刀具的刀库、交换刀具的机械手等部件。

3. 数控机床的分类

国内外数控机床的种类有数千种，如何分类尚无统一规定。常见的分类方法有：按机械运动的轨迹可分为点位控制系统、直线控制系统和轮廓控制系统。按伺服系统的类型可分为开环控制系统、闭环控制系统和半闭环控制系统。按控制坐标轴数可分为两坐标数控机床、三坐标数控机床和多坐标数控机床。按数控功能水平可分为高档数控机床、中档数控机床和低档数控机床。

但从用户角度考虑，按机床加工方式或能完成的主要加工工序来分类更为合适。按照数控机床的加工方式，可以分成以下几类：

（1）金属切削类　属于此类的有数控车床、数控铣床、数控钻床、数控镗床、数控磨床、数控齿轮加工机床和加工中心等。

（2）金属成形类　属于此类的有数控折弯机、数控弯管机、数控压力机、数控旋压机等。

（3）特种加工类　属于此类的有数控电火花线切割机床、数控电火花成形机床及激光切割机等。

（4）其他类　属于此类的有数控火焰切割机床、数控激光热处理机床、三坐标测量机等。

三、数控加工的特点与应用

1. 数控加工的特点

（1）加工精度高　数控机床的加工精度之所以比普通机床高，其原因主要有以下几个方面：

1）数控机床的脉冲当量小，位置分辨率高。机床的脉冲当量决定了机床理论上可以达到的定位精度。在数控机床上，脉冲当量一般都达到了 0.001mm，高精度数控机床则更小，因此它能实现比普通机床更精确的定位。

2）数控系统具备误差自动补偿功能。在数控机床上，进给传动系统的反向间隙与丝杠的螺距误差等均可由数控系统进行自动补偿，因此，数控机床能在同等条件下，提高零件的加工精度。

3）数控机床的传动系统与机床结构设计，都具有比普通机床更高的刚度和热稳定性，部件的制造、装配精度均比较高，提高了机床本身的精度与稳定性。

4）数控机床采用自动加工方式，避免了加工过程中的人为干扰。因此，零件尺寸的一致性好，产品合格率高，加工质量稳定。

目前，对于普通中、小型数控机床，其定位精度一般都可以达到 0.02mm，重复定位精度达到 0.01mm；在高精度数控机床上，精度更高。

（2）自动化程度高，劳动强度低　　数控加工是按事先编好的程序自动完成零件加工任务的，操作者除了安放控制介质及操作键盘、装卸零件、关键工序的中间测量以及观察机床的运动情况外，不需要进行繁重的重复性手工操作，操作者的劳动强度可大为减轻。数控机床一般都具有较好的安全防护、自动排屑、自动冷却和自动润滑装置，使操作者的劳动条件也得到了很大改善。

（3）生产率高　　零件的加工效率主要取决于零件的实际加工时间和辅助加工时间。数控机床的效率高，主要通过以下几个方面体现：

1）在数控机床上，由于主轴的转速和进给量都可以任意选择，因此每一道工序的加工都可选择最合适的切削用量，以提高加工效率。此外，由于数控机床的结构刚性好，一般都允许切削用量较大的强力切削，提高了数控机床的切削效率，节省了实际加工时间。

2）数控机床的移动部件的空行程运动速度大大高于普通机床，它一般都在 15m/min 以上，在高速加工数控机床上，目前已经达到 100m/min 左右，刀具定位时间非常短，空程运动辅助时间比普通机床要小得多。

3）数控机床节省了零件安装调整的时间。数控机床可以实现精确、快速定位，不必像普通机床那样，在加工前对工件进行"划线"，节省了"划线"工时。在加工中心上，更是一次装夹，完成多工序加工，节省了零件重新安装和调整的时间。

4）数控机床加工零件的尺寸一致性好，质量稳定，一般只需要做首件检验，即可以代表批量加工精度，节省了停机检验时间。

（4）柔性强　　在数控机床上，只需重新编制（更换）程序，就能实现对不同零件的加工，它为多品种、小批量生产加工以及新产品试制提供了极大的便利。同时，由于数控机床通过多轴联动，具备曲线、曲面的加工能力，扩大了机床的适用范围。特别对于普通机床难以加工或无法加工的复杂零件，利用数控机床可以充分发挥功能，提高加工精度和效率。因此，对加工对象变化的适应性好，"柔性"比普通机床强。

（5）利于生产管理现代化　　用数控机床加工零件，能准确地计算零件的加工工时，并有效地简化检验和工夹具、半成品的管理工作。这些都有利于使生产管理现代化，便于实现计算机辅助制造。

（6）良好的经济效益　　数控机床虽然设备价格较高，分摊到每个零件的加工费用较普通机床高，但使用数控机床加工，可以通过上述优点体现出整体效益。特别是数控机床的加工精度稳定，减少了废品率，降低了生产成本；此外，数控机床还可"一机多用"，节省厂房面积和投资。因此，使用数控机床，通常都可获得良好的经济效益。

2. 数控加工的应用范围

从数控加工的一系列特点可以看出，数控加工有一般机械加工所不具备的许多优点，所以其应用范围也在不断地扩大。但目前它并不能完全代替普通机床，也还不能以最经济的方式解决机械加工中的所有问题。因此，数控机床的选用有一定的适用范围。

一般来说，通用机床多适用于零件结构不太复杂、生产批量较小的场合；专用机床适用于生产批量很大的零件的加工；数控机床对于形状复杂的零件尽管批量小也同样适用。随着数控机床的普及，数控机床的适用范围也越来越广，对一些形状不太复杂而重复工作量很大的零件，如印制电路板的钻孔加工等，由于数控机床生产率高，也已大量使用。

加工零件时，是选用普通机床加工，还是数控机床加工，或选用专用机床来加工，概括起来要考虑下面几个方面的因素：

1）要保证被加工零件的技术要求，加工出合格的产品。

2）要有利于提高生产率。

3）要尽可能降低生产成本（加工费用）。

当零件不太复杂、生产批量不大时，宜采用普通机床；随着零件复杂程度的提高，数控机床就显得更为适用了。同时，在多品种、小批量（100件以下）生产时，使用数控机床可获得较好的经济效益。

不同类型的数控机床有着不同的用途。在选用数控机床之前，应对其类型、规格、性能、特点、用途和应用范围有所了解，才能选择最适合加工零件的数控机床。根据数控加工的特点和国内外大量应用实践，数控机床通常最适合加工具有以下特点的零件：

1）多品种、小批量生产的零件或新产品试制中的零件。

2）需要进行多次改型设计的零件。

3）形状复杂，加工精度要求高，通用机床无法加工或很难保证加工质量的零件，如箱体类和曲线、曲面类零件。

4）需要精确复制和尺寸一致性要求高的零件。

5）价格昂贵，加工中不允许报废的关键零件。

从数控机床的类型方面考虑，数控车床适用于加工具有回转特征的轴类和盘类零件；数控镗床、数控铣床、立式加工中心适用于加工箱体类零件、板类零件、具有平面复杂轮廓的零件；卧式加工中心较立式加工中心用途要广一些，适宜复杂箱体、泵体、阀体等零件的加工；多轴联动的数控机床、加工中心可以用来加工复杂的曲面、叶轮螺旋桨及模具等。

3. 数控加工技术的发展

数控加工技术是综合应用了微电子、计算机、自动控制、自动检测和精密机械等多学科的最新技术成果而发展起来的，它的诞生和发展标志着机械制造业进入了一个数字化的新时代，为了满足社会经济发展和科技发展的需要，它正朝着高精度、高速度、高可靠性、多功能、智能化及开放性等方向发展。

（1）高速度高精度化　速度和精度是数控加工的两个重要技术指标，它直接关系到加工效率和产品质量。

机床向高速化方向发展，可充分发挥现代刀具材料的性能，不但可大幅度提高加工效率、降低加工成本，而且可提高零件的表面加工质量和精度。随着超高速切削机理、超硬耐磨长寿命刀具材料和磨料磨具、大功率高速电主轴、高加/减速度直线电动机驱动进给部件，以及高性能控制系统（含监控系统）和防护装置等一系列技术领域中关键技术的解决，开发应用新一代高速数控机床的步伐不断加快。高速主轴单元（电主轴，转速为15000~100000r/min）、高速且高加/减速度的进给运动部件（快移速度为60~120m/min，切削进给速度高达60m/min）、高性能数控和伺服系统，以及数控工具系统都出现了新的突破，达到了新的技术水平。

精密数控机床的机械加工精度已从 0.01mm 级提升到 0.001mm 微米级。超精密数控机床的微细切削和磨削加工精度可达 0.05μm 左右，形状精度可达 0.01μm 左右。超精密加工（特高精度加工）的加工精度正从微米级发展到亚微米级乃至纳米级（<10nm），其应用范围日趋广泛。超精密加工主要包括超精密切削（车、铣）、超精密磨削、超精密研磨抛光，以及超精密特种加工（三束加工及微细电火花加工、微细电解加工和各种复合加工等）。

（2）智能化　数控系统在控制性能上向智能化发展，具体表现为：

1）为追求加工效率和加工质量方面的智能化，如自适应控制、工艺参数自动生成。

2）为提高驱动性能及使用连接方便方面的智能化，如前馈控制、电动机参数的自适应运算、自动识别负载、自动选定模型、自整定等。

3）简化编程、简化操作方面的智能化，如智能化的自动编程、智能化的人机界面等。

4）方便系统诊断及维修方面的智能化，如智能诊断、智能监控方面的内容。

（3）具有开放性　传统的数控系统是一种专用封闭式系统，各个厂家的产品之间以及与通用计算机之间不兼容，维修、升级困难，越来越难以满足市场对数控技术的要求。为此，数控系统体系结构向基于 PC 的全数字化开放体系结构方向发展。基于 PC 的开放式数控系统已得到广泛认可，成为世界数控技术的发展潮流，具有强大的生命力。

20 世纪 90 年代以来，计算机技术的飞速发展推动着数控机床技术的更新换代。世界上许多数控系统生产厂家利用 PC 丰富的软、硬件资源，开发出"PC+运动控制器"的开放式体系结构的新一代数控系统。开放式体系结构具有信息处理能力强、开放程度高、运动轨迹控制精确、通用性好等特点，使数控系统具有更好的通用性、柔性、适应性和扩展性，并向智能化、网络化方向发展。开放式体系结构可以大量采用通用微机的先进技术，如多媒体技术，实现声控自动编程、图形扫描自动编程等。

开放式体系结构的新一代数控系统，其硬件、软件和总线规范都是对外开放的。由于有充足的软、硬件资源可供利用，不仅使数控系统制造商和用户进行的系统集成得到有力的支持，而且也为用户的二次开发带来极大方便，促进了数控系统多档次、多品种的开发和广泛应用，既可通过升档或剪裁构成各种档次的数控系统，又可通过扩展构成不同类型数控机床的数控系统，开发生产周期大大缩短。这种数控系统可随 CPU 升级而升级，结构上不必变动。

第二节　数控加工程序编制基础

一、程序编制的基本步骤

程序编制是指从零件图样到制成控制介质的过程。程序编制的步骤如图 4-3 所示。

1. 确定工艺过程

选择适合数控加工的工件和合理的加工工艺是提高数控加工技术经济效果的首要因素。在制订零件加工工艺时，应根据图样对工件的形状、技术条件、毛坯及工艺方案等进行详细分析，从而确定加工方法、定位夹紧方法及工步顺序，并合理选用机床设备、刀具及切削条件等。

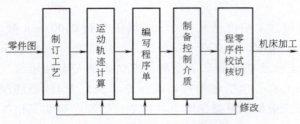

图 4-3 程序编制的一般过程

2. 运动轨迹的坐标值计算

根据零件图样的几何尺寸、进给路径以及坐标系计算粗加工和精加工时的刀具运动的各个坐标点数值。主要包含计算零件轮廓的基点和节点坐标等。

3. 编写加工程序单

根据计算出的运动轨迹坐标值和已确定的加工顺序、刀号、切削参数以及辅助动作，按照数控系统规定使用的功能指令代码及程序格式，逐段编写加工程序单。编程人员应熟悉所用数控机床和数控系统的性能及编程规范，初次接触的数控设备可以通过查阅该机床的《使用手册》来获取相关信息。此外，还可根据需要附上刀具布置图、走刀轨迹、机床调整卡、工序卡等。

4. 程序输入数控系统

编好的程序清单需要输入数控系统，可以通过以下几种常见的方法输入。

（1）手动输入　数控设备都配有控制面板，用户可以通过手动数据输入（MDI）的方法，将编好的程序输入到数控系统中，同时可以通过系统的显示器（CRT）进行检查修改。对于不太复杂的程序，用手动输入的方法较为方便和及时。

（2）通过介质输入　通过介质输入方式是将加工程序记录在穿孔纸带、磁带、软盘、U盘等介质上，然后用输入装置读入数控系统。穿孔纸带是早期的数控程序记录形式，现今使用较为广泛的是软盘、U盘等介质，通过软盘驱动器或USB接口，将程序输入数控系统，易于保存和修改。

（3）使用通信接口输入　通过机床数控系统带有的通信接口可以读取远程计算机上存储的程序，使程序输入更快捷、可靠。

5. 程序校验和首件试切

数控程序在编制完成后，必须经过校验和试切削才能正式使用。一般可以利用模拟仿真软件在计算机上模拟出刀具运行的轨迹，也可以将程序输入到CNC装置进行机床的空运转检验，根据检验结果对不满足要求的部分进行修改。但是，模拟仿真或空运转的检验方法不能确定是否能保证加工所需的精度，因而，还需经过首件试切来检验加工的真实效果。

二、数控机床的坐标系

在数控编程时，为了描述机床的运动，简化程序编制的方法及保证记录数据的互换性，数控机床的坐标系和运动方向均已标准化，ISO和我国都拟定了命名的标准。我国已颁布了GB/T 19660—2005《工业自动化系统与集成　机床数值控制　坐标系与运动命名》标准。

数控机床的坐标系在机床出厂前已经确定，用户可以通过机床使用说明书或机床标牌来了解，但是编程人员设置的编程坐标系必须和机床坐标系相关联，所以熟悉和掌握数控机床坐标系的标示规则是编程的前提。

1. 坐标轴的命名

数控机床的标准坐标系采用笛卡儿直角坐标系。这个坐标系的各个坐标轴与机床的主要导轨相平行。直角坐标 X、Y、Z 三者的关系及其正方向用右手法则判定，围绕 X、Y、Z 各轴（或与 X、Y、Z 各轴相平行的直线）回转的运动及其正方向 $+A$、$+B$、$+C$，分别用右手螺旋法则确定，如图 4-4 所示。

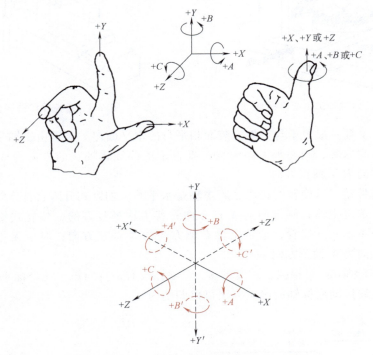

图 4-4　右手直角笛卡儿坐标系

为使编程简便，在数控机床上加工零件时，不论机床在加工中是刀具移动还是被加工工件移动，都一律假定被加工工件相对静止不动，而刀具在移动，并同时规定刀具远离工件的方向为坐标的正方向。

对坐标轴命名时，如果把刀具看作相对静止不动，工件运动，那么在坐标轴的符号上应加注标记"′"，如 X'、Y'、Z'、A'、B'、C' 等。其运动方向与不带"′"的方向正好相反。

2. 机床坐标轴的确定

确定机床坐标轴时，一般是先确定 Z 轴，再确定 X 轴和 Y 轴。

（1）Z 轴　Z 坐标的运动方向是由传递切削力的主轴所决定的，即平行于主轴轴线的坐标轴为 Z 坐标，Z 坐标的正向为刀具远离工件的方向。

对于有主轴的机床，如卧式车床、立式升降台铣床等，则以主轴轴线方向作为 Z 轴方向。对于没有主轴的机床，如龙门铣床等，则以与装夹工件的工作台面相垂直的直线作为 Z 轴方向。如果机床有几根主轴，则选择其中一个与工作台面相垂直的主轴为主要主轴，并以它来确定 Z 轴方向。如果主轴能够摆动，则选垂直于工件装夹平面的方向为 Z 坐标方向。

图 4-5 所示为六轴加工中心坐标系，其主轴如图所示。数控龙门铣床的 Z 轴如图 4-6 所示。

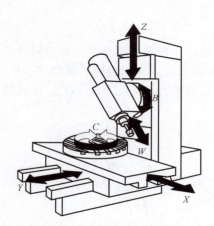

图 4-5　六轴加工中心坐标系

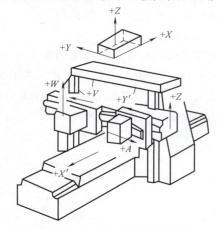

图 4-6　数控龙门铣床坐标系

（2）X 轴　X 轴一般位于与工件安装面相平行的水平面内。对于由主轴带动工件旋转的机床，如车床、磨床等，则在水平面内选定垂直于工件旋转轴线的方向为 X 轴，且刀具远离主轴轴线的方向为 X 轴正方向。

对于由主轴带动刀具旋转的机床，若主轴是水平的，如卧式升降台铣床等，由主要刀具主轴向工件看，选定主轴右侧方向为 X 正方向；若主轴是竖直的，如立式铣床、立式钻床等，由主要刀具主轴向立柱看，选定主轴右侧方向为 X 轴正方向；对于无主轴的机床，则选定主要切削方向为 X 轴正方向。

（3）Y 轴　Y 轴方向可根据已选定的 Z、X 轴，按右手直角笛卡儿坐标系来确定。

上述主要直线运动坐标轴的确定方法可以归纳为：

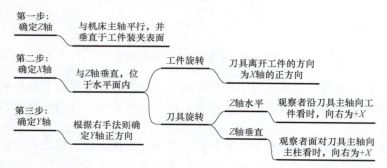

（4）附加坐标轴　如果机床除有 X、Y、Z 主要坐标轴以外，还有平行于它们的坐标轴，可分别指定为 U、V、W。如果还有第三组运动，则分别指定为 P、Q、R。

（5）主轴回转运动方向　主轴顺时针回转运动的方向是按右螺旋进入工件的方向。

3. 机床原点与机床坐标系

机床原点（M）又称机床零点，是机床上的一个固定点，由机床生产厂在设计机床时确定，原则上是不可改变的。以机床原点（M）为坐标原点的坐标系就称为机床坐标系。机床坐标系是一个满足右手直角笛卡儿坐标系法则的坐标系，其各坐标轴的方向选取应根据前面讲述的规则来确定。

机床原点是机床坐标系的原点，同时也是工件坐标系和机床参考点的基准点。

机床原点常见的设置位置有：数控车床的机床原点设置在卡盘前端面或后端面的中心，如图 4-7 所示；数控铣床的机床原点，有的设置在机床工作台的中心，有的设置在各进给坐标的极限位置处，如图 4-8 所示。

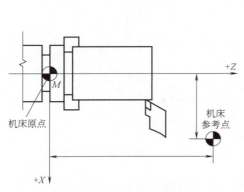

图 4-7　数控车床的机床原点

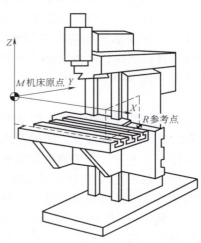

图 4-8　数控铣床的机床原点

机床参考点（R）是由机床生产厂人为定义的点，它与机床原点（M）之间的坐标位置关系是固定的，并存放在数控系统的相应机床数据存储器中，一般是不允许改变的。

机床参考点是用于对机床工作台、滑板与刀具相对运动的测量系统进行标定和控制的点，换句话说机床参考点的设置目的就是用来校准机床运动部件位置的。设计厂家通过记录一个初始的机床原点和机床参考点之间的距离，在加工零件之前通过让运动部件移动到参考点，用一定的测量方法比较移动距离与原始记录距离之间的差别来校正机床的误差。机床参考点通常设置在各进给坐标轴靠近正向极限的位置，如图 4-7 和图 4-8 所示。

每次机床接通电源时，首先要进行回零操作，即返回参考点操作，使数控系统的坐标系统与机床本身坐标系相一致。当执行"回参考点（R）"操作后，显示器上将显示参考点（R）相对于机床原点（M）的坐标值，该数值即被记忆在 CNC 系统中并在系统中建立了机床原点，作为系统内运算的基准点。可以看出机床原点（M）是通过机床参考点（R）间接确定的。"回零"操作后，显示的参考点（R）与机床原点（M）间的相关坐标值如为零（X0、Y0、Z0），则表示 M 与 R 为同一点；如不为零则表示 M 与 R 不为同一点。

机床参考点（R）的位置在每个轴上都是通过减速行程开关粗定位，然后由编码器零位电脉冲（或称栅格零点）精定位的。当返回参考点（R）的工作完成后，显示器即显示出机床参考点（R）在机床坐标系中的坐标值，这表明机床坐标系已经建立。此操作可使机床重新核定基准，消除由于种种原因产生的基准偏差。

4. 工件原点与工件坐标系

工件原点（P）又称为工件零点或编程零点，工件原点（P）是为编制加工程序而定义的点，它可由编程员根据需要来定义，一般选择工件图样上的设计基准作为工件原点（P），如回转体零件的端面中心、非回转体零件的角边、对称图形的中心作为几何尺寸绝对值的基准。

　　这种在工件上以工件原点（P）为坐标系原点建立的坐标系称为工件坐标系，也称为编程坐标系。虽然机床坐标系的建立保证了刀具在机床上的正确运动，但是由于加工程序的编制通常是根据零件图样进行的，为了便于尺寸计算、检查，不便直接使用机床坐标系，于是针对零件图样建立了工件坐标系。为保证编程与机床加工的一致性，工件坐标系中各轴的方向应该与所使用的数控机床相应的坐标轴方向一致，并且装夹工件时须保证工件坐标系与机床坐标系是平行关系。图 4-9 所示为一齿轮坯的工件坐标系。

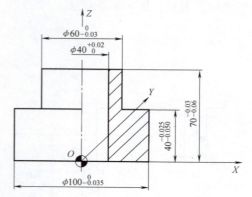

图 4-9　齿轮坯工件坐标系

　　加工时，工件安装在机床上，这时测量工件原点（P）与机床原点（M）间的距离，这个距离称为工件原点偏置，加工前需将偏置值预存到数控系统中。在加工程序中利用 G54～G59 调用这些偏置值，从而使机床坐标系和工件坐标系相统一。具体做法是：在执行加工程序前，要求将 G54 工件坐标系原点与机床坐标系原点之间的距离，输入到数控系统的 G54 参数区中；将 G55～G59 工件坐标系原点与机床坐标系原点之间的距离，输入到数控系统的 G55～G59 参数区中。所以利用这种方法，可以建立多个工件坐标系，如图 4-10 所示。G54～G59 的各个工件坐标系原点是固定不变的，在程序中可以直接选用，不需要进行手动对基准点操作，原点精度高，且在机床关机后也能记忆，适用于批量加工时使用。

　　此外，还可以在加工程序中利用编程指令来确定工件坐标系，即使用 G92（或 G50）指令进行工件原点的设定。这种方法实际上是指定了刀具当前在工件坐标系中的位置。所以，在数控系统执行加工程序前，要求先将刀具移动到 G92（或 G50）指定的位置，使机床坐标系与工件坐标系相一致。这种方法设定的工件坐标系原点，在机床关机后不能记忆，通常适用于单件加工时使用。

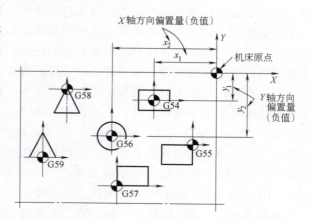

图 4-10　G54～G59 设定多个坐标系

5. 对刀点与换刀点的选择

　　对刀点又称为起刀点，是数控加工时刀具相对零件运动的起点，也就是程序运行的起点。对刀点选定后，便确定了机床坐标系和零件坐标系之间的相互位置关系。

　　刀具的位置是由刀位点来表示的。不同的刀具，刀位点不同。对于车刀、镗刀类刀具，刀位点为刀尖；对于钻头，刀位点为钻尖；对于平头立铣刀、面铣刀类刀具，刀位点为它们的底面中心；对于球头铣刀，刀位点为球心。

　　对刀点找正的准确度直接影响加工精度。对刀时，应使刀位点与对刀点一致。

　　对刀点选择的原则是：对刀方便，便于观察和检测。所以对刀点既可选在零件上，也可选在零件外（如夹具上）。为减少对刀误差，提高零件的加工精度，对刀点应尽量选在零件的设计基准或工艺基准上。例如，以孔定位的零件，可以将孔的中心点作为对刀点。

数控机床加工时，若在加工过程中需要换刀操作，就需要在编程时考虑换刀的位置，即换刀点。为避免换刀时刀具与工件或夹具发生干涉、碰撞，换刀点应选在工件外部安全的位置。

三、数控程序的指令代码

数控程序所用的编程指令，主要有准备功能 G 代码、辅助功能 M 代码、进给功能 F 代码、主轴转速功能 S 代码和刀具功能 T 代码等。在数控编程中，用各种 G 指令和 M 指令来描述工艺过程的各种操作和运动特征。

1. 模态代码和非模态代码

实际编程中，为了避免出现大量的重复指令，数控系统中做出如下规定：某些代码指令在一程序段中使用之后，可以一直保持有效状态，直到撤销这些指令。这样的代码指令，称为"模态代码"；某些代码指令则仅在编入的程序段中生效，称为"单段有效代码"，即"非模态代码"。一般来说，绝大多数常用的 G 代码、全部 S、F、T 代码均为"模态代码"，M 代码的情况取决于机床生产厂家的设计。这两种代码的具体规定，可以查阅数控系统生产厂家提供的编程说明书。

利用模态代码可以大大简化加工程序，但是，由于它的"连续有效"性，使得其撤销必须由相应的指令进行。数控编程中实行"代码分组"，就是将系统不可能同时执行的代码指令归为一组，并予以编号区别。同一组的代码有相互取代的作用，由此来撤销"模态代码"。分组代码使用中应注意，同一组的代码在一个程序段中只能有一个生效，当编入两个以上时，一般以最后输入的代码为准；但不同组的代码可以在同一程序段中编入多个。

此外，为了避免编程中出现代码遗漏，数控系统对每一组的代码指令，选取其中的一个作为开机默认代码，此代码在开机或系统复位时可以自动生效。对于开机默认的模态代码，若机床在开机或复位状态下执行该程序，程序中允许不进行编写。

2. 准备功能"G"指令

准备功能是使数控机床建立起某种加工方式的指令，如插补、刀具补偿、固定循环等，为插补运算做好准备，所以在程序段中 G 功能字一般位于尺寸字的前面。G 指令由地址符 G 和其后的两位数字组成，从 G00～G99 共 100 种，规定见表 4-1。

常用的 G 指令有：

● G00——快速点定位指令。它命令刀具从刀具所在点以最快速度移动到下一个目标位置。它只是快速定位，指令中不指定运动速度。由于速度很快，运动过程中不能进行切削。

● G01——直线插补指令。该指令用于使刀具以 F 规定的进给速度从当前点沿直线移动到目标点。刀具可以两轴联动方式沿任意斜率的直线运动，在各个平面内切削出任意斜率的直线。

● G02，G03——圆弧插补指令。该指令用于指定刀具做圆弧运动以加工出圆弧轮廓。G02 为顺时针圆弧插补指令，G03 为逆时针圆弧插补指令。

表 4-1 准备功能 G 代码

代号	组号	功　　能	代号	组号	功　　能
G00	01	快速点定位	G66	16	模态调用宏程序
G01		直线插补	G67		取消模态调用宏程序
G02		顺时针方向圆弧插补	G68		坐标系旋转
G03		逆时针方向圆弧插补	G69		坐标系旋转取消
G04	00	暂停	G70	09	精车固定循环
G10		通过程序输入数据	G71		粗车外圆固定循环
G11		取消用程序输入数据	G72		粗车端面固定循环
G15	18	极坐标指令取消	G73		固定形状粗车固定循环或深孔钻循环
G16		极坐标指令			
G17	02	XY 平面选择	G74		端面沟槽复合循环或反攻螺纹循环
G18		ZX 平面选择			
G19		YZ 平面选择	G75		外径沟槽复合循环
G20	06	英制输入	G76		复合螺纹切削循环或精镗循环
G21		米制输入	G80		固定循环取消
G27	00	返回参考点校验	G81		钻孔循环
G28		自动返回参考点	G82		阶梯孔加工循环
G29		从参考点返回	G83		深孔加工循环
G30		第二参考点返回	G84		攻螺纹循环
G31		跳步功能	G85		镗削循环 1
G32	01	螺纹切削加工	G86		镗削循环 2
G40	07	取消刀具半径补偿	G87		反镗循环
G41		刀具半径左补偿	G88		镗孔循环
G42		刀具半径右补偿	G89		镗孔循环
G43	08	刀具长度正补偿	G90	03	绝对值编程
G44		刀具长度负补偿	G91		增量值编程
G49		取消刀具长度补偿	G92	00	坐标系设定
G50	00	设定坐标系或限制主轴最高转速	G94	05	每分钟进给
			G95		每转进给
G54	14	选择工件坐标系 1	G96	13	线速度恒定控制生效
G55		选择工件坐标系 2	G97		线速度恒定控制撤消
G56		选择工件坐标系 3			
G57		选择工件坐标系 4	G98	10	固定循环中返回初始平面
G58		选择工件坐标系 5			
G59		选择工件坐标系 6	G99		固定循环中返回到 R 点
G65	12	调用宏程序			

圆弧插补顺、逆时针的判断方法是：沿垂直于圆弧所在平面的坐标轴的负向看去，顺时针方向为 G02，逆时针方向为 G03，如图 4-11 所示。

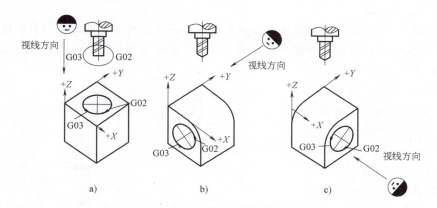

图 4-11　圆弧切削方向与平面的关系
a) *XY* 平面（G17）　b) *ZX* 平面（G18）　c) *YZ* 平面（G19）

圆弧的描述方式有两种，一种是在指令中指明圆心位置，一种是在指令中给出半径的值。相应地，圆弧加工的指令也有不同的形式。

● G17，G18，G19——坐标平面选择指令。G17 指定零件进行 *XY* 平面上的加工，G18 和 G19 分别为 *ZX*、*YZ* 平面上的加工。这些指令在进行圆弧插补、刀具补偿时经常使用。

● G40，G41，G42——刀具半径补偿指令。利用该指令，编程者可以按零件轮廓尺寸编程，由数控装置自动地计算出刀具中心轨迹。加工时，CNC 系统将刀具偏置寄存器中存放的刀具半径补偿值取出，对刀具中心轨迹进行补偿计算，生成实际的刀具中心运动轨迹。

刀具半径补偿分为刀具半径左补偿（G41）和刀具半径右补偿（G42）。当刀具中心轨迹沿前进方向位于零件轮廓右边时称为刀具半径右补偿，反之称为刀具半径左补偿。在程序中，用 G42 指令建立右刀补，铣削时对于工件将产生逆铣效果，故常用于粗铣；用 G41 指令建立左刀补，铣削时对于工件将产生顺铣效果，故常用于精铣。当不需要进行刀具半径补偿时，则用 G40 取消刀具半径补偿。

一般情况下，刀具半径补偿量应为正值。如果补偿值为负，则 G41 和 G42 正好相互替换。通常在模具加工中利用这一特点，可用同一程序加工同一公称尺寸的内、外两个型面，如用同一加工程序加工阳模和阴模的情况。

刀具在因磨损、重磨或更换后直径发生改变时，利用刀具半径补偿功能，不必修改程序，只需改变半径补偿参数即可。刀具半径补偿值不一定等于刀具半径值，同一加工程序，采用同一刀具可通过修改刀具半径补偿值的办法实现对工件轮廓的粗、精加工；同时也可通过修改半径补偿值获得所需要的尺寸精度。

● G90，G91——绝对坐标尺寸及增量坐标尺寸编程指令。在加工程序中，各位置点坐标值有绝对尺寸指令和增量尺寸指令两种表达方法。绝对尺寸指机床运动部件的目标位置坐标值是以编程原点为基准确定的，用 G90 表示；增量尺寸指机床运动部件的目标位置坐标值是以刀具前一位置的坐标值为依据确定的，用 G91 表示。

● G43，G44，G49——刀具长度补偿指令。刀具长度补偿是用来补偿刀具长度方向

（轴向）差值的。数控铣床或加工中心所使用的刀具，每把刀具的长度都不相同，同时由于刀具的磨损或其他原因引起刀具长度发生变化，使用刀具长度补偿指令，可使每一把刀具加工出的深度尺寸都正确。

实际应用时，编程者可以在不知道刀具长度的情况下，按假定的标准刀具长度编程。实际刀具长度与编程刀具长度之差称为偏置值（或称为补偿量）。这个偏置值可以通过偏置页面设置在偏置存储器中。其中，G43 表示长度正补偿，其含义是将刀具长度偏置值（存储在偏置存储器中）加到程序中由指令指定的终点位置坐标值上；G44 表示长度负补偿，其含义是指令指定的终点位置坐标值减去补偿值，如图 4-12 所示。

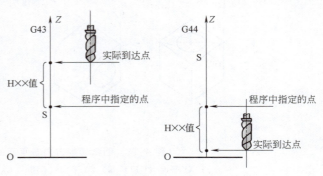

图 4-12 G43 和 G44

3. 辅助功能"M"指令

辅助功能 M 指令是由字母"M"和其后的两位数字组成的，从 M00～M99 共 100 种。这些指令与数控系统的插补运算无关，主要是为数控加工、机床操作而设定的工艺性指令及辅助功能，如主轴的旋转方向、主轴启动、停止、切削液的开关、刀具或工件的夹紧和松开以及刀具更换等功能，见表 4-2。像 G 代码指令一样，M 代码也必须进行分组，也有开机默认代码。当同一程序段中，既有 M 代码又有其他指令时，可以先执行 M 代码指令，再执行其他指令；也可以先执行其他指令，最后执行 M 代码指令。因此，M 代码虽然也像 G 代码一样进行了分组，但在一个程序段中最好只编入一个 M 代码指令，以防止机床动作的冲突。

表 4-2 辅助功能 M 代码

代码 (1)	功能开始时间		功能保持到被注销或被适当程序指令代替 (4)	功能仅在所出现的程序段内有作用 (5)	功能 (6)
	与程序段指令运动同时开始 (2)	在程序段指令运动完成后开始 (3)			
M00		*		*	程序停止
M01		*		*	计划停止
M02		*		*	程序结束
M03	*		*		主轴顺时针方向
M04	*		*		主轴逆时针方向
M05		*	*		主轴停止
M06	#	#		*	换刀
M07	*		*		2 号切削液开
M08	*		*		1 号切削液开
M09		*	*		切削液关
M10	#	#	*		夹紧

（续）

代码 （1）	功能开始时间		功能保持到 被注销或被 适当程序指 令代替 （4）	功能仅在所 出现的程序 段内有作用 （5）	功能 （6）
	与程序段指令 运动同时开始 （2）	在程序段指令运 动完成后开始 （3）			
M11	#	#	*		松开
M12	#	#	#	#	不指定
M13	*		*		主轴顺时针方向,切削液开
M14	*		*		主轴逆时针方向,切削液开
M15	*			*	正运动
M16	*			*	负运动
M17～M18	#	#	#	#	不指定
M19		*	*		主轴定向停止
M20～M29	#	#	#	#	永不指定
M30		*		*	程序结束,系统复位
M31	#	#		*	互锁旁路
M32～M35	#	#	#	#	不指定
M36	*		#		进给范围1
M37	*		#		进给范围2
M38	*		#		主轴速度范围1
M39	*		#		主轴速度范围2
M40～M45	#	#	#	#	如有需要作为齿轮换档,此外不 指定
M46～M47	#	#	#	#	不指定
M48		*	*		注销M49
M49	*		#		进给率修正旁路
M50	*		#		3号切削液开
M51	*		#		4号切削液开
M52～M54	#	#	#	#	不指定
M55	*		#		刀具直线位移,位置1
M56	*		#		刀具直线位移,位置2
M57～M59	#	#	#	#	不指定
M60		*		*	更换工件
M61	*		#		工件直线位移,位置1
M62	*		#		工件直线位移,位置2
M63～M70	#	#	#	#	不指定
M71	*		*		工件角度位移,位置1
M72	*		*		工件角度位移,位置2
M98	#	#	#	#	子程序调用
M99	#	#	#	#	子程序结束标记

注：1. #号表示如选作特殊用途，必须在程序格式说明中说明。

2. M90～M99可指定为特殊用途。

常用的辅助功能指令如下：

●M00——程序停止。完成该程序段的其他功能后，主轴、进给、切削液送进都停止，以便执行某一手动操作，如工件测量、手动变速、手动换刀等。此后需重新起动机床才能继续执行后面的程序段。

●M01——计划停止，又称为选择停止。该指令与 M00 类似，所不同的是，必须在操作面板上预先按下"选择停止"按钮，才能使程序停止，否则 M01 不起作用。当零件加工时间较长或在加工过程中需要停机检查、测量关键部位以及交接班等情况时使用该指令很方便。

●M02——程序结束。当全部程序结束时使用该指令，它使主轴、进给、切削液送进停止，并使机床复位。

●M03，M04，M05——分别命令主轴正转、反转和停转。

程序执行至 M05，主轴即停止。M05 指令一般用于下列情况：程序结束前（但一般常可省略，因为 M02，M30 指令皆包含 M05）；若数控车床有主轴高速档（M42）、主轴低速档（M41）指令时，在换档之前，必须使用 M05，使主轴停止，再换档，以免损坏换档机构；主轴正、反转之间的转换，也须加入此指令使主轴停止后，再变换转向指令，以免伺服电动机受损。

●M06——换刀指令。常用于加工中心机床的换刀操作。

●M07，M08——分别命令 2 号切削液和 1 号切削液开（冷却泵起动）。

●M09——切削液停。

●M10，M11——运动部件的夹紧及松开。

●M30——程序结束。该指令与 M02 类似，会自动将主轴停止及关闭切削液。与 M02 不同的是，程序执行指针会自动回到程序的开头，从而方便此程序再次被执行。

●M98——子程序调用指令。

●M99——子程序结束并返回到主程序指令。此指令用于子程序最后程序段，表示子程序结束，且程序执行指针跳回主程序中 M98 的下一程序段继续执行。

4. 其他功能指令

（1）进给功能指令 F　F 指令用以指定切削进给速度，其单位为 mm/min 或 mm/r。F 地址后跟的数值有直接指定法和代码指定法。现在一般都使用直接指定方式，即 F 后的数字直接指定进给速度，如"F120"即为进给量 120mm/min，"F0.2"即为 0.2mm/r。进给速度的数值按有关数控切削用量手册的数据或经验数据直接选用。

（2）主轴转速功能指令 S　S 指令用以指定主轴转速，其单位为 r/min。S 地址后跟的数值有直接指定法和代码指定法之分。现今数控机床的主轴都用高性能的伺服驱动，可以用直接法指定任何一种转速，如"S2000"即为主轴转速 2000r/min。代码法用于异步电动机与齿轮传动的有级变速，现已很少运用。

（3）刀具功能指令 T　T 指令用以指定刀号及其补偿号。T 地址后跟的数字有两位（如 T11）和四位（如 T0101）之分。对于四位，前两位为刀号，后两位为刀补寄存器号。如 T0202，前面的 02 表示 2 号刀，后面的 02 表示从 02 号刀补寄存器取出事先存入的补偿数据进行刀具补偿。若后两位为 00，则表示无补偿或注销补偿。编程时常将刀号与补偿号取相同的数字，以方便程序查阅。

上述 T 指令中含有刀补号的方法多用于数控车床的编程。

（4）坐标功能指令　坐标功能指令（又称为尺寸功能指令）用来设定机床各坐标方向

上的位移量。它一般使用 X、Y、Z、U、V、W、P、Q、R、A、B、C 等地址符为首，在地址后紧跟着 "+" 或 "−" 及一串数字。该数字以系统脉冲当量为单位（如 0.01mm/脉冲或以 mm 为单位），数字前的正负号代表移动方向。

（5）程序段号功能指令 N　N 指令用以指定程序段名，由 N 地址及其后的数字组成。其数字大小的顺序不表示加工或控制顺序，只是程序段的识别标记，用作程序段检索、人工查找或宏程序中的无条件转移。因此，在编程时，数字大小的排列可以不连续，也可颠倒，甚至可以部分或全部省略。但习惯上还是按顺序并以 5 的倍数编程，以备插入新的程序段。如 "N10" 表示第一条程序段，"N20" 表示第二条程序段等。

四、数控加工程序的结构与格式

1. 程序结构

一个完整的加工程序由程序号、若干程序段及程序结束指令三部分组成。

程序号又称为程序名，置于程序的开头，用作一个具体加工程序存储、调用的标记。程序号一般由字母 O、P 或符号 "%" "："后加 2~4 位数组成，也有机床用零件名称、零件号及其工序号等内容表示，具体情况视数控系统而定。

程序号是加工程序的识别标记，不同程序号对应着不同的加工程序，所以在同一数控机床中，程序号不可以重复使用。

程序段由一个或若干字组成；每个字又由字母和它后面的数字数据组成（有时还包括代数符号）；每个字母、数字、符号都称为字符。

例如，加工程序：

O0020

N010　G92　X200　Z200;

N020　G00　X80　Z3　S300　T0101　M03　M08;

N030　G01　Z-60　F0.2;

N040　X100;

⋮

N550　G00　X500　Z20;

N560　M02;

这表示一个完整的加工程序，由 56 条程序段按操作顺序排列而成。整个程序的开始用 O0020，它表示从数控装置的存储器中调出程序编号为 "O0020" 的加工程序。以 M02（或 M30）作为该加工程序的结束。每个程序段用 "N" 开头，结束用分号 ";" （或星号 "＊"，或根据具体机床选用；纸带穿孔时，ISO 标准用 LF 或 NL 换行，EIA 标准用 CR）。

每条程序段表示一种操作过程。一个完整的加工程序段，除程序段号、程序段结束标记 ";" 外，其主体部分应具备如下六个要素，即必须在程序段中明确以下几点：

1）移动的目标是哪里？

2）沿什么样的轨迹移动？

3）移动速度要多快？

4）刀具的切削速度是多少？

5）选择哪一把刀移动？

6）机床还需要哪些辅助动作？

以上六点称为程序段的六要素。

2. 程序段格式

程序段格式就是一条程序段中，字、字符及数据的排列形式。目前广泛应用字-地址程序格式，也有少数数控系统采用分隔符的固定顺序格式（如我国生产的快速走丝数控电火花线切割机床）。

字-地址程序格式如上例程序中所示：每个字前有地址（G，X，Z，F，…）；各字的先后排列并不严格；数据的位数可多可少（但不得大于规定的最大允许位数）；不需要的字以及与上一程序段相同的续效字可以不写入（如上例 N040）程序段中，G01、Z-60、F0.2、S300、T0101、M03、M08 这些续效字继续有效）。

现在的数控系统绝大多数对程序段中各类字的排列不要求有固定的顺序，即在同一程序段中各个指令字的位置可以任意排列。上例 N020 程序段也可以写成：

N020 M08 M03 T0101 S300 Z3 X80 G00；

不同的排列形式对数控系统是等效的。不过，在大多数场合，为了书写、输入、检查和校对的方便，程序字在程序段中习惯按下面的顺序排列：

N＿ G＿ X＿ Y＿ Z＿ R＿ F＿ S＿ T＿ M＿；

这种程序段格式的优点是程序简短、直观、不易出错，故应用广泛。国际标准化组织已对这种可变程序段字-地址格式制定了 ISO 6983-1-1982 标准，这为数控系统的设计，特别是程序编制带来很大方便。

分隔符固定顺序程序格式的特点是，所有字的地址用分隔符"HT"或"B"表示，但各字的顺序固定，不可打乱；不需要的或与上一程序段相同的续效字可以省略，但必须补上分隔符。这种程序格式不需要判别地址的电路，系统简化，主要用于功能不多且较固定的数控系统，但程序不直观，易错。

3. 主程序与子程序

机床的加工程序可以分为主程序和子程序两种。主程序是一个完整的零件加工程序，和被加工零件及加工要求一一对应。

为了简化编程，当一组程序段在一个程序中多次出现，或者在几个程序中要使用时，可将这组程序段编写为单独的程序，并通过程序调用的形式来执行，这样的程序称为子程序。子程序的形式和组成与主程序大体相同：第一行是子程序号（名），最后一行则是"子程序结束"指令，它们之间是子程序主体。不过，主程序与子程序的结束指令的作用和形式有所不同。主程序结束指令的作用是结束主程序，让数控系统复位，其指令已经标准化，各系统都用 M02 或 M30。而子程序结束指令的作用是结束子程序，返回主程序或上一层子程序，其指令形式各系统不统一。

子程序具有以下特点：子程序可以被任何主程序或其他子程序所调用，并且可以多次循环执行；被主程序调用的子程序，还可以调用其他子程序，称为子程序的嵌套；子程序执行结束，能自动返回到调用的程序中；子程序一般都不可以作为独立的加工程序使用，它只能通过调用来实现加工中的局部动作。

在大多数数控系统中，子程序的程序号和主程序号的格式相同，即也用 O 及后缀数字组成。但子程序结束标记必须使用 M99（或 M17），才能实现程序的自动返回功能。

对于采用 M99 作为结束标记的子程序，其调用可以通过辅助功能中的 M98 代码指令进行。但在调用指令中子程序的程序号由地址 P 规定，常用的子程序调用指令有以下三种格式：

格式一：M98　P□□□□；

作用：调用子程序 O□□□□一次。如 N10　M98　P0200；表示调用子程序 O0200 一次，子程序号的前 0 可以省略，即可以写成 N10　M98　P200 的形式。

格式二：M98　P□□□□　L××××；

作用：连续调用子程序 O□□□□多次，L 后缀的××××代表调用次数。如 N10　M98　P0200　L2；表示调用子程序 O0200 两次。同样，子程序号、循环次数的前 0 均可以省略。

格式三：M98　P××××□□□□；

作用：调用子程序 O□□□□多次，地址 P 后缀的数字中，前四位××××代表调用次数，后四位□□□□代表子程序号。注意：使用这种格式时，调用次数的前 0 可以省略，即 0002 可以省略成 2；但子程序号□□□□的前 0 不可以省略，即 0200 不可以省略成 200。如 N15　M98　P20200；为调用子程序 O0200 两次，但 N15　M98　P2200；则表示调用子程序 O2200 一次。

由于子程序的调用目前尚未有完全统一的格式规定，以上子程序的调用只是大多数数控系统的常用格式。对于不同的系统，使用时必须参照有关系统的编程说明。

作为常用系统，SIEMENS 数控的子程序号采用地址 L 后缀数字的格式表示，而子程序的结束标记则使用辅助功能代码 M17。在 SIEMENS 新系列数控系统中（如 802D/810D/840D），子程序的结束标记除可采用 M17 外，还可以使用 M02、RET 等指令。子程序的调用格式为：N×××　L□□□□　P×××；其中□□□□给定子程序号，P×××指定循环次数。例如，N10　L785　P2；为连续调用子程序 L785 两次。

子程序可以嵌套，即一层套一层。上一层与下一层的关系，跟主程序与第一层子程序的关系相同。最多可以套多少层，由具体的数控系统决定。

五、手工编程与自动编程

数控加工程序的编制工作，主要是根据工件的几何图形，加工要求，选择加工方法、机床、毛坯、夹具、刀具、描述刀具运动轨迹及确定切削用量等。根据零件加工表面的复杂程度、数值计算的难易程度、数控机床的数量及现有编程条件等因素，可采用不同的编程方法——手工编程与自动编程。

但必须指出，手工编程与自动编程只是应用场合与编程手段的不同，而所涉及的内容基本相同，最终所编出的加工程序应无原则性差异，都必须遵守具体数控机床数控程序所规定的指令代码、程序格式及功能指令编程方法。

1. 手工编程

手工编程就是程序编制的全部或主要工作由人工完成，如图 4-13 所示。

手工编程有时也借助于通用计算机进行一些复杂的数值计算。对几何形状不太复杂的零件加工，所需程序段不多，计算也较简单，校核也较容易，这时用手工编程显得经济、及时，因而至今仍被广泛应用。

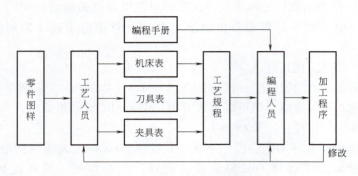

图 4-13 手工编程的一般过程

手工编程是数控加工编程中常用的编程方法，也是数控编程人员必须掌握的基本功。通过手工编程有助于了解数控机床的指令系统，掌握各种指令的编程技巧，并予以灵活运用。通过手工编程可以更加详细地了解数控机床的特性，熟悉被加工零件的加工工艺方法。虽然自动编程系统为数控编程提供了极大的方便，编程速度也大大提高，但是如不掌握手工编程的基本知识，则不能深入了解和使用自动编程系统。另外，数控系统中的一些特定指令，如固定循环功能、子程序调用、程序段的循环执行、参数编程、宏程序调用等，使得手工编程的程序更加简洁高效。不仅如此，只有熟练掌握手工编程，才能根据需要对自动编程系统生成的程序中的不满意的工艺参数、加工路线甚至编程错误进行修正，从而使自动编程的程序正确适用。

手工编程的全过程完毕之后，不仅获得一个实用的数控程序，还获得了与之配套的一系列现场资料，如刀具调整卡片、工件安装示意图、刀具轨迹示意图、加工工序卡以及程序清单等。所以，手工编程是程序员熟悉和掌握自己所用数控系统的必不可少的重要途径。

但是，对于形状复杂的零件，特别是曲线、曲面（如叶片、复杂模具型腔）等，或是几何形状虽不复杂但程序量大的零件（如复杂孔系的箱体），手工编程耗费时间较长，容易出现错误，甚至会严重影响数控机床的开工率与生产计划。

2. 自动编程

自动编程方法是随着数控机床应用的扩大而逐渐发展起来的。用数控机床加工模具时，常常会遇到二维、三维的特殊型面、曲面、曲线等，需要大量复杂的计算工作，程序段的数量也非常多，用手工编程繁琐、枯燥，甚至不可能完成。于是在数控加工的实践中，逐渐地发展出各种适应数控机床加工过程的计算机自动编程系统。

自动编程是用计算机及其外围设备并配以专用的系统处理软件进行编程。根据编程系统输入方法及系统处理方式的不同，主要有语言程序编程系统和图形交互自动编程系统。

（1）语言程序编程系统 这种方法是用专用的语言和符号来描述零件图样上的几何形状及刀具相对零件运动的轨迹、顺序和工艺参数等。这样编出的程序称为零件源程序。源程序输入计算机，经过计算处理后，自动输出零件加工程序单，传送给数控机床。语言编程过程如图 4-14 所示。

国际上流行的数控自动编程语言有很多种，最具有代表性的是 APT 系统。APT 系统语言词汇丰富，定义的几何元素类型多，并配有多种后置处理程序，通用性好。

APT 语言自动编程系统包含三部分：APT 语言编写的零件源程序、通用计算机和编译程序。零件源程序不同于手工编程时用 NC 指令代码写出的加工程序，不能直接控制数控机床，这个源程序只是加工程序之"源"，通过几何定义语句建立与加工有关的图形，通过工艺参数语句指定刀具形状、进给量、起刀点等，通过运动语句控制刀具的运动轨迹和动作顺序。例如，运动语句：

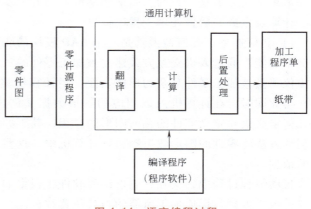

图 4-14　语言编程过程

GO LEF／CIR1 ，TANTO，CIR3

意思是使刀具向左拐，沿圆 CIR1 运动，直到和圆 CIR3 相切为止。这个运动语句中提到的圆 CIR1 和圆 CIR3 都是已由前面的几何定义语句做出了定义的。

书写完源程序经检查后，输入通用计算机，该计算机内事先放有一套处理零件源程序的"编译程序"。编译程序的作用是使计算机具有处理零件源程序和自动输出针对某机床系统的加工程序的能力。源程序经过翻译和运算后输出刀具中心轨迹，称为刀位文件。然后再经过后置处理，将通用的刀位数据格式转换成特定机床所要求的专用控制指令格式，自动打印出用于数控机床的加工程序，也可以通过数据通信接口输入到机床数控系统中去。

自动编程系统的主要硬件是计算机系统，包括有主机、键盘、显示器、硬盘存储器、软盘存储器等。在计算机系统上运行 APT 语言可完成数控加工程序的编制以及编程过程中各种复杂的数学计算。对编制出的数控加工程序，可以在显示器上显示和校验其刀心运动轨迹，这样既提高了编程的准确性，又缩短了程序调试的时间。

（2）图形交互自动编程系统　"图形交互自动编程"是一种可以直接将零件的几何图形信息自动转化为数控加工程序的全新的计算机辅助编程技术，它是通过专用的计算机软件来实现的。它有效地解决了几何造型、零件几何形状的显示、交互式设计、修改及刀具轨迹生成、走刀过程的仿真显示、验证等问题，从而推动了 CAD 和 CAM 向一体化方向发展。

图形交互自动编程通常以 CAD（计算机辅助设计）软件为基础，利用 CAD 软件的造型、图形编辑等功能将零件的几何图形绘制到计算机上，形成零件的几何模型。然后调用 CAM（计算机辅助制造）模块，在计算机屏幕上指定被加工的部位，再输入相应的加工参数，计算机便可自动进行必要的数学处理并编制出数控加工程序，同时在计算机屏幕上动态地显示出刀具的加工轨迹，这些操作都是在屏幕菜单及命令驱动等图形交互方式下完成的。很显然，这种编程方法具有速度快、精度高、直观性好、使用简便、便于检查等优点。因此，"图形交互自动编程"已经成为目前国内外先进的 CAD/CAM 软件所普遍采用的数控编程方法。

图形交互自动编程软件种类较多，其软件功能、面向用户的接口方式有所不同，所以，编程的具体过程及编程过程中所使用的指令也不尽相同。但从总体上讲，其编程的基本原理及基本步骤大体上是一致的。归纳起来可分为五大步骤：几何造型、加工工艺决策、刀位轨迹的计算及生成、后置处理、程序输出。

1）几何造型。几何造型就是利用 CAD 模块的图形构造、编辑修改、曲线曲面和实体特征造型功能，通过人机交互方式建立被加工零件的三维几何模型，也可通过三坐标测量仪或扫描仪测量被加工零件复杂的形体表面，经计算机整理后送 CAD 造型系统进行三维曲面造型。与此同时，在计算机内以相应的图形数据文件进行存储。它相当于 APT 语言编程中，用几何定义语句定义零件的几何图形的过程，其不同点就在于它不是用语言，而是用计算机造型的方法将零件的图形数据输送到计算机中。这些三维几何模型数据是下一步刀具轨迹计算的依据。

自动编程过程中，交互式图形编程软件将根据加工要求提取这些数据，进行分析判断和必要的数学处理，形成加工所需的刀具位置数据。

2）加工工艺决策。这是数控编程的基础。选择合理的加工方案以及工艺参数是准确、高效加工工件的前提条件。加工工艺决策内容包括定义毛坯尺寸、边界、刀具尺寸、刀具基准点、进给率、快进路径以及切削加工方式。首先按模型形状及尺寸大小设置毛坯的尺寸形状，然后定义边界和加工区域，选择合适的刀具类型及其参数，并设置刀具基准点。该项工作仍主要通过人机交互方式由编程人员通过用户界面输入给计算机。

CAM 系统中有不同的切削加工方式供编程中选择，可为粗加工、半精加工、精加工，各个阶段选择相应的切削加工方式。

3）刀位轨迹的计算及生成。图形交互自动编程刀位轨迹的生成是面向屏幕上的零件模型交互进行的。首先用户可根据屏幕提示用光标选择相应的图形目标确定待加工的零件表面及限制边界，用光标或命令输入切削加工的对刀点，交互选择切入方式和走刀方式；然后图形交互编程软件将自动从图形文件中提取编程所需的信息，进行分析判断，计算出节点数据，并将其转换成刀位数据，存入指定的刀位文件中或直接进行后置处理生成数控加工程序，同时在屏幕上模拟显示出刀位轨迹图形。

对已生成的刀具轨迹可进行编辑修改、优化处理，还可对生成的刀位文件进行加工过程仿真，检验走刀路线是否正确，是否有碰撞干涉或过切现象。若生成的刀具轨迹经验证严重干涉或用户不满意，可修改工艺方案，重新进行刀具轨迹计算。

4）后置处理。由于各种机床使用的控制系统不同，所用的数控指令文件的代码及格式也有所不同。为解决这个问题，图形交互编程软件通常设置一个后置处理文件。在进行后置处理前，编程人员需对该文件进行编辑，按文件规定的格式定义数控指令文件所使用的代码、程序格式、圆整化方式等内容，在执行后置处理命令时软件将自行按设计文件定义的内容，生成所需要的数控指令文件。另外，由于某些软件采用固定的模块化结构，其功能模块和控制系统是一一对应的，后置处理过程已固化在模块中，所以在生成刀位轨迹的同时便可自动进行后置处理生成数控指令文件，而无须再进行单独的后置处理。

5）程序输出。该方法在编程过程中，可在计算机内自动生成刀位轨迹图形文件和数控程序文件，因此程序的输出可以通过计算机的各种外部设备进行。如可采用打印机打印数控加工程序单，也可在绘图机上绘制出刀位轨迹图，使机床操作者更加直观地了解加工的走刀过程。对于有标准通信接口的机床控制系统，可以和计算机直接联机，由计算机将加工程序直接送给机床控制系统。

第三节　数控加工的程序编制

一、数控铣削加工

1. 零件图的工艺性分析

在制订数控铣削工艺时，首先要对被加工零件进行工艺分析，根据零件图对零件的要求确定工艺规程，确定装夹方法，选择机床、刀具等。

对零件图进行数控铣削工艺分析时应考虑以下几个要点：

1）图样尺寸的标注方法是否正确。构成工件轮廓图形的各种几何元素的标注是否合理，各几何元素的相互关系（如相切、相交、垂直和平行等）是否明确，有无引起矛盾的冗余尺寸或影响工序安排的封闭尺寸等。

2）尽量统一零件轮廓内圆弧的有关尺寸。零件图中各加工面的凹圆弧（R 与 r）是否过于零乱，是否可以统一。一般来说，即使不能寻求完全统一，也要力求将数值相近的圆弧半径分组靠拢，达到局部统一，以尽量减少铣刀规格与换刀次数。

3）内槽及缘板之间的内转接圆弧是否过小。因为这种内圆弧半径常常限制刀具的直径。如图 4-15 所示，如果工件的被加工轮廓高度比较小，转接圆弧半径比较大，则可以采用较大直径的铣刀来加工，加工其腹板面时，走刀次数也相应减少，表面加工质量也会好一些，因此工艺性较好，反之，数控铣削工艺性较差。一般来说，当 $R<0.2H$（H 为被加工轮廓面的最大高度）时，可以判定为零件该部位的工艺性不好。

4）零件铣削面的槽底圆角或腹板与缘板相交处的圆角半径 r 是否太大。如图 4-16 所示，当 r 越大，铣刀端刃铣削平面的能力越差，效率也越低；当 r 大到一定程度时就必须用球头刀加工，这是应当尽量避免的。因为铣刀与铣削平面接触的最大直径 $d=D-2r$（D 为铣刀直径），当 D 越大而 r 越小时，铣刀端刃铣削平面的面积越大，加工平面的能力越强，铣削工艺性当然也越好。有时候，当铣削的底面面积较大，底部圆弧 r 也较大时，不得不用两把 r 不同的铣刀（一把 r 小些，另一把 r 符合零件图要求）进行两次切削。

5）零件上有无统一基准以保证两次装夹加工后其相对位置的正确性。有些工件需要在

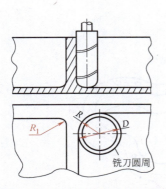

图 4-15　缘板高度及内转接圆弧对
零件铣削工艺性的影响

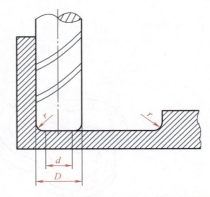

图 4-16　零件底面圆弧对铣削工艺性的影响

铣完一面后再重新安装铣削另一面，如图 4-17 所示的工件，最好采用统一基准定位。因此，零件上最好有合适的孔作为定位基准孔。如果零件上没有基准孔，也可以专门设置工艺孔作为定位基准（如在毛坯上增加工艺凸耳或在后续工序要铣去的余量上设基准孔）。如无法制出基准孔，起码也要用经过精加工的面作为统一基准。

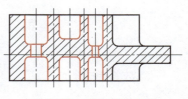

图 4-17　必须两次安装
加工的零件

6）分析零件的形状及原材料的热处理状态，考虑零件在加工过程中是否会发生变形，哪些部位最容易变形并采取一些必要的工艺措施进行预防，如对钢件进行调质处理，对铸铝件进行退火处理。对不能用热处理方法解决的，可以考虑采用粗、精加工分开及对称去除余量等常规方法。

2. 零件毛坯的工艺性分析

（1）毛坯的加工余量是否充分并均匀　在毛坯制造时，由于产生误差造成余量不均匀，甚至导致有的加工面余量不足。所以要求毛坯的各个表面均有足够的加工余量。有必要加工前事先对毛坯的设计进行必要更改或在设计时充分考虑毛坯余量。

如果采用分层切削，一般尽量做到余量均匀，以减少内应力导致的变形。

（2）分析毛坯在安装定位方面的适应性　主要分析加工时毛坯在安装定位方面的可靠性，以便数控铣削时在一次安装中加工出尽可能多的待加工面。如图 4-18a 所示的工件，因定位面小造成装夹困难，为增加定位的稳定性，设计毛坯时可在底面增加一工艺凸台，如图 4-18b 所示，在完成定位加工后再除去。图 4-19 中，考虑定位和夹紧的需要，在零件上增加了三个工艺凸耳。

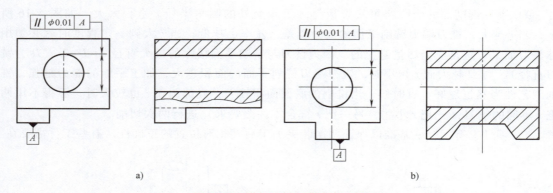

图 4-18　增加毛坯工艺凸台示例
a）改进前的结构　b）改进后的结构

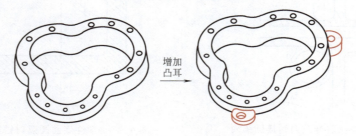

图 4-19　增加工艺凸耳示例

3. 走刀路线的确定

在加工过程中，每道工序的加工路线对于提高加工质量和保证零件的技术要求都是非常重要的，它与零件的加工精度和表面粗糙度有直接的关系。走刀路线的选取需根据零件形状决定。在轮廓仿形时，加工腔体一般选用逆时针方向进给，而加工型芯，则选用顺时针方向进给。

铣削加工中采用顺铣还是逆铣，对加工后表面粗糙度也有影响。一般来说，由于数控机床传动采用滚珠丝杠，其运动间隙很小，并且顺铣优点多于逆铣，所以应尽可能采用顺铣。对于铝镁合金、钛合金和耐热合金等材料来说，建议也采用顺铣加工，这对于降低表面粗糙度值和提高刀具寿命都有利。但如果零件毛坯为钢铁金属锻件或铸件，表皮硬而且余量一般较大，这时采用逆铣则较为有利。

加工过程中，工件、刀具、夹具、机床这一工艺系统会暂时处于动态平衡弹性变形的状态下，若进给停顿，切削力明显减小，会改变系统的平衡状态，刀具会在进给停顿处的工件表面留下划痕，因此在轮廓加工中应避免进给停顿。为减少接刀的痕迹，保证轮廓表面的质量，切入、切出部分应考虑外延，因此要仔细设计刀具的切入点和切出程序。如图 4-20 所示，铣削外表面轮廓时，铣刀的切入点和切出点应沿工件轮廓曲线的延长线切向切入和切出工件表面，而不应沿法线直接切入工件，避免在加工表面上产生划痕，以确保零件轮廓光滑。图 4-21 表示了切向切入、切出的进给路线图，尤其适用于精铣。

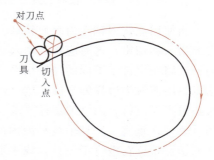

图 4-20　铣削外表面轮廓的
切入和切出方式

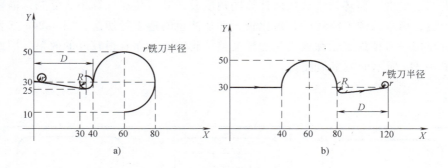

图 4-21　切向切入、切出进给路线图

a）切向切入　b）切向切出

铣削整圆时，不但要注意安排好刀具的切入、切出，还要尽量避免在交接处重复加工，以免出现明显的接痕。在整圆加工完毕后，不要在切点处取消刀补和退刀，而要安排一段沿切线方向继续运动的距离，避免取消刀补时因刀具与工件相撞而报废工件和刀具，图 4-22 所示为铣削外圆时的加工路线。当铣削内圆时，也应切向切入，最好安排从圆弧过渡到圆弧的加工路线，切出时也应多安排一段过渡圆弧再退刀，以降低接刀处的接痕，图 4-23 所示为铣削内圆时的加工路线。

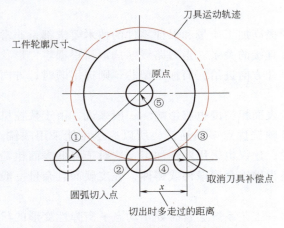

图 4-22　铣削外圆时的加工路线

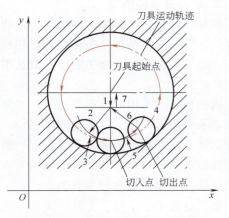

图 4-23　铣削内圆时的加工路线

当使用立铣刀铣削内表面轮廓，切入和切出都无法外延时，铣刀只有沿工件轮廓的法线方向切入和切出，这时应将其切入点和切出点选在工件轮廓两几何元素的交点处。但是不同的进给路线会带来不同的加工结果。图 4-24 所示为加工内槽的三种进给路线。所谓内槽是指以封闭曲线为边界的平底凹坑。这种内槽在飞机零件中常见，一律用平底立铣刀加工，刀具圆角半径应符合内槽的图样要求。图 4-24a、b 分别表示用行切法（即刀具与工件轮廓的切点轨迹在垂直于刀具轴线平面内的投影为相互平行的迹线）和环切法（即刀具与工件轮廓的切点轨迹在垂直于刀具轴线平面内的投影为一条或多条环形迹线）加工凹槽的进给路线。两种走刀路线的共同点是都能切净内腔中的全部面积，不留死角，不伤轮廓，同时尽量减少了重复走刀的搭接量。但是行切法将在每两次走刀的起点与终点间留下残留高度而达不到要求的表面粗糙度。而环切法从数值计算的角度看，其刀位点计算稍为复杂，需要逐次向外扩展轮廓线，而且从走刀路线的长短比较，环切法也略逊于行切法。图 4-24c 则表示先用行切法最后环切一刀精加工轮廓表面，这样光整了轮廓表面而获得较好的效果。因此这三种方案中，图 4-24c 所示的方案最佳。

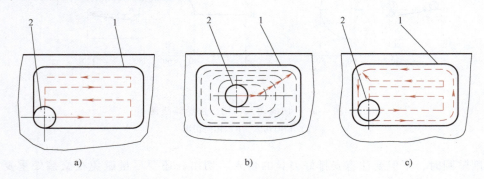

图 4-24　凹槽铣削加工的进给路线

a）行切法　b）环切法　c）先行切后环切

1—工件凹槽轮廓　2—铣刀

铣削曲面时，常用球头刀进行加工。图 4-25 所示为加工边界敞开的直纹曲面可能采取的三种进给路线，即沿曲面的 Y 向行切、沿 X 向的行切和环切。对于直母线的叶面加工，采用图 4-25b 所示的方案，每次直线进给，刀位点计算简单，程序段短，而且加工过程符合直纹曲面的形成规律，可以准确保证母线的直线度。当采用图 4-25a 所示的加工方案时，符合这类工件表面数据的给出情况，便于加工后检验，保证叶形的准确度高。由于曲面工件的边界是敞开的，没有其他表面限制，所以曲面边界可以外延，为保证加工的表面质量，球头刀应从边界外进刀和退刀。图 4-25c 所示的环切方案一般应用在凹槽加工中，在型面加工中由于编程繁琐，一般都不用。

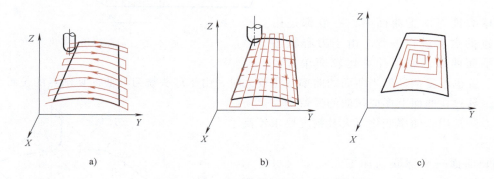

图 4-25　加工直纹面的三种进给路线

a）Y 方向行切　b）X 方向行切　c）环切

4. 平面与曲面加工的工艺处理

（1）平面轮廓加工　这类零件的表面多由直线和圆弧或各种曲线构成，常用<u>两坐标联动的三坐标数控铣床加工</u>，是模具制造中常见的一种，编程也较简单。

图 4-26 所示为由直线和圆弧构成的平面轮廓铣削。工件的轮廓为 ABCDEA，采用立铣刀周向加工，刀具半径为 r。细双点画线为刀具中心的运动轨迹。当机床具备 G41，G42 功能并可跨象限编程时，则按轮廓 AB，BC，CD，DE，EA 划分程序段。当机床不具备刀具半径补偿功能时，则应按刀心轨迹 A'B'，B'C'，C'D'，D'E'，E'A' 划分程序段，并按细双点画线所示的坐标值编程。为了保证加工面平滑过渡，增加了切入外延 PA'、切出外延 A'K、让刀 KL 以及返回 LP 等程序段。

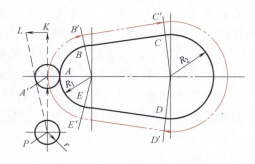

图 4-26　平面轮廓铣削

当平面轮廓为任意曲线时，由于实现任意曲线的数控装置是相当复杂的，而一般的数控装置只具备直线和圆弧插补功能，所以常用多个直线段或圆弧段去逼近它。

（2）曲面两坐标联动加工　<u>X，Y，Z 三轴中任意两轴做插补联动，第三轴做单独的周期进刀，常称为二轴半（2.5 轴）联动</u>。如图 4-27 所示，将 X 向分成若干段，圆头铣刀沿 YZ 面所截的曲线进行铣削，每段加工完后进给 ΔX，再加工另一相邻曲线，如此依次切削即可加工出整个曲面。由于这种加工是一行行截面加工的，故称为"行切法"。ΔX 称为行距，一般根据表面粗糙度要求及刀头不干涉相邻表面的原则选取 ΔX。

行切法加工所用的刀具通常是球头铣刀，这种刀具加工曲面不易干涉毗邻表面，计算也比较简单。球头铣刀的刀头半径可选得大一些，有助于减小加工表面的表面粗糙度值、增加刀具刚性及改善散热条件等，但刀头半径必须小于曲面的最小曲率半径。

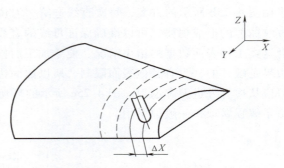

图 4-27　曲面行切法

用球头铣刀加工曲面时，一般都是用刀心轨迹的数据进行编程。由于刀心轨迹是一条平面曲线，编程计算比较简单，数控逻辑装置也不复杂。但当曲面的曲率变化较大时，由于球头铣刀与曲面切削点的位置会随之改变，导致在曲面上形成扭曲的残留沟纹。所以这种方法常用于曲率变化不大及精度要求不高的加工场合。

（3）曲面三坐标联动加工　也即 X，Y，Z 三坐标可同时插补联动。用三坐标联动加工曲面时，通常也用行切法。如图 4-28 所示，其中 PYZ 平面为平行于 YZ 坐标的一个行切面，若要求它与曲面的交线 ab 为一条平面曲线，应使球头铣刀与曲面的切削点总是处在平面曲线 ab 上（即沿 ab 切削），以获得规则的残留沟纹，保证加工质量。显然，这时的刀心轨迹 O_1O_2 不在 PYZ 平面上，而是一条空间曲线（实际上是空间折线），因此需要 X，Y，Z 三轴联动加工。

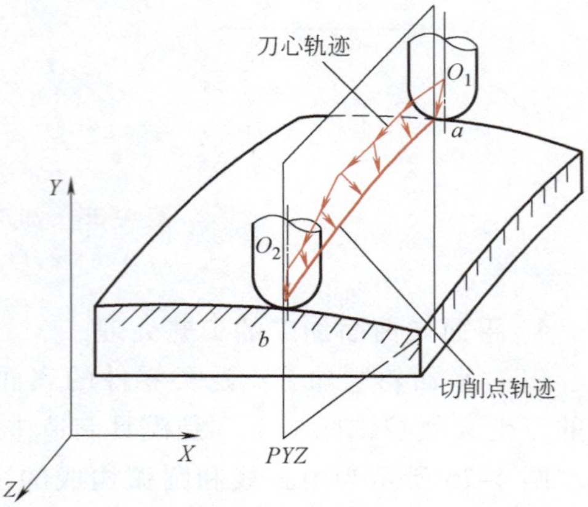

图 4-28　三坐标联动加工

三轴联动加工常用于复杂空间曲面的精确加工，但编程计算较为复杂，可采用自动编程的方法，而且所用机床的数控装置必须具备三坐标联动功能。

（4）曲面四坐标联动加工　如图 4-29 所示的工件，侧面为直纹扭曲面。若在三坐标联动的机床上用球头铣刀按行切法加工，不但生产率低，而且表面质量差。为此，采用圆柱平

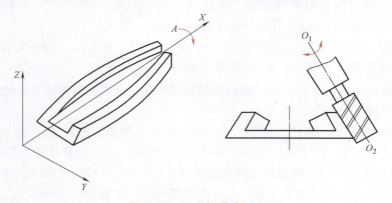

图 4-29　四坐标联动加工

头铣刀周边切削，并用四坐标铣床加工，即除三个直角坐标运动外，为保证刀具与工件型面始终贴合，刀具还应绕 O_1（或 O_2）做摆角联动。由于摆角运动，导致直角坐标（图中 Y）需做附加运动，形成四坐标联动加工。

5. 数控铣削程序编制过程

1）对零件图进行工艺分析。确定加工部位，解决如何安装与定位的工艺问题等。

2）确定工艺装备。解决用什么夹具来装夹工件，具体选用哪几种规格的铣刀来加工。

3）确定编程的坐标系、编程原点、对刀位置及对刀方法等。

4）确定加工路线、刀具运动方向及运动轨迹。要注意分析毛坯的余量状况，加工变形等问题，并根据所选刀具的刚性及切削性能，确定在余量大的部位要不要采取局部分层铣削，分几层铣削以及进、退刀路线等。

5）确定加工所用的各种工艺参数。包括主轴转速（S）、进给速度（F）、每次走刀的切削用量（切削深度与切削宽度），并按加工顺序将所用刀具列表编号。

6）画出编程草图。注明编程用的原点及坐标系，并在各基点及圆心位置注上字母代号、切入与退出点等。

7）数值计算。先计算可以直接从图样所给条件算出的各基点坐标，再计算待定基点坐标（如切点、圆心或交点等）及圆弧起点与终点相对于圆心的坐标值。在计算各基点坐标时，最好按编程坐标系算出绝对坐标值，这样编程时将更方便且不易出错。

8）填写程序单。根据编程的草图及走刀线路，按铣刀前进方向逐段编写。编写时，应注意所用代码及格式要符合所用机床的功能及用户编程说明书的要求，不要遗漏必要的指令或程序段，且数值填写必须正确无误，尽量减少差错。

9）按程序单制作控制介质。根据各机床控制系统输入程序方式的不同，目前常用的程序介质有软盘、U 盘等，也可以直接键入或通过网络传输程序。

10）校验程序。目的是保证制作的控制介质准确无误，除认真检查程序单外，还要将控制介质输入数控装置，在其 CRT 屏幕上校验，或是让机床空运行或试切。

11）编写程序说明卡或走刀线路图。

12）经试切和首件生产之后，修改与完善数控加工技术文件。技术文件包括数控加工工序卡片、数控加工刀具卡片、数控加工走刀路线图及控制介质等。

6. 数控铣削应用实例

如图 4-30 所示为一凸轮，其是由直线与圆弧，圆弧与圆弧相切组成的。手工编程的重点就是应用数学方法计算各切点的坐标值，然后用数控系统的 G、M 等代码编写加工程序。

该零件为铸造毛坯，外轮廓加工余量为 5mm，材料为 HT200。零件上、下表面及 $\phi25mm$ 和 $\phi12mm$ 孔均由前道工序加工完成，本工序的内容是在数控铣床上加工凸轮外形轮廓及弧形开口槽。

本工序中所用的工、量、刃具见表 4-3。

（1）工艺方案

1）**工装**。根据零件的结构特征，可采用一面两孔式定位，即以底面及 $\phi25mm$、$\phi12mm$ 两孔为定位基准，装夹定位简图如图 4-31 所示。

表 4-3　工、量、刃具清单

工、量、刃具清单			图号		XK15-02-1
序号	名称	规格/mm	精度/mm	单位	数量
1	Z 轴设定器	50	0.01	个	1
2	寻边器	$\phi10$	0.002	个	1
3	游标卡尺	0~150	0.02	把	1
4	内径千分尺	0~25	0.01	把	1
5	百分表及磁力表座	0~10	0.01	个	1
6	表面粗糙度样板	N1~N2	12 级	副	1
7	圆弧样板	$R20~R80$		套	1
8	麻花钻	$\phi12$		个	1
9	立铣刀	$\phi12$		个	1
10	立铣刀	$\phi20$		个	1
11	专用工装			套	1
12	铜锤			个	1
13	活扳手	12′		把	1

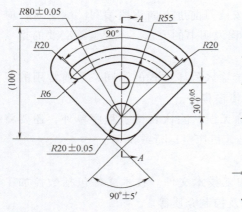

图 4-30　凸轮

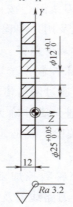

图 4-31　"一面两孔"定位简图

1—定位底板　2—零件　3—定位销
4—垫圈　5—螺母　6—定位销轴

2）加工路线。选用 $\phi20$mm 立铣刀铣凸轮外轮廓→铣弧形槽（①在弧形槽的两端预钻孔 $\phi12$mm →②用 $\phi12$mm 立铣刀将两孔沿弧线铣通）。

3）切削用量。凸轮加工工艺规程及切削用量见表 4-4 。

表 4-4　凸轮加工工艺规程及切削用量

刀具号	刀具名称	工序内容	$f/(\text{mm/min})$	$n/(\text{r/min})$	长度补偿号	半径补偿号
T01	$\phi20$mm 立铣刀	铣凸轮外形	80	400	H01	D01
T02	$\phi12$mm 麻花钻	钻孔 2×$\phi12$mm	60	800	H02	
T03	$\phi12$mm 立铣刀	铣弧形槽	60	600	H03	

4）设定工件坐标系及对刀。工件坐标系的原点设置在零件上表面 φ25mm 孔中心，选用 G54 工件坐标系。

首先，用百分表或杠杆表测量出 φ25mm 定位销中心的 X 及 Y 向坐标，并将此值输入到 G54 工件坐标系中，G54 工件坐标系中的 Z 值设置为 0。

分别对三把刀的长度方向进行对刀，对刀面设在工件的上表面，即工件坐标系的 Z=0 面。向下移动刀具，将刀具与工件上表面接触时的机床坐标值作为该刀的长度补偿值，分别输入到各自对应的长度补偿地址 H01、H02、H03 中。将 φ20mm 立铣刀的实际半径值输入到该刀具的半径补偿地址 D01 中，由于 φ12mm 麻花钻和 φ12mm 立铣刀在加工程序中不涉及刀具半径补偿，所以不必设置刀具半径补偿值。

加工中，注意换刀顺序：φ20mm 立铣刀、φ12mm 麻花钻、φ12mm 立铣刀。

加工圆弧槽时，注意防止铣刀、钻头与工装发生干涉。因为加工材料是铸铁，在加工时不应使用切削液，防止堵塞冷却系统及使工件生锈。

（2）相关计算　该凸轮外轮廓及弧形槽均由圆弧和直线构成，因此只需要计算各连接点的坐标值即可。主要基点坐标值如图 4-32 所示。

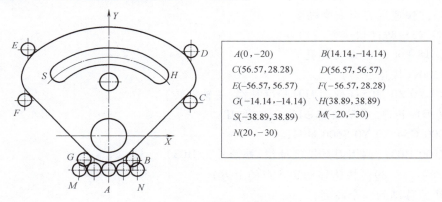

图 4-32　刀具轨迹及各点坐标

（3）程序

O1100;（主轴装 φ20mm 立铣刀）

G90 G17 G49 G40 G80;

G00 G54 X0 Y0;

M03 S400;

G43 Z100 H01;（调用刀具长度补偿,补偿号为 H01）

G00 X−20 Y−40;（快速移动到下刀点 M 的上方）

Z5;（快速移动到安全高度）

G01 Z−14 F200;（下刀至零件下表面以下 2mm 处）

G42 G01 X−10 Y−20 D01 F80;（调用刀具半径补偿,补偿号为 D01）

G01 X0 Y−20;（切入零件至 A 点）

G03 X14.14 Y−14.14 R20;

G01 X56.57 Y28.28;

G03 X56.57 Y56.57 R20;

X-56.57 Y56.57 R80；

X-56.57 Y28.28 R20；

G01 X-14.14 Y-14.14；

G03 X0 Y-20 R20；

G01 X10 Y-20；（切出工件）

G40 X20 Y-30；（取消刀具半径补偿，移至 N 点）

G00 Z200；（快速抬刀）

X0 Y0 M05；（主轴停转）

M00；（程序暂停，手动换装 φ12mm 麻花钻）

G90 G00 G54 X0 Y0 S800 M03；

G43 Z100 H02；（调用刀具长度补偿，补偿号为 H02）

X-38.89 Y38.89；（快速移动到 S 点的上方）

Z5；（快速移动到安全高度）

G01 Z-18 F60；（在 S 处钻孔）

G00 Z5；（快速退刀至安全高度）

X38.89 Y38.89；（快速移动到 H 点）

G01 Z-18 F60；（在 H 处钻孔）

G00 Z200；（快速退刀）

G49 X0 Y0 Z0 M05；（取消刀具长度补偿，主轴停转）

M00；（程序暂停，手动换装 φ12mm 立铣刀）

G90 G00 G54 X0 Y0 S600 M03；

G43 Z100 H03；（调用刀具长度补偿，补偿号为 H03）

X-38.89 Y38.89；（快速移动到 S 点的上方）

Z5；（快速移动到安全高度）

G01 Z-14 F60；（下刀至零件下表面以下 2mm 处）

G02 X38.89 Y38.89 R55；（顺时针圆弧插补到 H 点）

G00 Z150；（快速抬刀）

G49 X0 Y0 Z0 M05；（取消刀具长度补偿，主轴停转）

M30；（程序结束）

二、加工中心切削加工

1. 加工中心的功能及分类

（1）加工中心的功能　加工中心是从数控机床发展而来的，它与数控机床的最大区别在于它有刀库和刀具自动交换装置。它可以在一次装夹中通过自动换刀系统改变主轴上的加工刀具，实现钻、镗、铰、攻螺纹、切槽等多种加工功能。

（2）加工中心的分类　从结构上加工中心可以分成以下几种类型。

1）立式加工中心。立式加工中心的主轴垂直于水平面，一般是主轴箱沿立柱上、下运动，主轴箱的重量通过立柱中空腔内的配重使其平衡。大型数控立铣往往采用龙门架移动式，龙门架沿床身做纵向运动。图 4-33 所示为立式加工中心的布局。

立式加工中心一般可进行三坐标联动加工。还有部分机床的主轴可以绕 X、Y、Z 坐标轴中的一个或两个轴做数控摆角运动，完成四坐标和五坐标数控立铣加工。

为了扩大加工范围，可以附加数控转盘。当转盘水平放置时，可增加一个 C 轴；当转盘垂直放置时，可增加一个 A 轴或 B 轴。为了提高数控立铣的生产率，还可采用自动交换工作台，以减少零件装卸的生产准备时间。

2）卧式加工中心。卧式加工中心主轴轴线平行于水平面，垂直方向的运动一般也是由主轴箱升降来实现的。它的工作台大多为可分度的分度工作台或由伺服电动机控制的数控回转工作台。在工件一次装夹中，通过分度工作台旋转可实现多个加工面的加工。数控回转工作台则可参与机床各坐标轴联动，实现螺旋线加工或多轴联动加工。卧式加工中心主要适用于箱体类工件的加工。图 4-34 所示为卧式加工中心的布局。

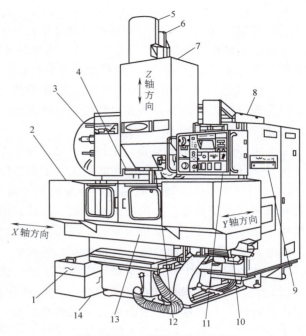

图 4-33　立式加工中心的布局

1—切屑槽　2—防护罩　3—刀库　4——换刀装置　5—主轴电动机　6—Z 轴伺服电动机　7—主轴箱　8—支架座　9—数控柜　10—X 轴伺服电动机　11—操作面板　12—主轴　13—工作台　14—切削液槽

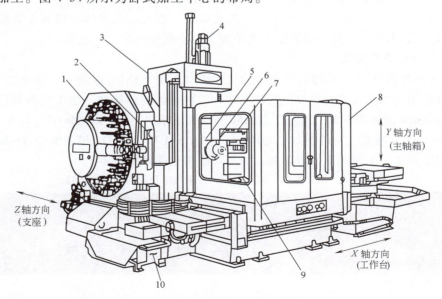

图 4-34　卧式加工中心的布局

1—刀库　2—换刀装置　3—立柱　4—Y 轴伺服电动机　5—主轴箱　6—主轴　7—数控装置　8—防护罩　9—工作台　10—切屑槽

3）五面加工中心。这类加工中心具有立式加工中心和卧式加工中心的功能，工件一次安装后能完成除安装面外的所有侧面和顶面等五个面的加工。常见的五面加工中心有两种形式，一种是主轴可以旋转 90°，可以进行立式和卧式加工；另一种是主轴不改变方向，而是由工作台带着工件旋转 90°，完成对工件五个表面的加工。

4）龙门加工中心。龙门加工中心是指在数控龙门铣床的基础上加装刀库和换刀机械手，以实现自动刀具交换，达到比数控龙门铣床更广泛的应用范围。

2. 加工中心的主要加工对象

加工中心适宜于加工复杂、工序多、要求较高、需用多种类型的普通机床和众多的刀具、夹具，且经多次装夹和调整才能完成加工的零件。其加工的主要对象有：

（1）模具类零件 如注射模具、橡胶模具、真空成形吸塑模具、发泡模具、压力铸造模具和精密铸造模具等。采用加工中心加工模具，由于工序高度集中，动模、定模等关键件的精加工基本上是在一次安装中完成全部机加工内容，可减少尺寸累计误差，减少修配工作量。同时，模具的可复制性强，互换性好。机械加工残留给钳工的工作量少，凡刀具可及之处，尽可能由机械加工完成，这样使模具钳工的工作量主要在于抛光。

（2）各种叶轮、球面和凸轮类零件 这些复杂曲面零件在机械制造业，特别是航天工业中占有特殊重要的地位。复杂曲面采用普通机加工方法是难以甚至无法完成的。它们常在加工中心上采用三轴、四轴或五轴联动方式加工成形。

（3）箱体类零件 箱体类零件一般具有一个以上孔系，内部有一定型腔，在长、宽、高方向上有一定比例。这类零件在机械行业，特别是汽车、飞机制造等方面用得较多，如汽车发动机缸体、变速箱体、机床的主轴箱、柴油机缸体、齿轮泵壳体等。当加工工位较多，需工作台多次旋转角度才能完成加工时，一般选用卧式镗铣类加工中心。当加工工位较少，且跨距不大时，可选用立式加工中心，从一端进行加工。

（4）异形件、盘、套、板类等零件 如支撑架、拨叉、水泵体、样板、靠模等。异形件刚性较差，加工精度一般难以保证，而用加工中心能得到满意的效果。

3. 加工中心应用实例

（1）异形件拨叉（图 4-35）在卧式加工中心（配备 FANUC 系统）上的加工

1）确定工艺方案及工艺路线。该件毛坯为二件一体连件铸造，加工完各部位后，由铣床铣开。R28mm 圆弧在车床上已加工至 ϕ56H7（工艺孔）。工件以 ϕ56H7、12f9 上面定位，装到组合夹具上。在加工中心上加工 ϕ16H8 孔、16A11 槽、14H11 槽及 8 处 R7mm 圆弧。

2）加工方法、工步顺序、刀辅具选择及切削用量选择见表 4-5。

表 4-5 加工方法、工步顺序、刀辅具选择及切削用量选择

数控加工工序卡片		产品型号	X6125	零件名称	拨叉	程序号	O0005	全 1 页	
		零件图号	33007	材料	45 钢	编制		第 1 页	
工步号	工步内容	刀具			辅具	切削用量			量检具
		T 码	种类规格	刀长		S	F	t	
1	工作台 0°（H0）								
2	粗铣 16A11 槽	T06	ϕ15mm 立铣刀		JT40-MW2-55	250	10		
3	精铣 16A11 槽成	T01	ϕ16mm 立铣刀		JT40-MW2-55	400	20		
4	钻 ϕ16H8 孔中心孔	T04	ϕ3mm 中心钻		JT40-M2-50	1000	80		

（续）

工步号	工步内容	刀具			辅具	切削用量			量检具
		T 码	种类规格	刀长		S	F	t	
5	钻 φ16H8 孔至 φ14mm	T08	φ14mm 钻头		JT40-M2-50	600	40		
6	扩 φ16H8 孔至 φ15.85mm	T12	φ15.85mm 扩孔钻		JT40-M2-50	250	40		
7	工作台 270°（H270）								
8	粗铣左视图中槽	T16	φ12mm 立铣刀		JT40-MW2-45	300	20		
9	工作台 0°								
10	铰 φ16H8 孔	T20	φ16mm 铰刀		JT40-M2-50	60	60		
11	工作台 270°（H270）								
12	精铣左视图中槽成	T28	φ12mm 立铣刀		JT40-MW2-55	400	25		

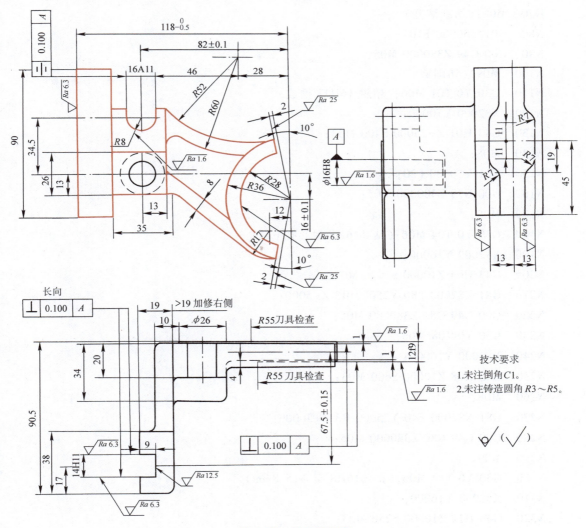

技术要求
1.未注倒角C1。
2.未注铸造圆角R3～R5。

图 4-35　拨叉零件图

3）程序设计。工件坐标系设定：

H0（工作台0°位置）：X0、Y0设在φ56mm孔中心线上，Z0设在12f9尺寸上面。

H270（工作台270°位置）：X0设在14H11槽中心上，Y0设在45mm尺寸上端，Z0设在9mm尺寸右面（14H11槽底）。

加工拨叉的程序如下：

O 0005；

N10   H0；

N20   G00 G54 G90 X0 Z350000；（建立坐标系）

N30   Y0；

N40   G30 Y0 T06 M06；（粗铣16A11槽）

N50   X82000 Y70000；

N60   G00 G43 H06 Z-35000 S250 M03；

N70   M08；（切削液开）

N80   G01 Y50500 F10；

N90   G00 G49 Z380000 M05；

N100   M09；（切削液关）

N110   G30 Y0 T01 M06；（精铣16H11槽成）

N120   X82000 Y70000；

N130   G43 H01 Z-35000 S400 M03；

N140   M08；

N150   G01 Y50500 F20；

N160   G00 G49 Z380000 M05；

N170   M09；

N180   G30 Y0 T04 M06；（钻φ16H8中心孔）

N190   X82000 Y16000；

N200   G43 H04 Z10000 S1000 M03；

N210   G81 X82000 F80 Y25000 R3 Z-5000；

N220   G00 G49 G80 Z380000 M05；

N230   G30 Y0 T08 M06；

N240   X82000 Y16000；

N250   G43 H08 Z10000 S600 M03；

N260   M08；

N270   G81 X82000 F40 Y25000 R3 Z-36000；

N280   G00 G49 G80 Z380000 M05；

N290   M09；

N300   G30 Y0 T12 M06；（扩φ16H8至φ15.8mm）

N310   X82000 Y16000；

N320   G43 H12 Z10000 S250 M03；

N330   M08；

N340　G81 X82000 F40 Y25000 R3 Z-36000；

N350　G00 G49 G80 Z38000 M05；

N360　M09；

N370　G30 Y0 T16 M06；（粗铣左视图中槽）

N380　H270；

N390　G00 G56 G90 X0 Z300000；（建立坐标系）

N400　Y65000；

N410　G43 H16 Z0 S300 M03；

N420　G00 G41 D32 X-6000 Y65000；

N430　G01 G91 Y-38500 F20；

N440　G01 X-6500；

N450　Y-33000；

N460　X65000；

N470　Y-38000；

N480　X12000；

N490　Y38000；

N500　X6500；

N510　Y33000；

N520　X6500；

N530　Y38500；

N540　G00 G40 G90 X0 Y65000；

N550　G00 G49 Z380000 M05；

N560　M09；

N570　G30 Y0 T20 M06；（铰 16H8 孔成）

N580　H0；

N590　G00 G54 X82000 Y16000；

N600　G43 H20 Z10000 S60 M03；

N610　M08；

N620　G81 X82000 F60 Y25000 R3 Z-35000；

N630　G00 G49 G80 Z380000 M05；

N640　M09；

N650　G30 Y0 T28 M06；（精铣左视图中槽成）

N660　H270；

N670　G00 G56 G90 X0 Y67000；（建立坐标系）

N680　G43 H28 Z0 S400 M03；

N690　M08；

N700　G01 G41 D31 X-7000 Y67000 F200；

N710　G91 Y-35510 F40；

N720　G02 G17 X-3000 Y-5745 I7000 J0 F25；

N730　　G03 G17 X-3000 Y-5745 I4000 J-5745；

N740　　G01 Y-20000；

N750　　G03 G17 X3000 Y-5745 I7000 J0；

N760　　G02 G17 X30000 Y-5745 I-4000 J-5745；

N770　　G01 Y-35510 F40；

N780　　G01 X14000；

N790　　G01 Y35510；

N800　　G02 G17 X3000 Y5745 I7000 J0 F15；

N810　　G03 G17 X3000 Y5745 I-4000 J5745；

N820　　G01 X20000；

N830　　G03 G17 X-3000 Y5745 I-7000 J0 F25；

N840　　G02 G17 X-3000 Y5745 I-4000 J5745；

N850　　G01 Y35510 F40；

N860　　G00 G40 G90 X67500 Y75000；

N870　　G00 G49 Z380000 M05；

N880　　G28 X0 Y0；

N890　　G28 Z380000；

N900　　M30；

本程序所用子程序：

1）L8000

N10　　M17；

2）L8100

N10　　G00 G90 ZR2；（先快速移到 R2 点，初始点）

N20　　G01 G90 ZR3；（工进到 Z-5000）

N30　　G00 ZR2；（快速移动到 R2 点，初始点）

N40　　M17；

3）L8200

N10　　G00 G90 ZR2；

N20　　G01 ZR3；

N30　　G04 XR4；

N40　　G00 ZR2；

N50　　M17；

（2）法兰盘零件（图 4-36）在立式加工中心（配备 FANUC 系统）上的加工

1）加工内容。加工孔 ϕ65H7（上极限偏差为+0.03mm，下极限偏差为 0mm）及均匀布置的 4×M8 螺孔。

2）加工安排。先镗孔 ϕ65H7，后钻孔及攻螺纹 4×M8。

3）工件装夹的定位方案。零件底面为第一位定位，定位元件采用支撑板；孔 ϕ50H7 为第二位定位，定位元件是短圆柱定位心轴；夹紧方案是用螺钉压板将工件在 ϕ250mm 上端面处从上往下将工件压紧。

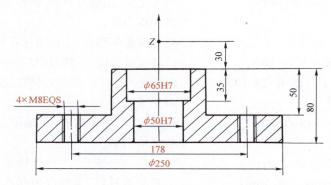

图 4-36　法兰盘零件

4）零件加工的程序编制如下：

主程序 O0002	程序名,程序开始。
N010 T01 M06;	换 T01 刀具。
N020 G60 G90 G56 X0 Y0;	精确定位,绝对值指令编程,工件坐标系选择 3。
N030 G00 G43 Z0 H01;	快速点定位,刀具长度补偿。
N040 S350 M03;	主轴以 350r/min 正转。
N050 G99 G86 Z-64.95 R-28.F60;	固定循环返 R 点位置,粗镗,进给速度为 60mm/min。
N060 G00 G80 G49 Z0 M05;	快速点定位,注销刀补,主轴停止。
N070 T02 M06;	换 T02 刀具。
N080 G60 G90 G56 X0 Y0;	精确定位,绝对值指令编程,工件坐标系选择 3。
N090 G00 G43 Z0 H02;	快速定位,刀具长度补偿。
N100 S450 M03;	主轴以 450r/min 正转。
N110 G99 G86 Z-64.95 R-28.F40;	固定循环返回 R 点位置,半精镗,进给速度为 40mm/min。
N120 G00 G80 G49 Z0 M05;	快速点定位,注销刀补,主轴停止。
N130 T03 M06;	换 T03 刀具。
N140 G90 G60 G56 X0 Y0;	绝对值指令,单方向定位,工件坐标系选择 3。
N150 G00 G43 Z0 H03;	快速点定位,刀具长度补偿。
N160 S550 M03;	主轴以 550r/min 正转。
N170 G99 G76 Z-64.95 R-28.Q0.1 F20;	固定循环返回 R 点位置,精镗循环,进给速度为 20mm/min。
N180 G00 G80 G49 Z0 M05;	快速点定位,注销刀补,主轴停止。
N190 T04 M06;	换 T04 刀具。
N200 G00 G56 G90 X-89.Y0;	刀具快速移动至#1 孔中心位,工件坐标系选择 3。
N210 G43 Z0 H04 S380 M03;	刀具长度补偿,主轴以 380r/min 正传。
N220 G99 G81 Z-83.R-28.F30;	固定循环返回 R 点位置,用中心钻定位,进给速度为 30mm/min。
N230 M98 P1000;	调用子程序 P1000。

N240 G00 G80 G49 Z0 M05；	快速定位,注销刀补,主轴停止。
N250 T05 M06；	换 T05 刀具。
N260 G90 G56 X0 Y0；	绝对值指令编程,工件坐标系选择 3。
N270 G43 Z0 H05 S500 M03；	刀具长度补偿,主轴以 500r/min 正转。
N280 G99 G81 Z−115. R−28. F40；	固定循环返回 R 点位置,钻孔,进给速度为 40mm/min。
N290 M98 P1000；	调用子程序 P1000。
N300 G00 G80 G49 Z0 M05；	快速定位,注销刀补,主轴停止。
N310 T6 M06；	换 T06 刀具。
N320 G90 G56 Z−89. Y0；	绝对值指令编程,工件坐标系选择 3。
N330 G43 Z0 H06 S100 M03；	刀具长度补偿,主轴以 100r/min 正转。
N340 G99 G84 Z−115. R−28 F125；	固定循环返回 R 点位置,丝循环。
N350 M98 P1000；	调用子程序 P1000。
N360 G00 G80 G49 Z0 M05；	快速定位,注销刀补,主轴停止。
N370 G28 X0 Y0 Z0；	自动返回参考点。
N380 M30；	程序结束。
子程序 P1000	
N500 X0 Y89.；	刀具快速移动至#2 孔中心位。
N510 X89. Y0；	刀具快速移动至#3 孔中心位。
N520 X0 Y−89；	刀具快速移动至#4 孔中心位。
N530 M99；	子程序结束,返回主程序。

第四节　计算机辅助制造（CAM）

一、CAM 技术的应用情况

通常，计算机辅助制造（Computer Aided Manufacturing，CAM）有狭义和广义的两个概念。CAM 的狭义概念指的是从产品设计到加工制造之间的一切生产准备活动，它包括 CAPP、NC 编程、工时定额的计算、生产计划的制订、资源需求计划的制订等。这是最初 CAM 系统的狭义概念。到今天，CAM 的狭义概念甚至更进一步缩小为 NC 编程的同义词。CAPP 已被作为一个专门的子系统，而工时定额的计算、生产计划的制订、资源需求计划的制订则划分给 MRP-Ⅱ/ERP 系统来完成。CAM 的广义概念包括的内容则多得多，除了上述 CAM 狭义定义所包含的所有内容外，它还包括制造活动中与物流有关的所有过程（加工、装配、检验、存贮、输送）的监视、控制和管理。这种广义 CAM 系统中与物流有关部分的示意图如图 4-37 所示。

目前，国内外 CAM 技术的应用非常广泛，它涉及机械、电子、轻纺和建筑等领域，特别是机械行业中的航空、航天、汽车、造船、机床工具和轻工等行业都取得了明显的效益。而在这些行业中模具的应用尤其面广量大，因而模具计算机辅助制造（CAM）又是一个非常重要的方面，引起了世界各国的高度重视，大家都竞相研制各种高水平的 CAM 软件，在模具制造中发挥了相当大的作用。

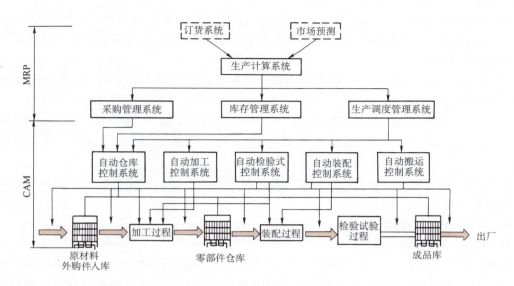

图 4-37　CAM 系统及包括的内容图

　　模具 CAM 的应用在相当大的范围内替代了手工编程，它在编程速度、编程质量、加工精度、工作效率和生产周期等方面都是手工编程所无法比拟的。

二、模具 CAM 技术的应用实例

1. 模具 CAM 技术在微型汽车车身模具制造中的应用

　　模具 CAM 的过程是数控（NC）加工程序的编制和执行的两个过程。一个汽车覆盖件一般需要 3~4 套模具才能完成冲压成形。在传统的模具制造工艺中，每套模具的型面是通过各自的实物模型仿铣加工的。由于实物模型的误差较大，造成同一零件的几套模具之间的型面不一致，使模具型面之间的研配工作量很大，延长了模具制造周期，也增加了模具的制造成本。由于数学模型的设计误差很小，用它来作为模具型面的制造依据可以保证制造依据的准确性和一致性，通过数控（NC）编程加工可以大幅度降低模具型面的制造误差，提高模具型面精度，使模具的型面光顺流畅，一致性好，保证了型面的协调要求。

　　CAM 的过程一般如下：

　　1）调用模具的 CAD 数学模型（曲面模型或实体模型）。

　　2）选择加工方式。

　　① 粗加工。采用盘状铣刀和逐层铣削的进刀方式进行切削。

　　② 精加工。精加工的走刀进给方式很多。有平行平面加工——平行设定的平面或平行机床坐标面；有按插值方式加工；有沿曲面等参数线方式加工等。

　　③ 清根加工。在精加工之后，曲面连接的凹圆角处因刀具半径大而留有余量，必须采用小刀具进行清根加工，而且刀具半径必须小于或等于凹圆角半径。轮廓加工通常是指加工拉延模的凸模外轮廓，压边圈的内轮廓，以及切边模和翻边模的刃口内、外轮廓等。

　　3）加工参数的设置。这里主要介绍最主要的几项：

　　① 刀具类型的选择。盘状铣刀有平底柱状螺旋铣刀、球头柱状螺旋铣刀、球头锥状铣

刀等。对于不同的加工方式采用不同的刀具类型和刀具规格。

② 刀具规格的选择。刀具规格尺寸的大小要与模具毛坯的大小和加工余量相适合。

③ 主轴转速、走刀进给速度、进给步距的设置。这三项参数对模具的加工效率和加工精度有重要的影响。

模具型面要达到超精铣，原则上必须减小进给步距，提高主轴转速（10000r/min 的高速铣）和走刀进给速度。

④ 加工维数的设置。CAD/CAM 软件一般提供了 2~5 维的 NC 编程加工方式。对轮廓加工常采用 2 维、2.5 维、3 维加工。对型面常采用 3 维、4 维、5 维加工。其中 5 维加工的精度最高。

⑤ 单向、双向走刀的设置。双向走刀是常用的走刀方式，在用平底柱状螺旋铣刀加工型面时要采用单向走刀方式。

4）NC 程序的后置处理。

5）NC 程序的传送和执行。

在零件的 CAM 过程中可进行模具加工过程的计算机辅助质量控制，即对模具加工的精度进行检测，其目的就是判定 NC 加工模具与数模的吻合程度，即有精确的数模是否可以获得符合精度要求的模具。检测的方法分三步：

1）在工作站上确定数模检测点或检测断面曲线，用 EUCLID3 的检查模块，确定检测点及点的法矢长度，生成 *.DM1s 数据文件。

2）用 C 语言把 *.DM1s 数据文件写进测量机 CMES 命令程序中，生成 *.PRG 自动测量程序。

3）把 *.PRG 自动测量程序传送给三坐标测量机，测量机对模具型面进行自动检测，检测点严格按法向方向进给，测量结果以公差形式输出。可以判定制造误差。

2. CAD/CAM 技术在电饭煲模具制造中的应用

（1）电饭煲的结构　如图 4-38 所示，电饭煲主要由四个部分组成。现介绍其主要特点：

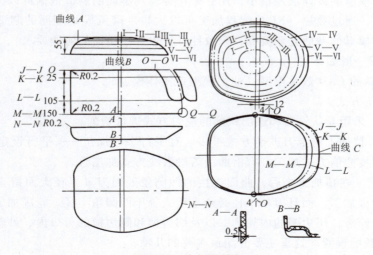

图 4-38　电饭煲简图

1）四个部分形成一个完整的空间曲面，所以要严格控制四个部分的尺寸精度和配合精度。

2）电饭煲产品属于轻工日用品，从安全角度考虑不允许产品有刀口，故在沿口均有圆弧半径为 0.2mm 的要求，但圆弧半径过大会使整体配合和间隙过大，影响美观。

3）中套有固定顶盖的轴孔，它与底座安装有 6 个卡口（图 4-38 中 A—A 剖面），与电源盒配合有 4 个卡口，共需抽芯 9 处，这增加了模具结构的难度。

4）产品表面粗糙度值为 $Ra0.04\mu m$。

（2）模具结构设计　为了提高模具档次，满足用户要求，在模具整体设计上主要有如下要求：

1）选材。采用瑞典 718 的镜面钢，以满足用户产品表面质量要求。

2）为了保证沿口的 $R0.2mm$ 尺寸要求，只能在模具型芯固定板上实现，为了使拼镶线不明显，只能将型腔沿口尺寸做到 0.5mm 的深度。

3）电源盒模具设计中应考虑到产品收缩不均而造成整体曲面的破坏，关料止口用型芯来实现。

4）中套产品要求与底座有 6 个卡口及电源盖配合的轴孔，模具需开 6 个内抽、2 个外抽，可见模具结构的复杂。

（3）采用 CAD 形式真三维设计　由于产品的特点要求，使用常规的加工手段和电火花加工很难确保产品的质量，浙江某模具厂在 Sunspace Station20 工作站进行了真三维的 CAD 设计。他们的实施步骤和方法如下：

1）根据各剖面的数十个测点进行 spline 线拟合，发现有几个点的质量较差，偏移了曲线的整个趋势，故进行修正和剔除。

2）为了确保顶盖、中套、底座的配合要求，将图 4-38 中 J—J 和 M—M 面的测点只作为参考，而用Ⅳ—Ⅳ和Ⅴ—Ⅴ曲线代替。

3）电源盒的曲面直接在中套曲面上获取，以确保曲面的整体性。

4）顶盖曲面的形式根据图 4-38 中Ⅰ—Ⅰ、Ⅱ—Ⅱ、Ⅲ—Ⅲ、Ⅳ—Ⅳ、Ⅴ—Ⅴ、Ⅵ—Ⅵ的拟合曲线，增加图 4-38 所示的 13 个点拟合 spline 线（曲线 A），确保曲线的最高点，按严格通过 13条曲线（其中Ⅰ—Ⅰ、Ⅱ—Ⅱ、Ⅲ—Ⅲ、Ⅳ—Ⅳ、Ⅴ—Ⅴ、Ⅵ—Ⅵ六条曲线必须对称切断，否则会形成扭曲的面而不能满足设计要求）、通过网格面 mesh surface 方式拟合。

5）中套曲面拟合利用Ⅵ—Ⅵ和 N—N 曲线的一部分和通过图 4-38 中四个 O 点，并控制端点方法拟合的两条 spline 线（对称 B 曲线和对称 B′曲线）按扫描面（sweepsurface）拟合而成，而利用Ⅵ—Ⅵ、N—N 和另一部分 K—K 及 L—L 曲线及曲线 B 及对称曲线 B′进行网络曲面拟合，特别要指出这个曲线的拟合不能使用图 4-38 中四个点拟合的 spline 曲线 C，并使用上下对称方式拟合，这样的面在图 4-38 中 Q—Q 范围会形成一个很小倒拨现象。

6）在底座曲面造型中，由于有些曲面间几乎相切，而用户图样要求有倒角 R_1 和 R_2。因此，在底座的提手处出现了尖角，图 4-39a 不符合安全因素，因此需通过减小 R_1 和 R_2 达到较满意的结果（见图 4-39b）。

（4）加工工艺　该厂的数控铣是装备 FANCU 15M 系统的 KMC~2000SD 三维加工中心，主要切削刀具还是以国产优质刀具，配备少量的合金刀，在加工过程中主要的特点和难点如下：

1）进口 718 材料，材料的硬度为 39HRC，用国产刀具切削是比较困难的。

2）白钢刀和合金刀的切削特点不同，而数控加工在精加工时切削多在刀刃上，这样白钢刀的刀刃磨损较多，不能满足精加工要求；而合金刀刀粒的侧刃很短，不能进行大切削深度，在程序上应注意刀具轨迹。

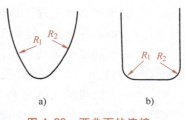

图 4-39　两曲面的连接

3）由于产品在沿口处有 $R0.2mm$ 的要求，故采用拼镶的方式，切削深度控制在 0.5mm。如果采用一般加工方式，则很难做到两个镶块和型腔本体的尺寸要求。

4）中套产品要求 150mm 深，由于型腔是三块镶块拼镶而成的，又要控制型腔的高度，中套脱模斜度很小。

5）中套和电源盒的产品结构不同，成形后收缩也会不同。

（5）针对以上加工特点采取的相应对策

1）根据刀具的切削要求，白钢刀比较适合粗加工和半精加工，加工方式对于硬材料不宜以横切，而采用自下向上加工比较好，顺铣能改善切削条件；而合金刀适合横进刀，采用小的切削深度和较高的切削速度，所以规划刀具轨迹时要注意下刀的方式。采用合金刀先进行粗加工和半精加工，采用白钢刀自下向上 ZIG 方式进刀。由于白钢刀除两刃外不能过多下刀，在加工开始先用两刃或球刀，直径小些，根据程序的轨迹先走几刀，保证三刃或四刃可以下刀。

2）为了做到沿口的 $R0.2mm$，采用球刀编程，走沿口中心轨迹，然后将数据传到机床面板，采用三刃直刀磨掉刀尖成 $R0.2mm$，进行刀径偏置（G41 或 G42）加工。

3）对 150mm 高的中套，由于脱模斜度小，开始粗加工时由白钢刀做很容易，但是上部会发生刀柄与坯料相碰而无法加工，故先用合金刀层铣一圈向下加工；然后再采用自下向上 ZIG 走刀方式。

4）取料厚的方法。面少时采用偏置面方式，复杂曲面由于偏置时可能出现扭曲的面，如本文所提的顶盖，就采用刀具补正，如需取料厚 2.5mm，可以采用 $R20mm$ 球刀编写程序，用 $R25mm$ 球刀并分型面降低 2.5mm 加工工件，或采用加工余量−2.5mm 方式编写程序。

5）如底座的提手处有一个较深的小沟，编程时考虑到使用小直径刀会导致下刀次数太多，可能会出现断刀现象，故先切削上部然后再加工。

6）为了保证分型面的关料口锋利，加工时让刀在分型面上走几刀然后进入型腔，这样形成快口。

（6）通过实践表明，要高效发挥数控机床的作用，必须做到以下几点：

1）尽可能采用合金刀，这样，更换刀无须对刀，精度能保证，其切削速度是白钢刀的 10～15 倍。

2）不同的模具行业应选用针对产品良好的软件，合理选择进刀方式也是保证合金刀真正发挥效率的前提。

3）曲面的建立尽可能优化，应符合数学逻辑，曲面的质量对刀路的形成、避免过切等都有很大的影响。

4）提高操作工的熟练程度、对编程的刀路检查和余量的正确估计，都是提高效率、减少失误的关键。

思　考　题

1. 试述数控机床的组成和基本工作原理。

2. 试述数控机床的加工特点和与普通机床的区别。

3. 机床坐标系与工件坐标系有何区别与联系？

4. 什么是机床原点（零点）、工件（编程）原点（零点）、机床参考点、换刀点、对刀点和起刀点？

5. 什么是字地址程序段格式？为什么现在数控编程常用此格式？

6. 手工编程和自动编程有何区别与联系？

7. 什么是计算机辅助制造（CAM）？模具制造中常用 CAM 软件有哪些？

8. 试述刀具半径补偿与长度补偿的方法及应用。

9. 数控铣床与加工中心有何不同？各适合加工哪些类型的模具零件？

10. 试述数控机床程序编制中的工艺分析要点。

11. 用数控铣床或加工中心编制图 4-40～图 4-43 中零件的加工程序，设零件材料为中碳钢。

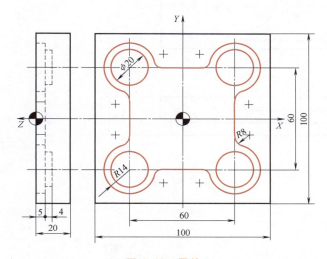

图 4-40　零件 1

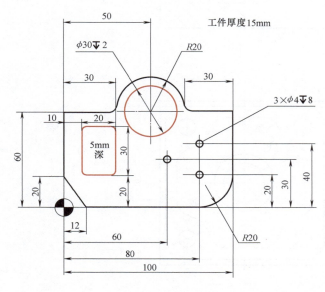

图 4-41　零件 2

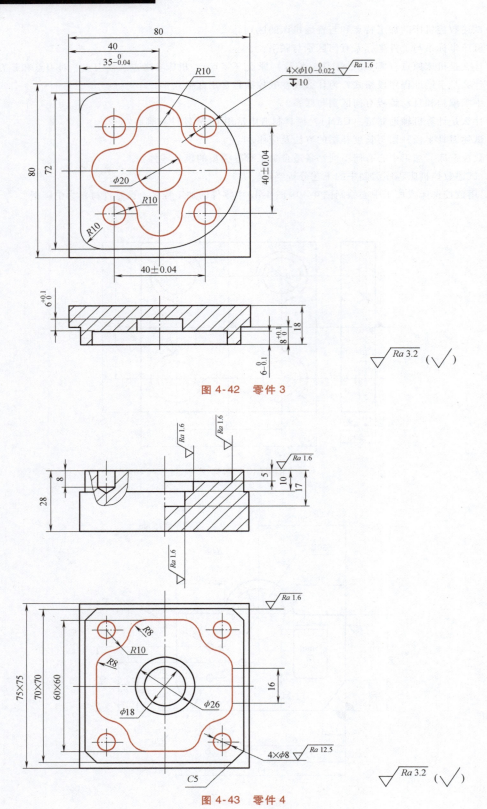

图 4-42　零件 3

图 4-43　零件 4

12. 加工如图 4-44 所示的平面凸轮轮廓，毛坯（见图 4-45）材料为中碳钢，尺寸如图所示。零件图中 23mm 深的半圆槽和外轮廓不加工，只讨论凸轮内滚子槽轮廓的加工程序。

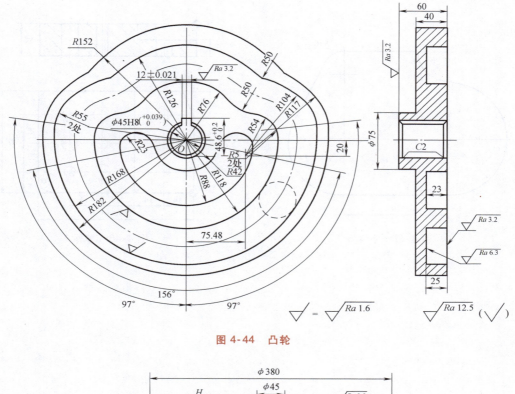

图 4-44　凸轮

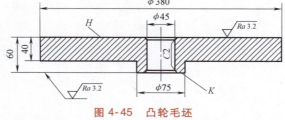

图 4-45　凸轮毛坯

13. 如图 4-46 所示零件 5，用 ϕ8mm 的刀具，沿着双点画线加工距离工件上表面 3mm 深的凹槽。

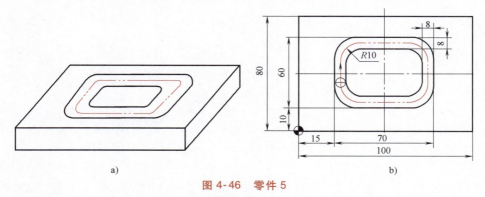

a)　　　　　　　　　　　　　　b)

图 4-46　零件 5

a）零件 5 轴测图　b）零件 5 视图

14. 如图 4-47 所示零件 6，用 φ8mm 的刀具，加工距离工件上表面 3mm 深的凸模。

15. 如图 4-48 所示零件 7，用 φ20mm 的刀具加工如图所示轮廓，用 φ16mm 的刀具加工图中凹台，用 φ6mm、φ8mm 的刀具加工孔。

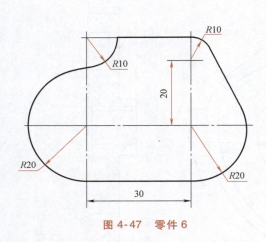

图 4-47　零件 6

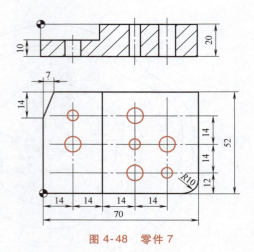

图 4-48　零件 7

模具特种加工

第一节　模具电火花成形加工

一、模具电火花成形加工的基本原理

1. 基本原理

模具电火花成形加工的基本原理是利用脉冲电源使工件与电极之间产生脉冲放电而形成电腐蚀现象，并有控制地去除工件材料，以获得符合要求的截面形状、尺寸精度和表面粗糙度的工件。

电火花加工装置原理如图 5-1 所示。工具电极 2 和工件 3 相对置于绝缘的工作液 4（如煤油、电火花机油、皂化液、去离子水等）中，并通过脉冲发生器 1 分别与直流电源 E 的负极、正极相连接。脉冲发生器 1 由限流电阻 R 和电容器 C 构成，它的作用是利用电容 C 的充电和放电，把电源 E 的直流电转变为脉冲电流。脉冲发生器 1 接上 $100 \sim 250V$ 的直流电源 E 后，电流经过限流电阻 R 使电容器 C 充电，电容器两端的电压由零按指数曲线逐渐升高，电极与工件之间的间隙电压也随之升高，当间隙电压达到击穿电压时，间隙被击穿而产生火花放电。电容器将所储存的能量瞬时地在电极与工件之间释放出来，形成脉冲电流。由于放电时间很短，电流密度很大，并且集中在很小区域

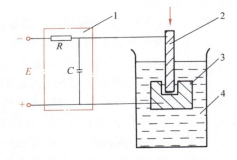

图 5-1　电火花加工装置原理图

1—脉冲发生器　2—工具电极

3—工件　4—工作液

上，局部温度高达 10000℃ 以上，使放电点的金属材料熔化或汽化。在热动力、磁动力、流体动力、化学作用力等的综合作用下，熔化或汽化的金属被抛入工作液中并凝固成球状小颗粒，电极和工件表面被腐蚀成一个小凹坑，如图 5-2 所示。当两极间的间隙未击穿时电阻很大，击穿后电阻迅速减小到近乎等于零，随后电容器的能量瞬时放完，电压也迅速降至接近零，介质立即恢复绝缘状态，而且把间隙电流切断。此后，电容器再次充电，又重复上述放电腐蚀过程。

每一次火花放电都产生一个小凹坑，由于一次次火花放电腐蚀累积的结果，工件表面则由无数小凹坑所组成，如图 5-3 所示。电极不断下降，金属表面也不断被蚀除，电极的轮廓形状便可复制到工件上而达到加工的目的。

图 5-2　小凹坑的形成

1—无变化区　2—热影响区　3—凸起
4—汽化区　5—熔化区　6—凝固区

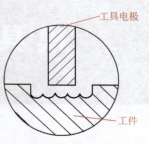

图 5-3　间隙放大图

电火花成形加工设备必须具备以下条件：

1）可自动调节工具电极和工件之间的脉冲间隙（通常为数微米至几百微米），以确保极间电压能击穿介质产生脉冲放电，但不会形成短路接触。

2）极间放电电流密度要足够高（$10^6 \sim 10^8 \mathrm{A/cm^2}$），能使放电点金属熔化和汽化。

3）极间放电应该是瞬时脉冲性的。每次放电集中于很小的范围内，否则会使非蚀除材料受热变质而影响表面质量。

4）工作液（绝缘介质）必须具有较高的绝缘强度。每一次放电结束后能及时消电离，恢复其介电性能。

5）电蚀产物（如金属屑、炭黑等）必须快速带离极间间隙，防止产生二次放电。

2. 电火花成形加工的物理本质

通过大量的试验研究表明，电火花成形加工的物理本质大致如下：

（1）绝缘介质的击穿与放电通道的形成　由于工具电极与工件的表面总是微观凹凸不平的，在极间距离最近的尖端处产生的电场强度最大，介质中的杂质（如金属微粒、炭粒子等）在电场力的作用下迅速聚集到电场较强的地方。当电场强度增加到 $10^6 \mathrm{V/cm^2}$ 以上时，电子由阴极表面逸出，高速向阳极移动并撞击介质中的分子和中性原子，产生"雪崩式"碰撞电离，导致介质击穿而形成放电通道。

（2）能量的转换、分布与传递　极间介质被击穿后，脉冲电源瞬时通过放电通道释放能量，并转换成热能、动能、磁能、光能、声能及电磁波辐射能等。其中大部分能量转换成使两极放电点的金属局部熔融和汽化的热量。传递给电极和工件的热量形成一个瞬时高温热源（可达 10000℃ 以上）使放电点局部金属熔融和汽化。

（3）电腐蚀产物的抛离　瞬时熔化和汽化的金属产生强大的热力和爆炸力，伴随着热力、爆炸力、流体动力的作用，使蚀除金属材料抛离电极和工件表面，并在其表面留下一个凹坑。

（4）极间介质的消电离　一次脉冲放电后，应使极间介质立即消电离，恢复绝缘强度，避免在同一处发生电弧放电或二次放电，因此两次脉冲放电之间应有足够的脉冲间歇时间，电蚀产物也应及时排除。

二、模具电火花成形加工的特点及应用范围

1. 电火花成形加工的特点

相对于普通机械加工，模具电火花成形加工具有以下特点：

1）以柔克刚。电极材料不受工件硬度、韧性的影响。例如，用铜或石墨的工具电极可以加工淬火钢、不锈钢、硬质合金，甚至可以加工各种超硬金属材料。

2）不存在宏观"切削力"。工具电极和工件不会变形，特别适合加工包括小孔、窄槽等在内的各种复杂精密模具零件。

3）电脉冲参数可以任意调节。在同一台机床上可以连续进行粗、中、精及精微加工。

4）易于实现自动控制及自动化。

2. 电火花成形加工的应用范围

电火花成形加工大部分应用于模具制造，主要有以下几个方面：

1）穿孔加工。加工冲模的凹模、挤压模、粉末冶金模等的各种异形孔及微孔。

2）型腔加工。加工注射模、压塑模、吹塑模、压铸模、锻模及拉深模等的型腔。

3）金属表面强化。可用于冲压凸凹模的刃口及注射模的表面强化。

4）磨削平面及圆柱面。

5）型腔表面的镜面抛光。

三、电火花成形加工机床

电火花成形加工设备主要由机床主体、脉冲电源、自动进给调节系统、工作液循环过滤系统及机床附件等部分组成，如图 5-4 所示。

1. 机床主体

机床主体主要由主轴头、床身、立柱、工作台和工作液槽等部分组成。

主轴头由进给系统、导向机构、电极夹具及相应调节装置组成，它是电火花成形加工机床的最关键部件。

床身和立柱属于基础部件，应具有足够的刚性，床身工作台面与立柱导轨面之间应有一定的垂直度要求，还应保证机床工作精度能持久不变。

工作台一般都可做纵向和横向移动，并带有坐标测量装置。目前常用的定位方法有靠刻度手轮来

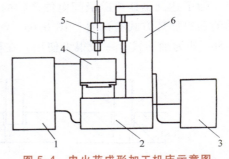

图 5-4　电火花成形加工机床示意图
1—脉冲电源　2—床身　3—工作液循环过滤系统
4—油箱　5—主轴头　6—立柱

调整工件的位置，也有采用光学读数装置和磁尺数显装置来调节工件的位置。

某型号电火花加工机床的外形示意图如图 5-5 所示。

2. 脉冲电源

脉冲电源也称为电脉冲发生器，其作用是输出具有足够能量的单向脉冲电流，产生电火花放电来蚀除金属材料。其性能直接影响加工速度、表面质量、加工稳定性以及工具电极损耗等各项经济技术指标。因此要求脉冲电源参数（如电流幅值、脉宽、脉冲间歇等）能在规定范围内可调，以满足粗、中、精、精微加工的需要，同时要求加工过程中稳定性要好、抗干扰能力强、操作方便。

3. 自动进给调节系统

电火花成形加工机床主要是靠自动进给调节系统来确保工件与电极之间在加工过程中始终保持一定的放电间隙，并且能自动补偿放电蚀除金属后间隙增大的部分。因此要求自动进

给调节系统具有足够的稳定性、较高的灵敏度和快速反应能力。

自动进给调节系统的种类很多，如电动液压式、伺服电动机式、步进电动机式、力矩电动机式等，但其基本原理是相同的。

4. 工作液循环过滤系统

工作液循环过滤系统由工作液箱、电动机、泵、过滤装置、工作液槽、油杯、管道、阀门、压力表等组成。其作用是排除电火花加工过程中不断产生的电蚀产物，提高电蚀过程的稳定性和加工速度，减小电极损耗，确保加工精度和表面质量。

过滤工作液的具体方法有自然沉淀法、静电过滤法、离心过滤法和介质过滤法等。其中介质过滤法较为常用，一般采用黄沙、木屑、过滤纸、活性炭等做过滤介质，效果好、速度快，但结构复杂。

图 5-5　电火花加工机床外形示意图
1—工作液箱　2—脉冲电源　3—工作台　4—工件及夹具
5—电极　6—立柱　7—主轴头　8—控制台　9—床身

为了达到迅速排除极间电蚀产物的目的，一般将清洁的工作液强迫冲入放电间隙中，常用的强迫循环方式有两种。图 5-6a、c 为冲油式，操作容易，排屑能力强，但精度低；图 5-5b、d 为抽油式，一般很少使用，在要求小间隙、精加工时也有使用。

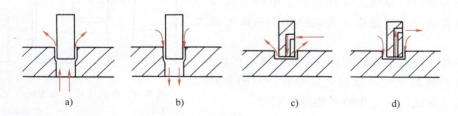

图 5-6　工作液的循环方式
a)、c) 冲油方式　b)、d) 抽油方式

在实际应用中，工作液循环系统的形式很多，较为常用的是图 5-7 所示的系统。该系统既可以冲油，也可以抽油，由阀Ⅰ、阀Ⅱ来控制。冲油时，液压泵 2 把工作液打入过滤装置 3，然后经管道 C 到阀Ⅰ。工作液分为两路，一路经管道 B 到工作液槽 6；另一路经管道 G 到阀Ⅱ，再经管道 A 进入油杯 7。冲油时的流量和油压靠阀Ⅱ和安全阀 4 来调节。抽油时，转动阀Ⅰ和阀Ⅱ，使进入过滤装置的工作液也为两路：一路经管道 C 和阀Ⅰ进入节流阀 8 至工作液槽 6；另一路经管道 D 和阀Ⅰ进入管道 E，经射流管 9 及管道 I 进入贮油箱 1。由于射流管的"射流"作用将工作液从工作台油杯中抽出，经管道 A、阀Ⅱ、管道 H 到射流管 9 进入贮油箱 1。转动阀Ⅰ和阀Ⅱ还可以停油和放油。

5. 机床附件

（1）平动头　平动头是电火花成形加工中较常用的附件，主要应用于型腔模在半精加工和精加工时精修侧面，提高仿形精度，保证加工稳定性，有利于极间排屑，防止短路和烧弧等。

（2）电极夹具　电极夹具的作用是把工具电极装夹固定在主轴上，并能调节电极的轴线与主轴轴线重合或平行。工具电极的装夹及其调节装置的形式很多，常用的有十字铰链式电极装夹调节装置和球面铰链式电极装夹调节装置。

图5-8所示为十字铰链式电极夹具调节装置。工具电极装夹在标准夹套内，用紧固螺钉2固定。电极夹装后，拧动四个调节螺钉即可调节电极的轴线对工作台面的垂直度，一般与校正百分表配合使用。这种电极夹具调节装置结构简单，调节方便，但轴向尺寸较长，刚性较差，适合于精度不高的场合。

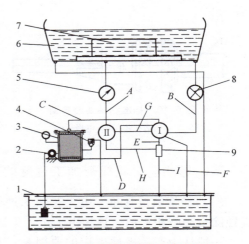

图 5-7　工作液循环过滤系统原理图

1—贮油箱　2—液压泵　3—过滤装置　4—安全阀
5—压力表　6—工作液槽　7—油杯
8—节流阀　9—射流管

图5-9所示为球面铰链式电极夹具调节装置。工具电极装夹在弹性夹头中，拧动四个调节螺钉即可调节电极的轴线相对工作台面的垂直度，一般也与校正百分表配合使用。这种电极夹具调节装置结构紧凑，轴向尺寸短，结构简单，容易制造，调节方便，但其本身扭转刚度不足，调节力大时，会引起电极随主轴扭转。

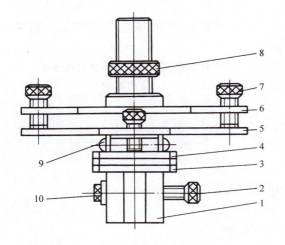

图 5-8　十字铰链式电极夹具调节装置

1—电极装夹标准套　2、8—紧固螺钉　3—绝缘板
4—下底板　5—十字板　6—上板　7—调节螺钉
9—圆柱销　10—导线固定螺钉

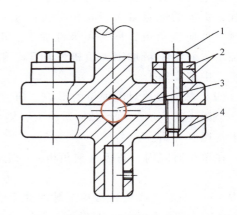

图 5-9　球面铰链式电极夹具调节装置

1—调节螺钉　2—球面垫圈
3—钢球　4—电极装夹套

此外，对于直径较小的电极可用标准钻夹头装夹，如图5-10所示；直径较大或整体式电极也可采用标准螺纹夹头装夹，如图5-11所示。

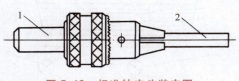

图 5-10 标准钻夹头装夹图
1—钻夹头 2—电极

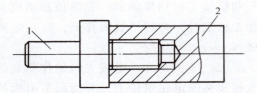

图 5-11 标准螺纹夹头装夹图
1—标准螺纹夹头 2—电极

四、影响电火花成形加工速度的基本因素

（1）极性效应现象 电火花加工过程中，正极和负极的表面虽然都受到电腐蚀，但其蚀除量是不相等的。这种由于正、负极不同而导致材料蚀除量不同的现象称为极性效应。一般认为产生极性效应的原因是：在火花放电过程中，电子因质量和惯性较小，易于起动和加速，能迅速奔向正极，轰击其表面的材料；而正离子由于质量和惯性比电子大得多，起动和加速较慢，在电脉冲结束时，只有部分能到达负极表面，故负极的蚀除速度低于正极。

图 5-12 所示为极性效应和脉宽对蚀除量的影响。从图中可以看出，当采用短脉冲加工时，电子轰击作用大于离子的轰击作用，使正极蚀除量较大，加工时工件应接正极，被称为正极性加工。当采用较宽脉冲加工时，正离子有足够的时间加速而到达负极，由于离子质量大，对负极表面的轰击破坏作用比较强，负极的蚀除量大于正极的蚀除量，加工时工件应接负极，称为负极性加工。正极性加工一般用于精加工，负极性加工一般用于粗、中精度加工。

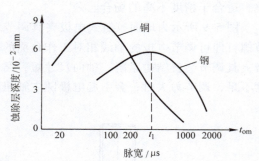

图 5-12 极性效应和脉宽对蚀除量的影响

（2）脉冲参数对电蚀量的影响 研究结果表明，每一次脉冲放电，都会在工件表面形成一个微小的凹坑。而且脉冲量越大，则传递给工件上的热量就越多，蚀除量就越大，并近似于正比例关系。

在单位时间内，正极（或负极）的总蚀除量为

$$Q = qtf = kwft \tag{5-1}$$

式中 q——正（或负）极单个脉冲蚀除量（g 或 mm^3）；

f——脉冲频率（Hz）；

k——与电极材料、脉冲参数、工作液等有关的比例系数（正负极不同）；

w——单个脉冲能量（J）。

由于放电能量等于放电电压、电流和放电持续时间的乘积，故单个脉冲放电能量为

$$W = \int_0^{t_e} u(t)i(t)\mathrm{d}t \approx \bar{u}\,\bar{i}t_e \tag{5-2}$$

式中 $u(t)$——放电过程中随时间变化的电压（V）；

$i(t)$——放电过程中随时间变化的电流（A）；

$\bar{u}$——放电时间内平均放电电压（V）；

$\bar{i}$——放电时间内平均放电电流（A）；

t_e——单个脉冲放电时间（s）。

综上所述，要提高电蚀量应增加单个脉冲放电能量，不但要增加平均放电电流（矩形波则为电流幅值），减少脉冲间隔，还应提高脉冲频率以及合理选取工作参数和提高比例系数。

（3）脉冲宽度对电蚀量的影响　脉冲宽度对电蚀量的影响很大。在其他条件不变的情况下，增大脉冲宽度时蚀除量也随之增大，但每一种材料的蚀除量都有一个最大值，当脉冲宽度超过此值时会随之减小。这是因为当脉宽过短时，热量过于集中，金属在汽化状态下抛出的百分比增大，其中汽化热就要消耗多一部分能量，致使蚀除量减小，但当脉宽过长时，通过传导而散失的热量过高，因而蚀除量降低。

（4）材料的热力学常数对电蚀量的影响　电腐蚀是依靠脉冲放电产生热能来蚀除金属的，用于熔化和汽化金属的能量越大则蚀除量越大。显然，当脉冲放电能量相同时，金属材料的热力常数如熔点、沸点、比热容、熔化热、汽化热越高，电蚀量将越少，越难加工。同时，热导热率越大的金属，由于较快地把瞬时产生的热量传导散失到其他部位，降低了本身的蚀除量。

五、电火花穿孔、型腔加工

电火花成形加工是一种利用电腐蚀原理将工具电极的形状复制到工件上的加工工艺，在模具制造行业广为应用。

（一）模具电火花穿孔加工

电火花穿孔加工用于冲模的凹槽加工是很典型的电火花加工方法，冲模一般由凸模和凹模组成，凸模可采用机械加工或电火花线切割加工，而凹模可以采用电火花加工。电火花加工可在坯料淬火处理后进行，热处理变形少，精度高。对于复杂的凹模可以不用镶拼结构，而采用整体式，简化了模具的结构，提高了模具寿命。

凹模的主要技术质量指标是：凹模槽配合间隙 2δ，刃口高度 h，刃口斜角 β，落料角 α，尺寸精度等。如图 5-13 所示，图 5-13a 是凹模结构参数图，图 5-13b 是凹模电火花穿孔加工示意图。

1. 电火花加工工艺方法

因为电蚀加工中存在放电间隙，工具电极尺寸必然小于凹模尺寸。工具电极的尺寸精度、放电间隙的大小、机床的导向精度和平稳性均直接影响凹模的尺寸精度。为了获得凸凹模之间的配合间隙，常用的工艺方法有：直接加工法，间接加工法和混合加工法（见表 5-1）。

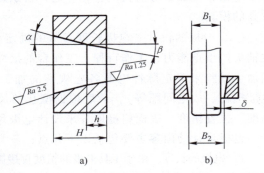

图 5-13　凹模结构参数及电火花
穿孔加工示意图

a）凹模结构参数　b）凹模电火花穿孔加工

表 5-1　凹模电火花加工工艺方法比较

工艺方法	简图	配合间隙	工艺方法及使用范围	工 艺 特 点
直接加工法	（电极+凸模） g(z) （用后切除为凸模）	$Z=g$	将凸模长度适当加长后直接作为电极对凹模进行加工，然后切去电极部分用作凸模，适合于 $Z=g$ 的凹模加工	1. 不需另外加工电极 2. 电加工性能差
间接加工法	电极 g(z)	$Z=\dfrac{d}{2}+g-\dfrac{D}{2}$	电极与凸模分开制造，适于 $Z<0.01mm$ 或 $Z>0.1mm$ 的加工	1. 可自由选择电极材料 2. 放电间隙范围受限制 3. 间隙均匀性差
混合加工法	凸模　黏接面 电极	$Z=g$	凸模与电极黏接在一起进行加工，然后取下电极加工凹模，适于电极材料和凸模不同的情况，而且 $Z=g$	1. 可自由选择电极材料 2. 间隙均匀 3. 电极黏接困难

注：表中 Z—凸、凹模配合间隙，g—放电间隙，d—电极尺寸，D—凸模尺寸。

2. 电极的设计与制造

电极的设计与制造首先要考虑以下几方面：

（1）**电极材料的选择**　在电火花加工中，要求电极材料具有良好的导电性和机械加工性，电极耗损要小，加工稳定性要好，加工速度要高，以及价格要适宜，来源要广等特点。一般可选用纯铜、黄铜、石墨、钢、铸铁、铜钨合金等。

（2）**电极的结构形式**　电极的结构形式有整体式、镶拼式和组合式。整体式是最常用的，适合于结构简单的电极；对于一些结构复杂且加工困难的可用镶拼式，而组合式可以把多个电极单独加工好后再组合在一起，特别适用于加工多孔落料模、级进模等定位精度要求较高的模具。

（3）**电极的设计**　电极长度参数的确定要考虑很多因素，首先应该了解机床的特性如主轴头的承重能力、工作行程、工作台的尺寸等参数，再根据加工试验来确定脉冲电源各电规准的加工工艺参数（如电极损耗、放电间隙等），最后根据型孔的尺寸精度、形状精度、位置精度、表面粗糙度等来设计电极尺寸。

电极设计的内容主要包括以下几点：

1）电极的长度。由于工具电极的精度直接影响凹模的精度，因而工具电极的尺寸精度应比凹模高一级，表面粗糙度应比凹模低一级，并且平行度、直线度在 $100mm$ 长度内不大于 $0.01mm$。

如图 5-14 所示，电极长度 L 可用下式进行估算：

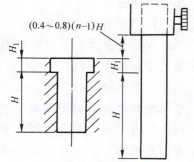

图 5-14　电极长度计算图

$$L = \lambda H + H_1 + H_2 + (0.4 \sim 0.8)(n-1)\lambda H \qquad (5\text{-}3)$$

式中　H——凹模需电火花加工的厚度；

　　　H_1——模板挖穿后，电极所需加长的部分；

　　　H_2——如需增加的夹持部分长度（10～20mm）；

　　　n——一个电极使用的次数；

　　　λ——与电极材料、加工方式、型孔复杂程度等因素有关的系数。复杂程度不同的型孔的电极材料，λ 值的选择不同。按经验：纯铜（2～2.5），黄铜（3～3.5），石墨（1.7～2），铸铁（2.5～3），钢（3～3.5）。

同时，还需注意：若加工硬质合金时，由于电极损耗较大，电极还应适当加长；安装时工具电极的重心应该位于主轴中心线上；为了提高加工过程的稳定性，可用开设减轻孔的方法来减轻电极的重量。

2）电极的截面尺寸。电极的截面尺寸是按照凹模型孔的轮廓线均匀地缩小一个单面放电间隙 δ，电极的尺寸公差可取凸模尺寸公差的 1/2～1/3，表面粗糙度值 Ra 一般为 0.8～1.6μm。但是，实际设计中常遇到以下两种情况：

① 按凹模尺寸和公差来确定电极截面尺寸。如图 5-15 所示，根据凹模尺寸和放电间隙大小，便可以算出电极截面尺寸：

$$a = A \pm K\delta \qquad (5\text{-}4)$$

式中　a——电极水平截面方向尺寸；

　　　A——型腔图样上名义尺寸；

　　　K——直径方向（双边）$K=2$，半径方向（单边）$K=1$，无缩放的为 0；

　　　±——电极轮廓凹陷部分为"+"，电极轮廓凸起部分为"–"；

　　　δ——电极单边缩放量，即末档精规准加工时的放电间隙。

② 按凸模尺寸和公差来确定电极截面尺寸。模具图样只标明凸模尺寸，而凹模图样只注明与凸模的配合间隙 Z（单边），此时可分为以下三种情况：

a. 凸凹模的配合间隙等于放电间隙（$Z=\delta$）时，电极尺寸和凸模尺寸完全相同。

b. 凸凹模的配合间隙大于放电间隙（$Z>\delta$）时，电极按凸模截面四周均匀增大一个值（$\delta-Z$），如图 5-16 所示。

c. 凸凹模的配合间隙小于放电间隙（$Z<\delta$）时，电极按凸模截面四周均匀缩小一个值（$\delta-Z$），如图 5-17 所示。

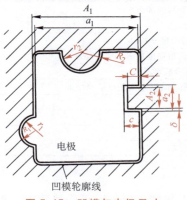

图 5-15　凹模与电极尺寸
关系示意图

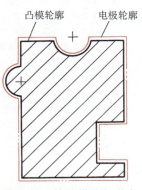

图 5-16　按凸模均匀增大
电极图

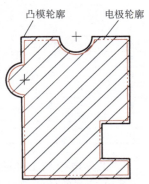

图 5-17　按凸模均匀缩小
电极图

3）阶梯电极的设计。为了提高加工速度等工艺指标，在电火花穿孔加工过程中，常采用"阶梯电极"，即将原来的电极适当加长，而加长部分的截面尺寸适当缩小，呈阶梯形状。其中加长部分的长度为凹模加工厚度的 1.5~2 倍，单面缩小量由精加工余量和放电间隙等因素决定，一般可取 0.10~0.15mm。在加工时，先用加长部分的电极在粗规准下加工，然后用原来的电极在精规准下进行精修，这样可以将粗、精加工分开，既能提高生产率，又能减少精加工余量，保证精度，同时电规准转换次数减少，使操作大大简化。

（4）电极的制造工艺　电极制造的方法，可以用电火花线切割加工，也可以用普通机械加工，然后进行成形磨削。

与凸模一起成形磨削的电极，只能适用于放电间隙等于凸凹模配合间隙的情况。如果凸凹模配合间隙不在电火花加工间隙范围内，则作为电极的部分必须在此基础上进行增厚或缩小处理。常用化学腐蚀法均匀减小到尺寸要求，或用电镀铜、镍、锌等方法增厚其尺寸。常用电极的制造工序见表 5-2。

表 5-2　常用电极的制造工序

工艺序号	工 艺 名 称	加工内容及技术说明
1	粗铣成六面体	留单面余量 1~2mm
2	平面磨削	磨两端面及其相邻两侧面，保证垂直度
3	划线	按图样尺寸在上下端面划出轮廓线
4	铣外形	按轮廓线加工，并留下研磨余量 0.2~0.5mm
5	钳工	钻孔，攻螺纹，加工出装夹与连接螺孔或大电极开设减轻孔
6	成形磨削	按图样要求进行成形磨削
7	退磁	退磁处理，以减少对电加工的影响
8	化学腐蚀或电镀	需增减截面尺寸的电极可采用腐蚀法或电镀法来进一步加工，达到图样要求

3. 工件（模坯）的准备

凹模电火花加工一般在淬火处理后进行。为了减少金属蚀除量，一般在工件型孔部分要加工预孔，仅留下少量金属蚀除量。余量的大小应能补偿误差找正以及机械加工误差。单边余量一般在 0.25~1.00mm 范围内。对于形状复杂的型孔，可适当加大余量。同时，模坯应留有装夹定位的基准面，以方便对刀。常用的工件模坯制造工序见表 5-3。

表 5-3　常用凹模模坯的制造工序

工艺序号	工 艺 名 称	加工内容及技术说明
1	锻造	将下料坯料反复镦锻后退火，以改善其内部组织
2	退火	消除残余内应力，改善其切削加工性能
3	刨（铣）	刨（铣）六面，并保证垂直度，留研磨余量 0.4~0.6mm
4	磨基准面	主要是上下平面及相邻两侧面，表面粗糙度值 Ra 达 0.8μm
5	划线	按图样在上下平面由钳工划出型孔及安装孔等
6	铣（插）	铣插出型孔留下单边余量 0.2~0.5mm，复杂型孔可适当增加
7	钳工	钻、攻装夹定位孔及螺纹孔
8	热处理	按图样要求淬火、回火处理
9	平磨	精磨上下平面及相邻两侧面
10	退磁	退磁处理，以减少磁性对电加工的影响

4. 工具电极和工件的装夹定位

电极和工件的装夹、相互校正与定位将会直接影响加工精度，因此，正确地装夹、校正和定位是电火花加工的重要环节。

（1）电极的装夹　简单小型或整体式电极一般采用标准套筒夹具（见图5-8件1）或标准钻头夹具（见图5-10）直接安装在主轴头下端，尺寸较大的电极也可用标准螺纹夹头装夹（见图5-11）；而多电极则采用通用夹具加定位块装夹，或用专用夹具装夹；镶拼式电极一般采用一块连接板，将几块电极组合成整体，然后再安装在机床主轴上。

（2）工件的装夹　工件一般直接安装在工作台上，有冲油要求的可安装在工作台上的油杯或垫块上，与电极相互定位后，再用压板和螺钉压紧。

（3）校正和调整　使电极轴线垂直于机床的工作台面（或凹模上平面），否则难于保证加工质量。电极校正的方法常用精密角尺校正法（见图5-18）和百分表校正法（见图5-19）。测量时，至少应在两个互相垂直的方向上检查，才能确保电极与工作台面的垂直度。其中百分表校正法的精度较高，常用作最终校正。校正时，若出现电极和工作台（或凹模上表面）不垂直现象，可用调节装置（见图5-8和图5-9）对电极进行调整。

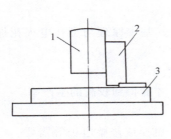

图 5-18　精密角尺校正法

1—电极　2—精密角尺　3—工作台

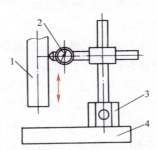

图 5-19　百分表校正法

1—电极　2—百分表　3—百分表架　4—电极装夹套

（4）定位　所谓"定位"，就是指将已装夹和校正调整好的电极对准工件的加工位置，以保证加工出的型孔达到一定的位置精度要求。

常用的定位方法有划线法、量块角尺法和侧面定位法。

1）若定位要求不高，而且凹模背面不挖台阶的情况可用划线法，此方法是根据预先在凹模背面划出的型孔线及样冲眼来确定电极的位置。

2）对于精度要求较高或凹模背面挖台阶的情况，则用量块角尺法，此方法是先在凹模上磨出两个互相垂直的角尺面，作为定位基准，然后用角尺和量块去确定型孔的位置（见图5-20）。

3）若角尺和模坯的两侧基准面正好相互平行，则可用侧面定位法，甚至不用量块而利用角尺对准侧面，然后移动工作台来调整电极定位的位置。

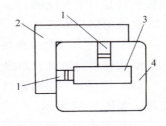

图 5-20　量块角尺定位法

1—量块　2—精密角尺
3—电极　4—凹模

5. 电规准的选择与转换

电火花加工过程中的电参数如电压、电流、脉宽、间歇等称为电规准。电加工过程中应根据工件的技术要求、电极与工件的材料、经济效益等因素合理选择电规准，并按工艺要求适时转换。

冲模加工中，常选择粗、中、精三种电规准（见表5-4）。

表 5-4 电规准参数表

规准类别	脉冲宽度/μs	适 用 范 围	特 点
粗规准	20~200	1. 去除加工余量的大部分 2. 凹模模孔要求斜度大 3. 型孔截面积大	1. 加工速度快,电极损耗小 2. 成形的孔具有较大斜度 3. 表面粗糙度值 Ra 大于 $25\mu m$
中规准	6~20	1. 规准向精规准转换 2. 型孔较复杂且有部分尖角的加工	表面粗糙度值 Ra 为 $12.5~3.2\mu m$
精规准	2~6	1. 满足零件最后各项技术指标 2. 表面质量高	1. 加工稳定,材料蚀除速度慢 2. 表面无丝纹及烧伤现象 3. 表面粗糙度值 Ra 为 $1.60~0.40\mu m$

(二) 模具型腔电火花加工工艺要点

1. 工艺特点

型腔电火花加工属于三维曲面（或不通孔）加工,其基本原理与型孔电火花加工是相同的,但具有以下几个特点:

1) 要求电极损耗小。因为无法靠进给方法补偿精度。

2) 金属蚀除量大。需要使用较大功率的脉冲电源,才能得到较高的生产率。

3) 工作液循环不流畅,排屑困难。

4) 在加工过程中,为了侧面修光、控制加工深度、更换或修整电极等需要,电火花机应备有平动头、深度测量仪、电极重复定位装置等附件。

2. 电极材料和结构形式

根据型腔电火花加工的特点,一般要求电极材料要具有良好的加工性能（包括电极损耗小、加工速度高、稳定性好、易于制造、来源广、价格低）。常用的电极材料是石墨和纯铜。

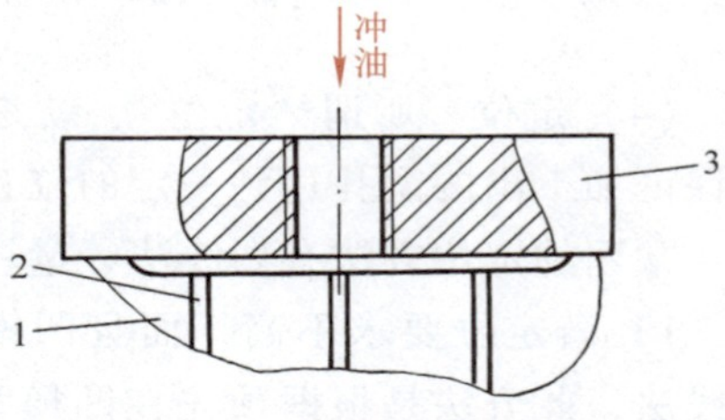

电极的结构形式有:

（1）整体式 由一整块材料制成。适用于尺寸不大,形状简单的电极,如图 5-21 所示。

图 5-21 整体式电极结构

1—电极 2—冲油孔 3—电极固定板

（2）镶拼式 由两块以上的电极材料拼合起来制成一个电极。适用于形状结构复杂的电极,如图 5-22 所示。

（3）多电极 将两个以上的电极安装在同一块电极固定板上,如图 5-23 所示。

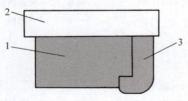

图 5-22 镶拼式电极结构

1—电极 2—电极固定板
3—镶拼电极

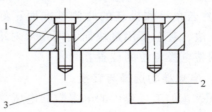

图 5-23 多电极结构

1—电极固定板 2—电极 A
3—电极 B

3. 工艺方法

（1）**单电极平动加工法**　只用一个电极外形加工出所需要的型腔。在加工过程中，先用高效低损耗电规准进行粗加工，使其基本成形，再利用平动头使电极按设定的平动量做平面运动，并按粗、中、精的顺序逐步改变电规准，同时依次加大平动量，以补偿前后两个加工规准之间的放电间隙差和侧面修光。如图 5-24 所示。

（2）**多电极更换法**　用多个形状相同，但尺寸不同的电极依次加工一个型腔，每一个电极加工时都将上一规准的放电痕迹去掉，型腔的加工精度取决于最后一个电极的加工结果，如图 5-25 所示。因为一般最后使用的电极加工规准小，损耗量小，所以可以达到很高的加工精度。这种方法要求电极制造精度高，装夹定位精度高。目前采用高速数控铣床加工的电极可以满足精度要求。

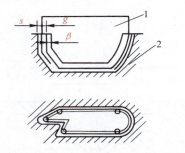

图 5-24　单电极平动头侧面修光加工示意图

1—电极　2—工件

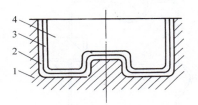

图 5-25　多电极加工示意图

1—凹模　2—精加工电极

3—中加工电极　4—粗加工电极

（3）**分解电极法**　根据型腔的几何形状将工具电极分解为主电极和副电极，单独制造；先用主电极以较大的加工规准加工出型腔的主要部分，再用副电极以较小的加工规准加工尖角、窄缝等部位的型腔。这样，在加工过程中可采用不同的电规准，从而提高加工速度又能获得较好的加工质量。

4. 型腔模电极尺寸的计算

（1）**型腔模电极横截面尺寸**　在加工直壁型腔时，由于粗加工的放电间隙较大，而且电极损耗后尺寸缩小无法靠主轴进给来进行侧面修光，除非更换一个尺寸较大的精加工电极（即多电极更换法）。目前，国内普遍采用单电极平动加工的方法。因此，电极设计计算时必须考虑加上一个电极的横截面缩放量 b（即平动量），如图 5-26 所示。

计算公式为

$$a = A \pm Kb \tag{5-5}$$

式中　a——电极水平截面方向尺寸；

　　　A——型腔图样上名义尺寸；

　　　K——直径方向（双边）$K=2$，半径方向（单边）$K=1$；

　　　$\pm$——电极轮廓凹下部分为"$+$"，电极轮廓凸起部分为"$-$"；

　　　b——电极单边缩放量（或平动头偏心量），一般取 $0.7 \sim 0.9$mm。

$$b = \delta_0 + H_{max} + h_{max} \tag{5-6}$$

式中　δ_0——单边放电间隙

H_{max}——前一规准加工时表面微观不平度最大值；

h_{max}——本规准加工时表面微观不平度最大值。

（2）型腔模电极的高度尺寸 电极总高度 H 的确定如图 5-27 所示。

计算公式为

$$H = L + L_1 + L_2 \tag{5-7}$$

式中 H——除装夹部分之外的电极总高度；

L——电极加工一个型腔的有效高度；

L_1——加工另一个型腔时需增加的高度；

L_2——考虑加工结束时，电极夹具不和模板发生接触而增加的高度。

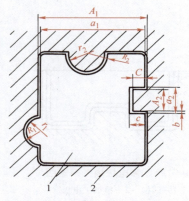

图 5-26 凹模与电极尺寸关系

1—电极 2—工件

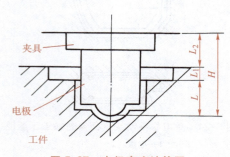

图 5-27 电极高度计算图

5. 型腔模电极的制造

制造电极的方法很多，如普通机械加工、数控加工、电铸加工、挤压成形等方法。具体选用时应考虑电极材料、模具型腔的形状及制造精度等因素。

型腔电火花成形加工常用的电极材料有纯铜和石墨。石墨硬度低，性脆，一般采用机械加工方法。具体工序见表 5-5。

表 5-5 石墨电极的制造工序

工艺序号	工艺名称	加工内容及技术说明
1	加工电极固定板	材料用钢板或铝板，厚 8~15mm，要有一定的精度要求，保证电极安装及与工件定位的精度
2	制作样板	采用数控加工或钳工制作
3	准备石墨毛坯	采用整体或镶拼结构，将其固定在电极上，使石墨烧结的纤维方向和加工方向一致
4	划线	按设计好的电极图样在毛坯上划出各种加工线
5	加工电极	用车、刨、铣、磨等方法对电极进行加工，并做钳工表面修整抛光
6	开设排屑孔、冲油孔	钻或钳工制作

6. 型腔模电极的装夹、校正与定位

（1）型腔模电极的装夹与校正 型腔模电极的装夹方法与穿孔电火花加工的电极装夹基本相同。电极装夹后必须进行校正，校正的目的是使电极轴线与主轴进给轴线一致，以保

证电极与工作台面和工件垂直，以及电极水平面 x、y 轴方向与工作台和工件的 x、y 轴方向分别平行。常用的校正方法有三种：

1）固定板基准面校正法。当电极轴线与电极固定板的上平面（即基准面）严格垂直时，可将百分表固定在工作台上，并左右、前后移动百分表，检验和调整基准面和工作台的平行度，如图 5-28 所示。

2）电极侧面校正法。当电极侧面有较长的直壁面时，可用角尺或百分表来校正电极，方法与型孔加工的电极校正方法基本相同（见图 5-18）。

3）电极端面火花放电校正法。当电极端面为平面，且该平面与电极轴线垂直时，可以用精规准检查电极在工件表面火花放电腐蚀的火花痕迹与划线的重叠程度来进行校正。

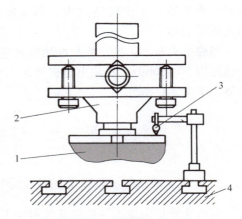

图 5-28 固定板基准面校正

1—电极 2—调节装置
3—百分表 4—工作台

（2）型腔模电极与工件的定位 电极、工件装夹校正后，必须相互定位，以保证型腔在模具上的位置精度。常用的定位方法如下：

1）量块角尺定位法。若电极的侧面为直平面，则可用与型孔电极定位相同的方法（见图 5-20）。

2）十字线定位法。如图 5-29 所示，在电极或固定板侧面划出中心十字线，同时在工件模块上也划出中心十字线。定位时，只要将工件与电极或固定板的十字线对准即可。这种方法精度较低，偏差为 ±(0.3~0.5)mm。

3）定位板定位法。如图 5-30 所示，在电极固定板上分别加工出一对角尺定位基准面，并在电极定位基准面上固定两块平直的定位板。定位时，将角尺放在工件的上平面并使之与相应的定位板进行校正贴紧，再将模块压紧，卸去定位板即可完成定位工作。

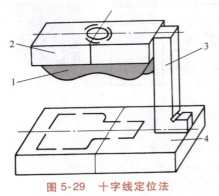

图 5-29 十字线定位法

1—电极 2—电极固定板 3—刀口角尺 4—模块

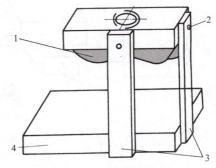

图 5-30 定位板定位法

1—电极 2—电极固定板 3—定位板 4—模块

7. 型腔模加工电规准的选择与转换

在加工过程中，电规准直接影响到生产率和表面粗糙度，因此正确地选择电规准，并合理地进行电规准转换，可以获得较高的加工速度，较好的表面质量以及最后精度。

一般将电规准分为粗、中、精规准；在加工开始时，应选用粗规准参数进行加工，力求提高蚀除速度，降低电极损耗。当加工到基本接近精加工余量时（大约1mm的余量），应减小电规准，逐步转换到中、精规准各档的参数加工，直至达到最后所需的尺寸精度和表面粗糙度。

型腔电火花加工中，粗规准的脉宽应大于400μs，平均电流密度为3~5A/cm²；中规准的脉宽为50~300μs，平均电流密度为1.5~2.5A/cm²；精加工脉宽一般在20μs以下，工作电流小于1.5A/cm²。

第二节　模具电火花线切割加工

一、电火花线切割加工的原理和特点

电火花线切割加工与电火花成形加工的原理基本相同，都是利用脉冲放电腐蚀现象使金属熔化或汽化，并通过冷却液排除熔化或汽化了的金属腐蚀物，从而实现各种形状的金属零件加工。在线切割加工过程中，电极丝与高频脉冲电源的负极相接，工件则与电源的正极相接，利用线电极与工件之间产生的火花放电对工件进行腐蚀。如图5-31所示，通过线切割工作台控制工件（模坯）相对电极丝不断移动，将工件按一定的形状进行切割。由于线切割过程中，丝电极（钼丝或铜线）是不断移动的，新的电极丝不断地补充和替换在电蚀加工区受到损耗的电极丝，冷却液也不断冷却放电区及排除电蚀产物，从而避免产生二次放电和电极损耗对加工精度的影响。

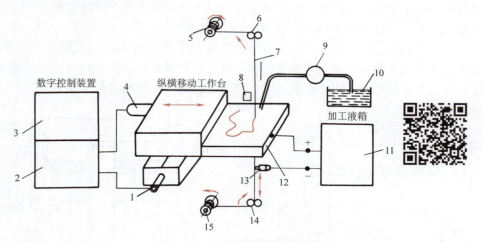

图 5-31　电火花线切割加工原理图

1—Y轴电动机　2—伺服电器　3—控制电器　4—X轴电动机　5—供给丝卷
6—制动器　7—金属丝　8、13—导向器　9—泵　10—脱离子水
11—电源　12—被加工物　14—卷绕滚子　15—卷绕丝卷

与电火花成形加工相比，电火花线切割加工具有以下特点：
1）不需要制造专用电极，电极丝可反复使用，生产成本较低，并节约电极制造时间。
2）可以加工截面形状复杂的模具。电极丝常用钼丝、铜丝，直径最小可达 0.04mm，可以直接加工 0.05~0.07mm 的窄缝或半径 $R = 0.03$mm 的小圆角。

3）加工精度高。表面粗糙度值 Ra 为 1.6~0.8μm 时，加工精度可达±0.01mm。

4）生产率高，易于实现自动化。

5）加工过程中一般不需要电规准转换。

6）不能加工不通孔类及阶梯类成形表面。

二、电火花线切割机床的组成及分类

如图 5-32 所示，电火花线切割机床主要由**床身、坐标工作台、走丝机构、工作液循环系统、高频脉冲电源、数字程序控制系统**等组成。

电火花线切割机床按其电极移动方式的不同，可分为高速往复走丝电火花线切割机床（简称高速走丝机）和低速单向走丝电火花线切割机床（简称低速走丝机）两类。

高速走丝机外观如图 5-32 所示，其工作原理如图 5-33 所示，电极丝从周期性往复运转的储丝筒输出经过上线臂、上导轮，穿过上喷嘴，在经过下喷嘴、下导轮、下线臂，最后回到储丝筒，完成一次走丝。带动储丝筒的电动机周期反向运转时，电极丝就会反向运丝，实现电极丝的往复运转。其走丝速度一般为 8~10m/s，电极丝一般为直径 0.08~0.2mm 的钼丝或钨钼丝；工作液为乳化液、复合工作液或水基工作液等；这类机床目前所能达到的尺寸极限偏差是±0.01mm，表面粗糙度值 Ra 为 2.5~5.0μm，可满足一般模具的加工要求，但对于要求更高的精密加工就比较困难。

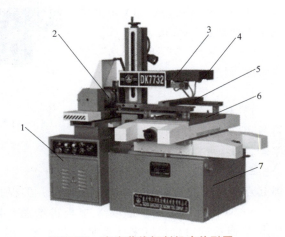

图 5-32　电火花线切割机床外形图

1—高频脉冲电源　2—储丝筒　3—走丝机构　4—导轮

5—工件　6—坐标工作台　7—床身

低速走丝机外观如图 5-34 所示，电极丝通过走丝系统以低速（0.25m/s 以下）通过切缝加工区单向移动，其收丝筒控制电极丝移动速度，供丝筒控制电极丝的张力。电极丝为黄铜丝、镀锌铜丝等，直径一般为 0.15~0.35mm，在微细加工时一般采用细钨丝，直径为 0.02~0.03mm。工作介质为去离子水，特殊情况下用煤油。低速走丝系统运行平稳，电极丝的张力容易控制，加工精度比较高，一般可达±0.005mm，最高可

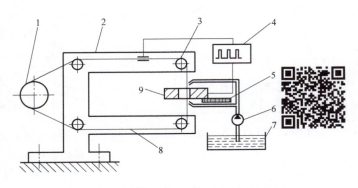

图 5-33　高速走丝机工作原理图

1—储丝筒　2—线架　3—导轮　4—脉冲电源

5—绝缘底板　6—水泵　7—工作液槽

8—钼丝　9—工件

达±0.001mm。低速走丝的排屑条件比较差，必须采用高压喷液加工，但加工大厚度的工件时仍然比较困难，目前最大切割厚度在500mm以内；而且单向走丝电极丝消耗大，运行成本较高，通常用于精密模具和零件的加工。

三、数字程序编制

目前，国内生产的线切割机床的数控程序大都采用了3B格式（即BXBYBJGZ格式），也有部分机床兼用国外进口线切割机床通常采用的ISO格式或EIA（美国电子工业协会）格式。

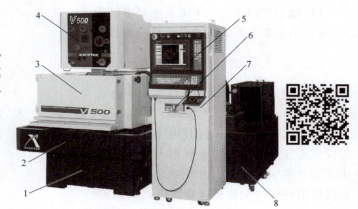

图5-34 低速走丝机外形图
1—机床底座 2—工作液循环系统 3—工作台及工作液箱
4—走丝机构 5—操作面板 6—手动盒
7—数控装置 8—脉冲电源

（一）采用"BXBYBJGZ"格式编制程序

1. 程序格式的含义

1）B为分隔符。目的是用B将数码X、Y、J隔开。B后的数字若为0，可以不写出0。

2）X、Y为线段的终点或圆弧起点坐标值的绝对值，以μm为单位，编程时允许X与Y值按相同比例缩小或放大。

3）G为计数方向。选取X拖板进给总长度（步数）来计数时称为计X，用G_x表示，选取Y拖板进给总长度来计数时称为计Y，用Gy表示。图5-35所示为计数方向的选择。

对于斜线，如图5-36所示，当其终点E (x_e, y_e)落在阴影区内时取G_y，否则取G_x。终点E (x_e, y_e)在45°线上时，计数方向可任意选取。

对于圆弧，如图5-37所示，当终点E (x_e, y_e)落在阴影部分时，取G_x，否则取G_y。终点E (x_e, y_e)在45°线上时，计数方向可任意选取。

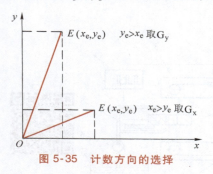

图5-35 计数方向的选择

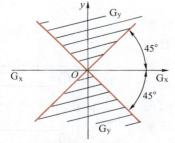

图5-36 斜线在四个象限的计数方向

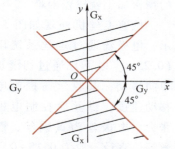

图5-37 圆弧在四个象限的计数方向

4）J为计数长度。对直线，应计X时，取J=|X|，否则取J=|Y|。对圆弧，计数长度应取各段圆弧在该方向上投影长度的总和。

5）Z为加工指令。加工指令共有12种，如图5-38所示。

当被加工斜线的终点落在Ⅰ、Ⅱ、Ⅲ、Ⅳ象限时，分别用L_1、L_2、L_3、L_4表示。特别地，与+x、+y、-x、-y 轴重合的直线分别用 L_1、L_2、L_3、L_4 表示，但此时应取 $x=y=0$，且在 B 后可不写出。

当被加工圆弧的起点落在Ⅰ、Ⅱ、Ⅲ、Ⅳ象限时，可分为 R_1、R_2、R_3、R_4，特别地，起点落在 +x、+y、-x、-y 轴上分别算作 R_1、R_2、R_3、R_4。当切割点按顺时针方向运动时，分别用 SR_1、SR_2、SR_3、SR_4 表示；当切割点按逆时针方向运动时，分别用 NR_1、NR_2、NR_3、NR_4 表示。

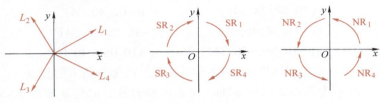

图 5-38　加工指令

6）在同一个工件的加工过程中，由于 x、y 坐标轴方向应保持不变，即 X 拖板和 Y 拖板的运动方向不变，因而对不同的圆弧或直线编程时，取的坐标原点不同，坐标只能平移，不能转角。

2. 程序编制

程序编制的过程是根据工件的要求，图样的尺寸，结合考虑电极丝直径、放电间隙等因素，在保证一定精度的条件下，求得相应的数据和指令，并用规定的程序格式表示出来。

考虑到线切割加工时放电间隙和电极丝直径的影响，电极丝的中心轨迹与工件轮廓之间必须保持一定的距离 f（f =电极丝半径+单边放电间隙）。加工凸模时，电极丝的中心轨迹应在工件轮廓之外，加工凹模时则相反。

编制程序时，先将电极丝中心的轨迹求出并进行分段（每个程序都应该是光滑的直线或圆弧），再根据工件图样上的尺寸求出各交点的坐标值，然后编写出全部程序。

3. 编程实例

图 5-39 所示，采用电火花线切割加工凸凹模，电极丝是直径为 $\phi0.14mm$ 的钼丝，单边放电间隙 $\delta=0.01mm$，其加工程序制作过程如下：

1）设定坐标系 Oxy。

2）补偿量 $f=(1/2)d+\delta=(0.07+0.01)mm=0.08mm$。

3）计算坐标系中各点的坐标。钼丝中心轨迹线如图中细双点画线所示，它们与凹凸模尺寸相差 f 距离。只需计算轨迹线的各点坐标即可，由于图形关于 y 轴对称，因而只需计算部分点的坐标，其余各点的坐标则可利用对称性得到。

① 圆心 O 的坐标（0，0）。

② 加工 $\phi20^{+0.04}_{0}mm$ 圆弧的起点 O' 的坐标：

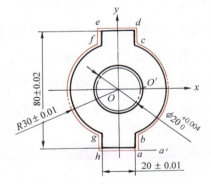

图 5-39　凸凹模编程示意图

$$x_{O'} = 1/2[20+1/2(0+0.04)]mm-f=9.93mm$$

③ 交点 a 的坐标：

$$x_a = 1/2×20mm+f=10.08mm$$

$$y_a = -(1/2 \times 80\text{mm} + f) = -40.08\text{mm}$$

④ 交点 b 的坐标：

$$x_b = x_a = 10.08\text{mm}$$

$$y_b = -\sqrt{R^2 - x_b^2} = -\sqrt{(30 + 0.08)^2 - 10.08^2}\,\text{mm} = -28.341\text{mm}$$

⑤ 点 c，d，e，f，g，h 的坐标根据对称性可得

$$c(10.08, 28.341) \qquad d(10.08, 40.08)$$
$$e(-10.08, 40.08) \qquad f(-10.08, 28.341)$$
$$g(-10.08, -28.341) \qquad h(-10.08, -40.08)$$

⑥ 工艺坐标点 a' 是在切割 $\phi20\text{mm}$ 圆之后跳步到外凸部分加工的起点。

为穿丝方便，以 a' 为圆心钻一个 $\phi2\text{mm}$ 左右的穿丝孔，a' 与 a 相距 $3\sim5\text{mm}$，设 $a'a = 5\text{mm}$，则

$$x_{a'} = x_a + 5\text{mm} = (10.08 + 5)\,\text{mm} = 15.08\text{mm}$$
$$y_{a'} = y_a = -40.08\text{mm}$$

4）确定切割顺序（起点取坐标原点）。

$\overline{OO'} \to \odot O \to \overline{O'a'}$ 跳步（不需放电，重新穿丝）$\to \overline{a'a} \to \overline{ab} \to \overparen{bc} \to \overline{cd} \to \overline{de} \to \overline{ef} \to \overparen{fg} \to \overline{gh} \to \overparen{ha}$

5）计数方向与长度。

① $\overline{OO'}$：取 G_x，$J = 9930$

② $\odot O$：取 G_y，$J = 4R = 39720$

③ $\overline{O'a'}$：取 G_y，$J = 40080$

④ $\overline{a'a}$：取 G_x，$J = 5000$

⑤ $\overline{ab}$：取 G_y，$J = y_a - y_b = 40080 - 38341 = 11739$

⑥ $\overparen{bc}$：取 G_x，$J = 2R - 2x_a = 60000 - 20160 = 39840$

⑦ $\overline{cd}$：取 G_y，$J = 40080 - 28341 = 11739$

⑧ $\overline{de}$：取 G_x，$J = 2x_d = 20160$

⑨ $\overline{ef}$：取 G_y，$J = 40080 - 28341 = 11739$

⑩ $\overparen{fg}$：取 G_x，$J = 39840$

⑪ $\overline{gh}$：取 G_y，$J = 11739$

⑫ $\overparen{ha}$：取 G_x，$J = 2x_a = 20160$

6）编制程序单：

序号	B	X	B	Y	B	J	G	Z	备 注
1	B		B		B	009930	G_x	L1	
2	B	9930	B		B	039720	G_y	NR1	
3								D	拆卸电极丝
4	B		B	40080	B	040080	G_y	L4	空走丝架
5								D	重新穿丝
6	B		B		B	005000	G_x	L3	重新走丝

（续）

序号	B	X	B	Y	B	J	G	Z	备　注
7	B		B		B	011739	G_y	L2	
8	B	1008	B	28341	B	039840	G_x	NR4	
9	B		B		B	011739	G_y	L3	
10	B		B		B	020160	G_x	L3	
11	B		B		B	011739	G_y	L4	
12	B	1008	B	28341	B	039840	G_x	NR3	
13	B		B		B	011739	G_y	L4	
14	B		B		B	020160	G_x	L1	
15								D	加工结束

（二）采用 ISO 标准格式编制程序

1. ISO 代码指令含义及程序格式

ISO 代码是国际标准化组织确认和颁布的国际上通用的数控机床语言。数控电火花线切割机床在进行加工以前，必须按照图样编制加工程序，一个完整的 NC 程序由程序名、程序主体和程序结束命令三部分组成。具体如下：

P0012　　　　　　　　　　　　（程序名）

N0010 G92 X10000 Y10000；

N0020 G02 X30000 Y30000 I20000 J0；

N0030 G03 X45000 Y15000 I15000 J0；　（程序主体）

⋮

N0110 G00 X5000 Y5000；

N0120 M02；　　　　　　　　　　（程序结束命令）

线切割代码主要有 G 指令（即准备功能指令）、M 指令和 T 指令（即辅助功能指令），具体见表 5-6。

表 5-6　常用线切割加工指令

代码	功　能	代码	功　能
G00	快速移动,定位指令	G55	选择工作坐标系 2
G01	直线插补	G56	选择工作坐标系 3
G02	顺时针圆弧插补指令	G80	移动轴直到接触感知
G03	逆时针圆弧插补指令	G81	移动到机床的极限
G04	暂停指令	G82	回到当前位置与零点的一半处
G17	XOY 平面选择	G90	绝对坐标指令
G18	XOZ 平面选择	G91	增量坐标指令
G19	YOZ 平面选择	G92	设定坐标原点
G20	英制	M00	暂停指令
G21	公制	M02	程序结束指令
G40	取消电极丝补偿	M05	忽略接触感知
G41	电极丝半径左补	M98	子程序调用
G42	电极丝半径右补	M99	子程序结束
G50	取消锥度补偿	T82	加工液保持 OFF
G51	锥度左倾斜（沿电极丝行进方向,向左倾斜）	T83	加工液保持 ON
G52	锥度右倾斜（沿电极丝行进方向,向右倾斜）	T84	打开喷液指令
G54	选择工作坐标系 1	T85	关闭喷液指令

1）准备功能"G"指令。

① 快速定位指令 G00。G00 指令可使指定的某轴以最快速度移动到指定位置，不进行加工。

其程序段格式为：G00 X _____ Y _____；

注意：如果程序段中有了 G01 或 G02 指令，则 G00 指令无效。

② 直线插补指令 G01。该指令可使机床在各个坐标平面内加工任意斜率的直线轮廓或用直线段逼近的曲线轮廓。

其程序段格式为：G01 X _____ Y _____；

目前，可加工锥度的电火花线切割数控机床具有 X、Y 坐标轴及 U、V 附加轴工作台，其程序段格式为：G01 X _____ Y _____ U _____ V _____；

③ 圆弧插补指令 G02/G03。G02 为顺时针插补圆弧指令，G03 为逆时针插补圆弧指令。用圆弧插补指令编写的程序段格式为：

G02 X _____ Y _____ I _____ J _____；

G03 X _____ Y _____ I _____ J _____；

程序段中 X、Y 分别表示圆弧终点坐标值，以 μm 为单位，最多为 6 位数；I、J 分别表示圆弧的圆心相对圆弧起点的增量坐标值，以 μm 为单位，最多为 6 位数。

④ 丝半径补偿（G40、G41、G42）。

G41 为左偏补偿指令，其程序段格式为：G41 D _____；

G42 为右偏补偿指令，其程序段格式为：G42 D _____；

注意：程序段中的 D 表示间隙补偿量。左偏、右偏是沿加工方向看，电极丝在加工图形左边为左偏，电极丝在加工图形右边为右偏，如图 5-40 所示。

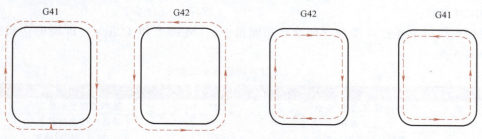

图 5-40　间隙补偿指令

⑤ 工件坐标系（G54、G55、G56、G92）。G92 为设定起点坐标指令。G92 指令中的坐标值为加工程序的起点的坐标值，其程序段格式为：G92 X _____ Y _____；

在采用 G92 设定起始点坐标之前，可以用 G54~G56 选择坐标系。如果不选择工件坐标系，则当前坐标系被自动设为本程序的工件坐标系。

⑥ 接触感知（G80）。利用接触感知 G80 指令，可以使电极丝从当前位置，沿某个坐标轴运动，接触工件，然后停止。该指令只在手动加工方式时有效。

⑦ 半程移动（G82）。利用半程移动 G82 指令，使电极丝沿指定坐标轴移动指令路径一半的距离。该指令只在手动加工方式时有效。

⑧ 校正电极丝（G84）。校正电极丝 G84 指令的功能是通过微弱放电，校正电极丝，使之与工作台垂直。在进行加工之前，一般要先进行校正。此功能有效后，开丝筒、高频钼丝

接近导电体会产生微弱放电。该指令只在手动加工方式时有效。

2）辅助功能"M"指令。

① 程序暂停（M00）。执行 M00 以后，程序停止，机床信息将被保存，按〈Enter〉键继续执行下面的程序。

② 程序结束（M02）。主程序结束，加工完毕，返回菜单。

③ 接触感知解除（M05）。解除接触感知 G80 指令。

④ 子程序调用（M98）。调用子程序，如用 M98 SUB1. 指令调用子程序 SUB1，后面要求加圆点。

⑤ 子程序结束（M99）。主程序调用子程序结束。

2. 零件手工编程实例

常用的 ISO 代码按终点坐标有两种表达（输入）方式：绝对坐标方式（代码为 G90）和增量坐标方式（代码为 G91）。

例如，编制如图 5-41 所示零件的 ISO 程序，取放电间隙 $\delta_{电} = 0.01\text{mm}$，电极丝直径 $d_{丝} = 0.14\text{mm}$，间隙补偿量 $f = \delta_{电} + r_{丝}$。

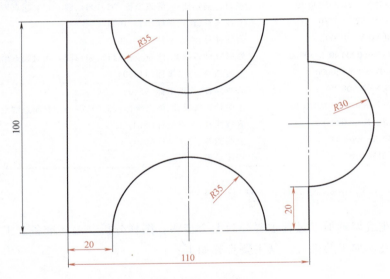

图 5-41 凸模刃口零件

1）按绝对坐标方式编程，其程序如下：

程　序	说　明
N0010 G90 G92 X0 Y0	绝对坐标,设定程序起点(0,0)
N0020 G41 D80	间隙补偿,D = 0.08mm
N0030 G01 X5000 Y0	直线插补,终点坐标(5,0)
N0040 X5000 Y100000	直线插补,终点坐标(5,100)
N0050 X25000 Y100000	直线插补,终点坐标(25,100)
N0060 G03 X95000 Y100000 I35000 J0	逆时针圆弧插补,终点坐标(95,100),圆心相对起点增量坐标(35,0)
N0070 G01 X115000 Y100000	直线插补,终点坐标(115,100)
N0080 X115000 Y80000	直线插补,终点坐标(115,80)
N0090 G02 X115000 Y20000 I0 J30000	顺时针圆弧插补,终点坐标(115,20),圆心相对起点增量坐标(0,30)

（续）

程　序	说　明
N0100 G01 X115000 Y0	直线插补,终点坐标(115,0)
N0110 X95000 Y0	直线插补,终点坐标(95,0)
N0120 G03 X25000 Y0 I35000 J0	逆时针圆弧插补,终点坐标(25,0),圆心相对起点增量坐标(35,0)
N0130 G01 X5000 Y0	直线插补,终点坐标(5,0)
N0140 X0 Y0	直线插补,终点坐标(0,0)
N0150 M02	程序结束

2）按增量坐标方式编程，其程序如下：

程　序	说　明
N0010 G91 G92 X0 Y0	绝对坐标,设定程序起点(0,0)
N0020 G41 D80	间隙补偿,D = 0.08mm
N0030 G01 X5000 Y0	直线插补,终点坐标(5,0)
N0040 X0 Y100000	直线插补,终点坐标(5,100)
N0050 X2000 Y0	直线插补,终点坐标(25,100)
N0060 G03 X70000 Y0 I35000 J0	逆时针圆弧插补,终点坐标(95,100),圆心相对起点增量坐标(35,0)
N0070 G01 X20000 Y0	直线插补,终点坐标(115,100)
N0080 X0 Y-20000	直线插补,终点坐标(115,80)
N0090 G02 X0 Y-60000 I0 J-30000	顺时针圆弧插补,终点坐标(115,20),圆心相对起点增量坐标(0,-30)
N0100 G01 X0 Y-20000	直线插补,终点坐标(115,0)
N0110 X-20000 Y0	直线插补,终点坐标(95,0)
N0120 G03 X-70000 Y0 -35000 J0	逆时针圆弧插补,终点坐标(25,0),圆心相对起点增量坐标(-35,0)
N0130 G01 X-20000 Y0	直线插补,终点坐标(5,0)
N0140 X-5000 Y0	直线插补,终点坐标(0,0)
N0150 M02	程序结束

四、模具电火花线切割加工工艺

模具电火花线切割加工过程主要分为七个步骤：图样分析、毛坯准备、工艺准备、程序编制、工件装夹、加工及检验。其主要步骤如下：

1. 图样分析

（1）尖角处理　由于电极丝有一定的直径以及放电间隙，加工工件尖角时，不能"清角"，故工件图样尖角处必须注明圆弧半径。

（2）加工精度和表面粗糙度　采用电火花线切割加工，合理的加工尺寸精度等级为 IT6，表面粗糙度值 Ra 为 $0.4\mu m$。若超过此范围，既不经济，技术上也难以达到。

2. 毛坯准备

线切割加工所用的毛坯一般是经过：下料、锻造、退火、机械粗加工、预制穿丝孔（加工内孔时）、淬火与回火、磨基准面等工序后获得，其间经两次热处理，内应力较大。若经线切割加工后，由于大面积去除金属和切断，会产生较大的变形。如图 5-42 所示，应合理确定切割起点和加工路线，否则会大大降低加工精度。

为了减少切割变形对精度的影响，毛坯应该选用锻造性能好、淬透性好、热处理变形小的材料制作，如 Cr12MoV、CrWMn 等。

此外，为了便于线切割加工，应根据工件外形和加工要求，准备相应的加工基准，并尽量与图样的设计基准一致。基准面应在线切割前进行修磨，以保证加工精度。

3. 工艺准备

1）检查机床走丝架的导轮、保持器和拖板丝杠副的间隙，不符合要求的应及时调整更换，以免影响加工精度。

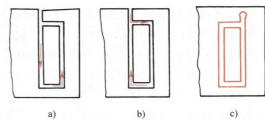

图 5-42　切割起点和加工路线的安排
a）不正确方案　b）一般方案　c）最佳方案

2）检查工作液循环过滤系统是否正常。过脏的工作液应及时更换。

3）选择合乎加工要求的电极丝（包括材质和直径），盘绕时应松紧合适，加工前应校正和调整电极丝对工作台面的垂直度。

4）开机试运行，观察走丝是否正常。

4. 工件装夹

（1）装夹方式　线切割机床一般在工作台上配备安装夹具，常用的装夹方式有两种：悬臂式（见图 5-43a）和简支式（见图 5-43b）。其中悬臂式一般适用于小型工件，而简支式支撑稳定，工作面容易找平，定位精度较高。

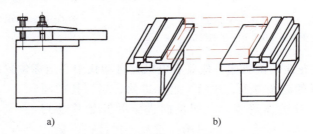

图 5-43　工件装夹方式
a）悬臂式装夹　b）简支式装夹

（2）工件校正　工件校正常用的方法有：拉表法、固定基面靠定法、专用夹具法等。拉表法校正如图 5-44 所示，该方法精度较高，但操作困难。固定基面靠定法如图 5-45 所示，该法适用于定位精度要求不高，批量大的生产。此外，对于批量大，装夹定位困难的工件应该设计专用的辅助夹具。

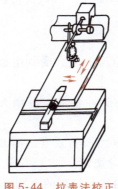

图 5-44　拉表法校正

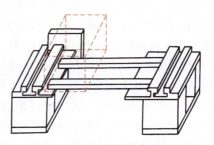

图 5-45　固定基面靠定法

（3）电极丝初始位置的确定　在线切割加工中，需要确定电极丝相对工件的基准面、基准线或基准孔的坐标位置。

对于加工要求较低的工件，可直接采用目视法（见图5-46）来确定电极丝和工件的相对位置，或借助放大镜进行观测。图5-46a所示为通过基准面确定电极丝的位置，图5-46b所示为观测预制孔十字基准线的相对位置。火花法也是较常用的一种方法，但精度不高，而且电极丝运动时的抖动会引起一些误差，放电也会损伤工件的基础面，使用时应注意到这些问题。

对于加工要求较高的工件，可采用电阻法（见图5-47），利用电极丝与工件间由绝缘到接触短路时电阻的变化来确定电极丝的位置。

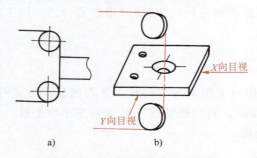

图 5-46　目视法确定电极丝位置

a）基准面法　b）十字基准线法

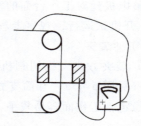

图 5-47　电阻法确定电极丝位置

目前，数控电火花线切割机床一般具有电极丝自动找中心坐标位置的功能，其原理如图5-48所示。从电极丝的起始位置，先沿 x 坐标进给，当与孔的圆周边在 A 点接触后，计数器清零，立即反向进给并开始移动到 AB 间的中点位置 C；然后再沿 y 坐标进给，重复上述过程，最后在穿丝孔的中心停止。

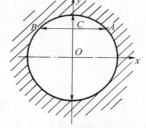

图 5-48　电极丝自动找中心坐标原理图

5. 电规准的选择

高频脉冲电源是线切割机床的重要部分，其性能直接影响加工质量和生产率。电源的输出功率比电火花加工的小，但频率较高。输出的电压为 75V、80V 或 100V，最大加工电流为 5A 左右，脉冲宽度小于 60μs。线切割加工大多数是采用晶体管高频脉冲电源，而且用单脉冲能量小、脉宽窄、频率高的电参数进行正电极性加工。其电规准的选择受加工面积、表面质量和生产率的直接影响。电参数选择原则如下：

1）表面粗糙度值要求越低，脉冲参数取值越小。

2）要求较高的切割速度，应选择较大的脉冲参数。但加工电流的增大受到电极丝截面积的限制，过大的电流容易引起钼丝断裂。

3）工件厚度较大时，应尽量改善排屑条件，宜选用较高的脉冲参数，以增大放电间隙，避免断丝、短路等现象。

4）在容易断丝的场合，如切割初期加工面积小，工作液中电蚀产物浓度过高或是调换新电极丝时，都应增大脉冲间隔时间，减小加工电流，防止电极丝烧断。

5）对加工精度和表面质量要求极高的工件，其电参数可以通过试切割的办法来确定。

6. 切割加工

电火花线切割加工广泛应用于模具制造，尤其是冲模、粉末冶金模、拉丝模、镶拼型腔模、电火花成形加工电极等的零件制造。在加工中应注意如下事项：

1）凡是未经严格审核的复杂程序，不宜直接用来加工模具零件，应先进行空运行或用薄钢板试制，确认无误后再进行加工。

2）进给速度应在加工前调整好，也可以在切割初期，加工成形面之前进行调整，使电流表指针稳定为宜，加工成形面过程中不建议改变跟踪速度。

3）加工过程中，应随时清除异物、电蚀产物和杂质，但不能中途停机，否则会在零件上留下中断痕迹。

4）中途断丝，应立即关闭脉冲电源、工作液和走丝电动机。目前大多数数控线切割机床能自动关闭，并设有断丝回原点功能。若没有此功能的设备，可用手动方式将电极丝位置调回原点，然后穿丝重新加工。

第三节　模具电化学加工

一、电化学加工的基本原理及其应用范围

1. 电化学加工的基本原理

如图 5-49 所示，在 NaCl 水溶液中，浸入两片金属（Cu 和 Fe），并用导线把它们连接起来，导线和溶液中均有电流通过，这是由于两种金属材料的电位不同，导致"自由电子"在电场作用下按一定方向移动，并在金属片和溶液的界面上产生交换电子的反应，即电化学反应。

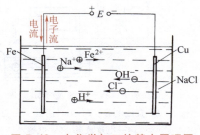

若接上直流电源，溶液中的离子便做定向移动，正离子（Fe^{2+}、Na^+、H^+）将移向阴极并在阴极上得到电子进行还原反应，并在阴极上沉积形成金属层（即所谓电镀、电铸）；而负离子（Cl^-、OH^-）将移向阳极并在阳极表面失掉电子进行氧化反应（也可能是阳极金属原子失去电子而成为正离子 Fe^{2+} 进入溶液形成，即所谓电解）。

图 5-49　电化学加工的基本原理图

溶液中正负离子的定向移动称为电荷迁移，在阳、阴极表面产生得、失电子的化学反应称为电化学反应，利用电化学反应原理来进行加工的工艺（如电解、电镀等）称为电化学加工。

2. 模具电化学加工的应用

电化学加工应用于模具制造，按其作用原理分三类：

（1）阳极溶解法　工件做阳极，让阳极金属在电场的作用下失去电子变成金属离子 M^+，M^+ 离子又与电解液中的 OH^- 化合沉淀，不断地将工件表面金属一层一层蚀除掉，以达到成形加工的目的。反应式如下：

$$M - e \rightarrow M^+$$

$$M^+ + (OH)^- \rightarrow MOH \downarrow$$

利用阳极溶解法进行成形加工的工艺方法有：电解加工、电化学抛光、电解磨削等。

（2）**阴极沉积法**　工件做阴极，让电解液中的金属离子（正离子）在电场作用下移动到阴极表面，还原为金属原子后沉积在工件的表面，以达到成形加工的目的（即 $M^+ + e \rightarrow M$）。同时，阳极失去电子变成金属离子进入电解液中起补充电解液中金属离子被消耗的作用。

利用阴极沉积法进行成形加工的工艺方法有：电镀、电铸等。

（3）**复合加工法**　利用电化学加工（常用阳极溶解法）与其他加工方法相结合而进行成形加工，如电解磨削、电解放电加工、电化学阳极机械加工等。

二、模具电解加工

1. 模具电解加工的原理和特点

电解加工是利用阳极溶解法进行加工的，如图 5-50 所示。加工时，工件和工具分别接直流电源的正、负极，工具向工件缓慢进给，使电极之间保持较小的间隙（一般为 0.1 ~ 0.8mm），并且间隙间有高速流动的电解液通过，将溶解产物带离间隙。

电解加工的基本原理如图 5-51 所示，由于工件与工具的初始端面形状不同，其表面各点的距离不同。距离近的地方电流密度大，距离远的地方电流密度小，而电流密度大的地方阳极溶解速度相对较快。工件不断进给，工件表面不断被电解，直至工件表面形成与阳极工作面基本相似的形状为止。

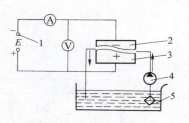 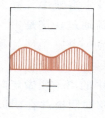 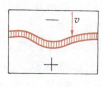

图 5-50　电解加工示意图　　　　图 5-51　电解加工成形原理图

1—直流电源　2—工具阴极　3—工件
4—电解液泵　5—电解液

电解加工与其他机械加工方法相比，具有以下特点：

1）不存在宏观切削力，可加工任意硬度、强度、韧性的金属材料。

2）能一次成形出复杂的型腔、型孔。

3）电极无损耗，可反复使用。

4）加工效率高，表面质量好，无毛刺和变质层。

尽管如此，电解加工也存在一些弱点，如加工稳定性差，加工精度不高，电解产物污染环境等，在应用上也受到一定的限制。

2. 电解加工在模具制造中的应用

目前，由于电解加工的机床、电源、电解液、自动控制系统、工具阴极的设计制造水平及加工工艺等不断进步，电解加工已发展成为比较成熟的特种加工方法，尤其是广泛应用于模具制造行业。例如，型孔、型腔、型面到各种表面抛光等。此外还可以与其他加工方法复合进行电解车、电解铣、电解切割等加工，以下介绍几种电解加工的具体应用。

（1）型孔加工　在模具制造中常会遇到各种形状复杂、尺寸较小的型孔，其截面形状有四方的、六方的、棱角形的、阶梯形的、锥形的等，用传统加工方法十分困难，甚至无法加工。一般采用电火花加工，但加工时间较长，电极损耗较大，若用电解加工则可以大大地提高加工质量和生产率，并降低成本。图 5-52 为型孔电解加工的示意图，型孔一般采用端面进给法，若不需要成形锥度，可将阴极侧面绝缘，为了增加端面的工作面积，将阴极出水口做成内锥孔。

图 5-53 为电液束加工深小孔的示意图。对于直径极小的孔，如 $\phi0.8mm$ 以下深度为直径的 50 倍以上的深孔，一般采用电液束加工。电解液通过绝缘喷嘴高速喷出，形成电解液流束，当带负电的电解液高速喷射到工件时，工件上喷射点产生阳极溶解，并随着阴极的不断进给而加工出深小孔。

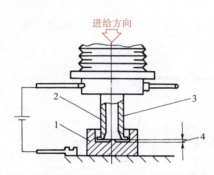

图 5-52　端面进给式型孔加工示意图

1—工件　2—绝缘套　3—管状阴极　4—加工间隙

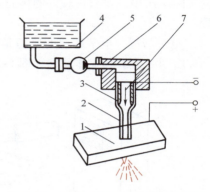

图 5-53　电液束加工深小孔的示意图

1—工件　2—绝缘管　3—阴极　4—电解液箱
5—高压泵　6—进给装置　7—电解液

（2）型腔加工　型腔模包括塑料模、压铸模、锻模等，其形状比较复杂，目前常用的加工方法有靠模仿形加工、电火花加工、数控加工等，但生产周期长，成本高。尤其是对于精度要求不高，消耗量较大的煤矿机械、汽车拖拉机的模具，采用电解加工更能显示其优越性。

图 5-54 为连杆型腔模的电解加工示意图，电解液通过工具阴极内部流入，经过工具两端开放的通液孔，从侧面流出。

（3）电解抛光　电解抛光主要应用于经电火花加工后的型腔模的抛光。如塑料模、压铸模的型腔，其表面质量要求较高，用手工抛光的方法十分困难，周期长，质量难以保证，经过电解抛光后的表面粗糙度值 Ra 可以从 $3.2\mu m$ 提高到 $0.40\mu m$ 以下，而且生产率极高。

电化学抛光的基本原理是利用阳极溶解法对工件表面进行腐蚀抛光的。如图 5-55 所示，工件与工具电极之间的距离较大（一般为 40~100mm），电解液又静止不动，在阳极表面生成一层薄薄的黏膜。由于工件表面微观凹陷处黏膜相对较厚，电阻较大，溶解速度相对缓慢。相反，凸起处黏膜较薄，电阻小，溶解速度快。结果工件表面的表面质量便逐渐得到改善，并且出现较强的光泽。

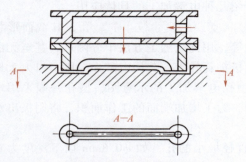

图 5-54　连杆型腔模的电解加工示意图

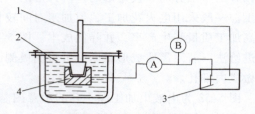

图 5-55　电解抛光原理图

1—阴极　2—电解液　3—直流电源　4—被加工工件

在实际生产中，要获得较好的抛光效果还必须根据工件材料来选择确定电解液配方和加工参数。

(4) 电解磨削　电解磨削的原理是将金属的电化学阳极溶解作用和机械磨削作用相结合的一种磨削工艺。其工作原理如图 5-56 所示。

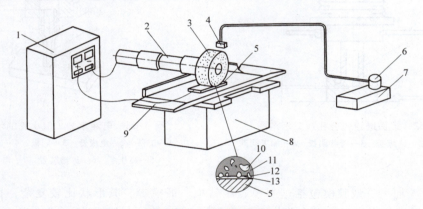

图 5-56　电解磨削原理图

1—直流电源　2—绝缘主轴　3—电解磨轮　4—电解液喷嘴　5—工件　6—泵
7—电解液箱　8—床身　9—工作台　10—磨料　11—结合剂　12—电解间隙　13—电解液

磨削加工时，工件接直流电源的正极，电解磨轮接负极。保持一定的电解间隙，并在电解间隙中保持一定量的电解液。当直流电源接通后，工件（阳极）的金属表面产生电化学溶解，其表面的金属原子失去电子氧化为溶解于电解液的离子；同时与电解液中的氧结合，在工件的表面生成一层极薄的氧化膜。随后，通过高速旋转的磨轮将这层氧化膜不断刮除，并被电解液带走。由于这种阳极溶解和机械磨削的交互作用，结果使工件表面的金属不断地被蚀除掉，并形成光滑的表面和一定的磨削尺寸精度。

电解磨削去除金属起主要作用的是阳极电化学溶解，磨轮的作用是磨去电解产物（即阳极钝化膜）和整平工件表面，因而磨削力和磨削热都很小，不会产生磨削毛刺、磨削裂纹、烧伤等现象，只要选择合适的电解液就可以用来加工任何硬度高或韧性大的金属工件，一般表面粗糙度值 Ra 可低于 $0.16\mu m$，加工精度与普通机械磨削相近。此外，磨轮的磨损量很小，也有助于提高加工精度。

三、模具电铸成形

1. 电铸成形的基本原理

电铸和电镀的成形原理都是利用电化学过程中的阴极沉积现象来进行加工的，但它们之间也有明显的区别。电铸后，要将电铸层与原模分离以获得复制的金属制品，而电镀则要求得到与基体结合牢固的金属镀层以达到装饰、防腐的目的。在沉积层的厚度方面，电铸层的厚度为 0.05 ~ 10mm，而电镀的厚度一般为 0.01 ~ 0.05mm。

电铸成形原理如图 5-57 所示。用可导电的原模做阴极，用作电铸的金属材料做阳极，用电铸材料的金属盐溶液做电铸溶液，即阳极金属材料与金属盐溶液中的金属离子的种类是一致的。当直流电源接通后，电铸溶液中的金属离子在电场作用下移到阴极表面，并获得电子还原成金属原子沉积在原模表面，而阳极金属原子失去电子氧化后，补充电解液的金属离子，使溶液中的金属离子的浓度保持不变。当阴极原模的电铸层增加到所要求的厚度时，电铸结束。设法使电铸层与原模型分离，即获得与原模型面相反的电铸件。

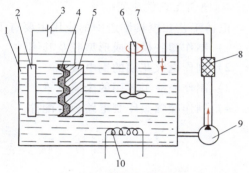

图 5-57 电铸成形原理图
1—电铸槽 2—阳极 3—直流电源 4—电铸层
5—原模（阴极） 6—搅拌器 7—电铸液
8—过滤器 9—泵 10—加热器

2. 电铸成形的特点

电铸成形的特点是：

1）能准确复制原模表面形状和微细纹路。

2）可以获得单层或多层复合的高纯度金属。

3）可以用一标准的原模复制出很多大小一致的型腔或电火花成形加工用的电极。

4）原模也可以采用非金属材料或非金属制品的本身，但需经表面导电化处理。

5）电铸速度慢，生产周期长（一般几十至几百小时）。

3. 电铸成形工艺过程

电铸成形的工艺过程是：原模制作→表面处理→电铸→制作衬背→脱模→成品。

（1）原模制作 电铸是一种高精度的复制成形工艺，不但要求原模表面光滑，避免尖角，而且要考虑制品材料的断面收缩率及合适的脱模斜度。同时，应按制品要求适当加长电镀面，作为成形后的修整余量。

（2）原模表面处理 原模分为两大类：一类是金属原模，表面处理时，先将其表面去锈除污后，然后用重铬酸盐溶液将其钝化处理，形成一层不太牢固的钝化膜。另一类是非金属原模，材料诸如环氧树脂、塑料、石膏等。此类原模表面不能导电，需对电铸表面做导电化处理。常用的方法有化学镀银（铜），喷镀银（铜），涂刷以极细的石墨粉、铜粉或银粉调入少量粘合剂的导电漆等。

（3）电铸成形 电铸时，选择合适的电铸溶液，采用低电压、大电流的直流电源（电压控制在 12V 以下，电流密度为 $15 \sim 30 \mathrm{A/dm^2}$），电铸槽需要搅拌以保持电铸液浓度的均匀，还要进行恒温控制。

（4）制作衬背　某些电铸模具，成形后需要加固处理然后再机械加工的，可用浇注铝或低熔点合金的方法来进行背面加固。

（5）脱模　脱模的方法有：锤打、热熔脱、化学溶解或用脱模架等方法。操作过程中要避免电铸件变形或损坏。

4. 电铸工艺的应用

电铸工艺在模具制造中的应用主要有下列几方面：

1）制作塑胶模的成形型腔及其镶件。

2）制作电火花用的铜电极。

3）制作喷涂工艺用的金属遮罩。

4）制作喷嘴、印制电路板等配件。

第四节　模具超声波加工与激光加工

一、模具的超声波加工

1. 超声波加工的原理和特点

超声波加工是利用工具端面做超声频振动，撞击悬浮液，并通过悬浮液中的磨料加工脆硬材料的一种成形加工方法。

超声波加工的工作原理如图 5-58 所示。悬浮液 3 注入在工件 1 和工具 2 之间的被加工面上。加工时，由超声波换能器 6 产生 16000Hz 以上的超声频并做纵向振动，借助变幅杆 4、5 将振幅放大到 0.05 ～ 0.1mm，驱动工具工作端面做超声振动，迫使工作液中的悬浮磨粒以很大的速度不断地撞击、抛磨被加工表面。被撞击表面的材料被粉碎成很细的微粒，从工件上分离出来，达到成形加工的目的。同时，加工区域的工作液更新是靠工具端面超声波作用而产生的液压正负交变冲击波使其在加工间隙中强迫循环，变钝了的磨料得以及时地更新。

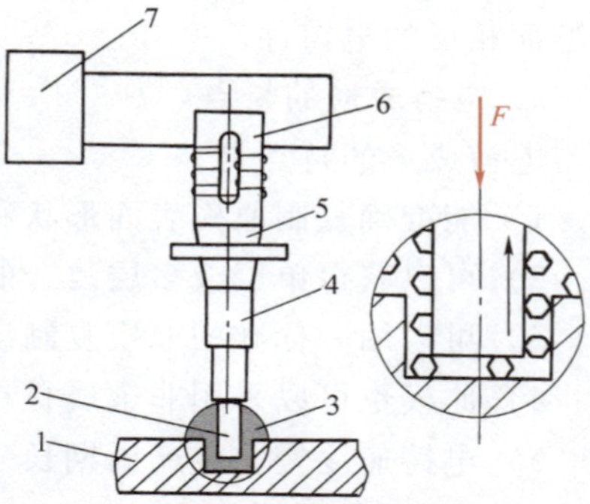

图 5-58　超声波加工原理示意图

1—工件　2—工具　3—磨粒悬浮液
4、5—变幅杆　6—超声波换能器
7—超声波发生器

由上述可知，超声波加工是靠磨粒高速撞击工件表面来进行加工的，因而越脆硬材料，受冲击破坏的作用也越大；相反，韧性材料因其缓冲作用而难以加工。

超声波加工具有以下的特点：

1）特别适合于加工各种硬脆材料。例如，金属材料中的淬火钢、硬质合金、铸铁等，非金属材料中的玻璃、陶瓷、金刚石、宝石等。

2）对工具材料要求不高，但韧性要好。也可以将较软的材料加工成较复杂形状的工具。

3）不需要使工具和工件做比较复杂的相对运动，机床的结构简单，操作方便。

4）工件表面的宏观切削力很小，切削热也很小，不会引起变形和烧伤，表面粗糙度值 Ra 可达 $0.8 \sim 0.1\mu m$，可以加工薄壁、窄缝、低刚性零件。

2. 超声波加工的应用范围

虽然超声波加工可以加工硬脆材料，但加工金属材料时生产率较电火花加工和电化学加工要低，而且加工韧性材料较为困难，应用上受到一定的限制，在模具制造方面的应用有以下几个方面：

（1）型孔、型腔加工　对于脆硬材料上的圆孔、型孔、型腔、套料及微细孔均可使用超声波加工，如图 5-59 所示。

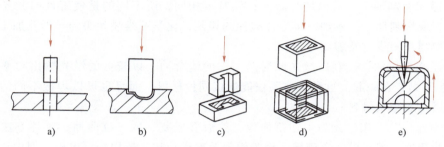

图 5-59　超声波加工的应用示意图

a）圆孔加工　b）型腔加工　c）异形孔加工　d）套料加工　e）微细孔加工

（2）切割加工　超声波加工可以切割单晶硅片、陶瓷等硬脆非金属材料。

（3）超声波抛光　用电火花加工及线切割加工后的模具，其表面呈硬脆的，可以用超声波加工改善其表面质量，一般表面粗糙度值 Ra 可达 $0.4 \sim 0.8\mu m$。

（4）超声波焊接　利用超声振动作用，使两工件接触面摩擦发热并亲和黏接在一起，特别是对塑料制品、铝制品等。

二、激光加工

1. 激光加工的原理和特点

众所周知，光本身就是一种能量，太阳光经凸透镜可以聚焦成一个很小的光点，在焦点附近集中，使温度升至300℃以上，但用这种光进行机械加工还很困难。而激光器可以把电能转变成光能，所产生的激光束具有强度高、方向性好、相干性好、颜色单纯等特点。

激光通过一系列的光学系统后，可以聚焦成一个极小的光斑（直径约为几微米到几十微米），获得 $10^8 \sim 10^{10} W/cm^2$ 的能量密度以及 10000℃ 以上的高温，从而能在千分之几秒甚至更短的时间内使各种物质熔化和汽化，以达到蚀除被加工工件表面材料的目的。试验研究表明：当能量密度极高的激光照射在被加工表面时，光能被加工表面吸收并转换成热能，当聚光点的局部区域的温度足够高时，使照射斑点的材料迅速熔化、汽化，并爆炸性地高速喷射出来，同时产生方向性很强的冲击波。工件材料在高温熔融蒸发和冲击波的同时作用下实现了打孔和切割加工的目的。

与其他加工方式相比，激光加工具有以下特点：

1）无须借助工具或电极，不存在工具损耗问题，易于实现自动化加工。

2）功率密度高，几乎能加工所有的材料（包括金属和非金属）。

3）效率高，速度快，热影响区较小。

4）能加工深而小的微孔或窄缝。

5）能够透过透明材料对工件进行各种加工。

2. 激光加工的应用

激光加工的应用主要在以下几方面：

（1）**激光微型加工** 发动机燃料喷嘴的加工，化学纤维喷丝头模具打孔，钟表中的宝石轴承打孔，金刚石拉丝模加工等。所加工的小孔直径可达 $10\mu m$ 左右，且深度可达直径的10倍以上。

（2）**激光切割加工** 其原理与激光打孔基本相同，所不同的是使工件与激光束做相对移动，以实现切割加工。例如，半导体硅片的切割，化学纤维喷丝头的异形孔加工，精密零件的窄缝切割、刻线以及雕刻等。

（3）**激光焊接加工** 利用激光照射两工件的缝合面，以较低的激光输出功率将加工区"烧熔"使其黏合在一起。这种工艺不仅能焊接同种材料，而且也可以焊接不同的材料，甚至焊接金属与非金属材料。

（4）**制作模具** 用激光加工切割薄板，然后叠成复杂的三维曲面，这种方法可以制造拉深模、冲裁模、塑料模、压铸模、橡胶模等及电火花加工所用的铜电极。但由于还存在不少技术及经济效益问题，目前还处于研发和试用阶段。

思 考 题

1. 电火花成形加工的基本原理是什么？为何必须采用脉冲放电的形式？若加工中出现连续放电会产生何种情况？

2. 电火花成形加工为什么要使用直流脉冲电源？在某些工具与工件有高速相对运动的加工条件下能使用直流电源代替直流脉冲电源，请问为什么？并举例说明。

3. 电火花成形加工通常选用纯铜或石墨为电极，为什么？在什么加工条件下选择纯铜为电极？什么条件下选择石墨为电极？阐述加工中降低电极损耗的一般原则。

4. 电火花成形加工的放电本质大致包括哪几个阶段？

5. 电火花成形加工具有哪些特点？具体应用于模具行业中的哪些方面？

6. 电火花成形加工机床由几部分组成？其中，工作液循环过滤系统有何作用？其循环方式有哪几种？

7. 叙述影响电火花成形加工的基本因素；如何提高电火花成形加工的表面质量？

8. 什么是阶梯电极？它具有哪些特点？

9. 为什么装夹好的电极还要进行校正？如何校正？

10. 什么是定位？型腔电火花成形加工的定位方法如何？

11. 什么是电规准？如何使用电规准？

12. 型腔电火花成形加工有何特点？常用的工艺方法有哪些？

13. 电火花线切割加工有何特点？最适合加工何种模具？

14. 电火花线切割加工中，工件需要定位吗？

15. 什么是工件的切割变形现象？试述工件变形的危害、产生原因和避免、减少工件变形的主要方法。

16. 什么是切割加工编程的偏移量 f？f 的大小与哪些因素有关？准确确定 f 有何实际意义？如何确定？

17. 试分析影响线切割加工速度、表面粗糙度以及加工精度的因素。

18. 如何选择合理的电规准来进行线切割加工？

19. 简述电化学加工的基本原理。

20. 电化学在模具加工中有几方面的应用？各有何特点？
21. 用于电解加工的电解液需要满足哪些基本要求？常用的电解液有哪几种？各有什么特点？
22. 简述金属离子电沉积的基本过程。
23. 电镀和电铸加工的异同点是什么？
24. 超声波加工的工作原理、特点和应用范围如何？
25. 激光加工的工作原理、特点和应用范围如何？
26. 分析比较各种特种加工方法的加工原理和应用范围。

快速成型技术及其在模具制造中的应用

第一节　快速成型技术

一、快速成型技术概述

1. 快速成型技术概况

快速成型（Rapid Prototyping，RP）技术，是近年来发展起来的直接根据 CAD 模型快速生产样件或零件的成组技术总称，它集成了 CAD 技术、数控技术、激光技术和材料技术等现代科技成果，是先进制造技术的重要组成部分。与传统制造方法不同，快速成型从零件的 CAD 几何模型出发，通过软件分层离散和数控成型系统，用激光束或其他方法将材料堆积而形成实体零件。快速成型技术把复杂的三维制造转化为二维制造的叠加，在不用模具和工具的条件下堆积成型，几乎可以加工任意复杂的零部件，极大地提高了生产率和制造柔性。

快速成型技术发展非常迅速，目前已形成了相当大的市场，与数控加工、铸造、金属冷喷涂、硅胶模等制造技术一起，已成为现代模型、模具和零件制造的强有力手段，在航空航天、汽车、摩托车、家电等领域得到了广泛应用。

快速成型技术与传统制造方法相比具有独特的优越性和特点：

1）零件制造过程几乎与零件的复杂性无关，可实现自由制造，这是传统制造方法无法比拟的。

2）零件的单件价格几乎与批量无关，特别适合于新产品的开发和单件小批量的生产。

3）由于采用非接触加工的方式，没有工具更换和磨损之类的问题，可做到无人值守，无须机加工方面的专门知识即可操作。

4）无切割、噪声和振动等，有利于环保。

5）整个生产过程数字化，与 CAD 模型具有直接的关联，可随时修改，随时制造。

6）与传统制造方法结合，可实现快速铸造、快速模具制造、小批量生产等功能。

2. STL 文件与分层技术

STL 模型是通过空间小三角形面片近似表面来描述三维实体的一种实体模型表示方法，小三角形面片数量越多转换精度就越高，但占用的文件空间也越大，数据处理时间也越长。同时分层处理时间也会显著增加，有时截面轮廓会产生许多小线段，不利于激光头的扫描运动，造成生产率低和表面质量差。因此从造型软件输出 STL 格式文件时，精度设置应根据 CAD 模型的复杂程度以及快速成型精度要求的高低进行综合考虑。图 6-1 为 CAD 模型的实体与 STL 格式显示效果。

分层（切片）是几何体与一系列平面求交的过程，分层的结果将产生一系列实体截面

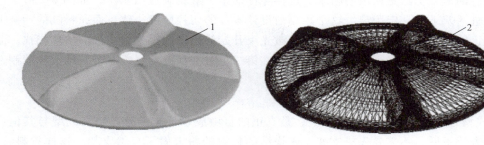

图 6-1 模型的 STL 格式

1—原模型 2—STL 格式

轮廓，分层的算法取决于三维模型的表示格式，STL 格式采用小三角形平面近似实体表面，分层时只需要一次和每个三角形求交点即可，分层算法简单易行。在求得交点后，选取有效顶点按一定的规则组成边界轮廓环，并按照外环逆时针、内环顺时针的方向描述，为以后生成扫描路径处理做好准备。除了 STL 分层技术以外，还有容错分层、适应性分层和 CAD 直接分层等技术，这里不一一介绍。

3. 堆积成型原理

快速成型的过程是首先生成一个零件的三维 CAD 实体模型或曲面模型文件，将其转换成 0.10~0.25mm 的片层，这些片层按次序累积起来就是所制作零件的形状。然后，将上述每一片层的资料传到快速自动成型机中去，用材料添加法依次将每一层做出来并同时连结各层，直到完成整个零件。

二、典型快速成型工艺

目前，比较成熟的快速成型技术已有十几种，这里主要介绍粉末材料选择性烧结成型、光固化成型、叠层实体制造成型以及熔融沉积快速原型等几种典型的快速成型工艺。

1. 选择性烧结成型

选择性激光烧结（Selective Laser Sintering，SLS）快速原型技术又称为选区激光烧结技术。SLS 工艺是利用粉末材料在激光照射下逐层烧结堆积成型。

（1）选择性激光烧结工艺的基本原理 选择性激光烧结成型系统的主体结构是在以封闭成型室中装有两个活塞机构，一个用于供粉料，另一个用于成型。成型过程开始，原料缸活塞上移一定量，铺粉滚筒将粉均匀地铺在加工平台上。激光扫描头在计算机的控制下透过激光窗口以一定的速度和能量密度扫描。激光束的开与关与待成型零件的每一层信息相关。激光束扫过之处，粉末烧结成一定厚度的片

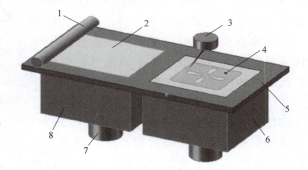

图 6-2 选区激光烧结（SLS）原理图

1—铺粉滚筒 2—粉料 3—激光扫描头 4—成型件
5—平台 6—成型缸 7—活塞杆 8—原料缸

层，未扫过的地方仍然是松散的粉末，这样零件的第一层就制造出来了，如图 6-2 所示。这时，成型缸活塞下移一定距离，这个距离与设计零件的切片厚度一致，而原料缸的活塞上移一定距离，铺粉滚筒再次将粉末铺平后，激光束开始依照设计零件第二层的信息扫描。激光扫过之后，所形成的第二个片层同时也烧结在第一层上。如此反复，一个三维实体就制造出来了。

（2）选区激光烧结工艺的特点

1）**成型过程与零件复杂程度无关**，是真正的自由成型。选区激光烧结成型与其他许多快速成型方法不同，不需要先搭支架。未烧结的松散的粉末做了自然支架。这样省料省时，也降低了对设计人员的要求。SLS 可以成型几乎任意几何形状的零件，对中空结构和槽中套槽结构的复杂零件制造特别有效。

2）**材料范围宽**。任何受热黏结的粉末都有可能用作 SLS 工艺的原材料，原则上包括了塑料、陶瓷、金属粉末及它们的复合粉。目前热塑性树脂、热固性树脂和铸造树脂砂三大类，由于原料已国产化，其成本大大降低。

3）**可快速获得金属零件**。用 SLS 方法获得易熔消失模料可代替蜡模直接用于精密铸造，而不必制作模具和翻模，因而可通过精铸快速获得金属铸件。

4）**材料无浪费，未烧结的粉末可重复使用**。

5）**应用面广**。由于成型材料的多样化，使得 SLS 适合于多种应用领域。如原型设计验证、模具母模、精铸熔模、铸造型壳和型芯等。

选择性激光烧结工艺也存在一定的缺点，具体如下：

1）选区激光烧结是由材料粉层经过加热熔化而实现逐层黏接的，原型表面严格讲是粉粒状的，因而表面质量不高。

2）激光在烧结熔化材料时一般要挥发异味气体。

3）造型工作完成后，为了除去工件表面粘的浮粉，需要使用软刷和压缩空气，该步骤易损伤零件且耗时，如果密封不严对环境也有一定危害。

2. 光固化成型

光固化原型制造工艺，也常被称为立体光刻成型（Stereo Lithigraphy Apparatus, SLA），它是**用光敏树脂为原料，计算机控制激光束照射液槽中的光敏树脂，使其逐层凝固成型**。光固化成型是技术最成熟、应用最广泛的一种快速成型方法。

（1）光固化快速原型工艺的基本原理光固化成型工艺的成型过程如图 6-3 所示。将液槽中盛满液态光敏树脂，激光扫描头在控制系统的驱动下按零件的各分层截面信息在光敏树脂表面进行逐点扫描，使被扫描区域的树脂薄层产生光聚合反应而固化，形成零件的一个薄层。一层固化完毕后，升降机构下移一个层厚的距离，以便在原先固化好的树脂表面再敷上一层新的液态树脂，然后进行

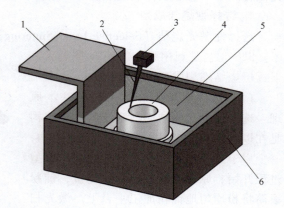

图 6-3 光固化成型原理图

1—拖板 2—激光束 3—激光扫描头
4—工件 5—光敏树脂 6—液槽

下一层的扫描加工，新固化的一层牢固地黏接在前一层上，如此重复直至整个零件制造完毕，得到三维实体原型。

当实体原型完成后，首先将实体取出，并将多余的树脂排净，之后去掉支撑，进行清洗，再将实体原型放在紫外激光下整体固化。

由于光敏树脂材料在每层固化之后，总是有或多或少的树脂残留在每层之上，这将会影响实体的精度。采用刮板刮切后，树脂会被十分均匀地涂覆在上一叠层上，所以可以得到较好的精度，使产品表面更光滑。

（2）光固化快速原型技术的特点 光固化技术制作的原型可以达到机械加工的表面效果，是一种被大量实践证明的极为有效的高精度快速加工技术，其具体的优点如下：

1）成型过程自动化程度高。SLA 系统非常稳定，加工开始后，成型过程可以完全自动化，直至原型制作完成。

2）尺寸精度高。SLA 原型的尺寸精度可以达到±0.1mm。

3）优良的表面质量。虽然在每层固化时侧面及曲面可能出现台阶，但上表面仍可得到玻璃状的效果。

4）可以制作结构十分复杂的模型。尤其是对于内部结构十分复杂、一般切削刀具难以进入的模型，能轻松地一次成型。

5）可以直接制作面向熔模精密铸造的具有中空结构的消失型。

6）制作的原型可以一定程度地替代塑料件。

与其他几种快速成型方法相比，该方法也存在着许多缺点，主要有以下几点：

1）成型过程中伴随着物理和化学变化，所以制件较易弯曲，需要支撑，否则会引起制件变形。

2）液态树脂固化后的性能尚不如常用的工业塑料，一般较脆，易断裂，不便进行机加工。

3）设备运转及维护成本较高。由于液态树脂材料和激光器的价格较高，并且为了使光学元件处于理想的工作状态，需要进行定期的调整，其费用也比较高。

4）可使用的材料较少。目前可用的材料主要为感光性的液态树脂材料。

5）液态树脂有一定的气味和毒性，并且需要避光保护，以防止提前发生聚合反应。

6）有时需要二次固化。在很多情况下，经快速成型系统光固化后的原型树脂并未完全被激光固化，为提高模型的使用性能，通常需要二次固化。

3. 叠层实体制造成型

叠层实体制造技术（Laminated Object Manufacturing，LOM）多使用纸材，成本低廉，制件精度和强度较高，在产品造型评估、装配检验、熔模铸造型芯、砂型铸造木模、快速制模以及直接制模等方面得到了广泛应用。

（1）叠层实体快速成型工艺的基本原理 叠层实体快速成型工艺的基本原理是：依据零件 CAD 模型各层切片的平面几何信息，由计算机控制激光扫描头对原料（涂覆有热敏胶的纤维纸）进行分层切割，如图 6-4 所示，随后平台下降一层高度，送进机构又将新的一层材料铺上并用热压滚筒滚压，使其粘结在已经成型的基体上，激光扫描头再次进行切割出第二层平面轮廓，如此重复直至整个零件制作完成。

（2）叠层实体快速成型技术的特点 LOM 原型制作的优点如下：

1）原材料价格低廉，原型制作成本低。

2）可制作大尺寸零件。

3）无须后固化处理。

4）无须设计和制作支撑结构。

5）制件有较高的硬度和较好的力学性能，可进行各种切削加工。

6）原型精度高。

7）操作方便。

LOM 成型技术的缺点如下：

1）不能直接制作塑料工件。

2）工件（特别是薄壁件）的抗拉强度和弹性不够好。

3）工件易吸湿膨胀，因此，成型后应尽快进行表面防潮处理。

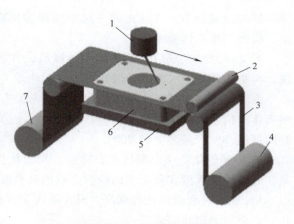

图 6-4　叠层实体制造原理图

1—激光扫描头　2—热压滚筒　3—原料　4—回收滚筒　5—平台　6—成型件　7—原料滚筒

4）工件表面有台阶纹，其高度等于材料的厚度（通常为 0.1mm 左右），成型后需进行表面打磨。

4. 熔融沉积快速原型

熔融沉积快速原型（Fused Deposition Modeling，FDM）是一种制作速度比较快的快速成型工艺。FDM 的成型材料可使用铸造石蜡、尼龙、ABS 塑料，可以实现塑料零件的无注射成型制造。该技术无须激光系统，因而价格低廉，运行费用低且可靠性高。

（1）熔融沉积工艺的基本原理　熔融沉积工艺的基本原理是：通过一个微细喷嘴的喷头，将丝状的热熔性材料经导向驱动轮送进加热器熔化挤喷出来。计算机控制喷头可沿 X 轴方向移动，而工作台则沿 Y 轴方向移动。热熔性材料的温度始终稍高于固化温度，而成型部分的温度稍低于固化温度，热熔性材料挤喷出喷嘴后，随即与前一层面熔结在一起。一个层面沉积完成后，工作台按预定的增量下降一个层的厚度（0.25 ~ 0.75mm），再继续熔喷沉积，直至完成整个实体成型，如图 6-5 所示。

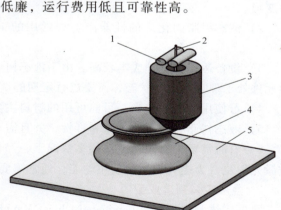

图 6-5　熔融沉积工艺的原理图

1—导向轮　2—ABS 塑料　3—加热器　4—工件　5—拖板

（2）熔融沉积工艺的特点　熔融沉积快速成型工艺的优点如下：

1）整个系统构造原理和操作简单，维护成本低，系统运行安全。

2）用蜡成型的零件原型，可以直接用于熔模铸造。

3）可以成型任意复杂程度的零件，常用于成型具有很复杂的内腔、孔等零件。

4）原材料利用率高，且材料寿命长。

FDM 工艺与其他快速成型制造工艺相比，也存在着许多缺点，主要如下：

1）成型件的表面有较明显的条纹。

2）沿成型轴垂直方向的强度比较弱。

3）需要设计与制作支撑结构。

4）成型时间较长。

5）原材料价格较高。

通过以上几种快速成型的工艺可以看出，尽管这些成型工艺使用的系统和原材料有所不同，但都是基于材料分层叠加的成型原理，即用一层层的二维轮廓逐步叠加成三维实体。其差别主要在于二维轮廓制作使用的原材料类型、构成截面轮廓的方法以及截面层之间的连接方式。

第二节　快速成型在模具制造中的应用

应用快速成型方法制作模具的技术称为快速模具制造技术。用快速模具制造技术可以直接或间接制作模具的复杂型腔，而不需切削加工或少量切削加工，从而使得模具的制造周期和成本大大降低。基于快速成型技术的模具制造可分为直接制模和间接制模两大类工艺方法，下面分别介绍。

一、直接制模

直接制模就是用 SLS、FDM、LOM 等快速成型工艺方法直接制造出树脂模、陶瓷模和金属模具。

1. 直接制造木模或树脂模

SLS 工艺和 SLA 工艺可以直接制作树脂模具，实现小批量生产或试制样件，模具的制作周期一般为 5~6 天。

采用 LOM 工艺方法可以直接从模具的三维 CAD 模型制成纸质模具，其性能接近硬木，并可耐 200℃ 的高温，经过表面处理后可直接用于砂型铸造，制作低熔点合金模、小批量注射模和精密铸造用的蜡模。

2. 直接制造金属模具

利用 SLS 工艺制作金属模具，目前使用的材料主要有金属粉末、混合金属粉末以及金属树脂混合粉末三类，由于金属粉末的熔点较高，不可能在快速成型机中将金属粉末加热到熔点状态，一般是在金属粉末颗粒的外面包覆一层粘结剂，制成覆膜金属粉，然后按普通的烧结工艺成型，金属粉末之间的烧结其实是金属粉末外的有机粘结剂的黏接。

具体的制作流程如下：

1）在计算机中建立要加工的模具型腔三维 CAD 模型，注意模具的壁厚要比普通模具大一些，并进行分层处理，生成激光扫描程序文件。

2）设置成型机参数，逐层铺粉扫描烧结，直到成型结束。取出烧结件时要特别小心，由于粉末间的结合并不牢固，轻微的碰撞都可能使烧结件破裂，一般用软毛刷或气枪将工件表面的浮粉去除。

3）脱脂及高温烧结处理。脱脂是在氢气环境中完成的，在 450~600℃ 之间将所有的聚酯粘结剂烧失。脱脂后继续升温，在 700℃时钢粉颗粒之间发生颈缩，金属粉末间彼此熔合，以提高强度，便于后续处理。

4）经过高温烧结之后的金属零件，粘结剂已经挥发，造成金属件体内有许多小孔隙，这些小孔隙会影响零件的强度和表面粗糙度，所以必须把其他金属渗入到金属件中去，把所有孔隙填满。目前所渗入的金属以铜为主，渗铜的方法是将铜块加热熔化成为液态，沿着金属件的孔隙，利用毛细现象的作用慢慢渗入工件中，经过一段时间后，工件孔隙中就会渗满铜液，然后慢速冷却。再经过抛光装配等处理就可以使用了，这种模具含钢 60%，含铜 40%，用于注射模具，其使用寿命在 1 万件以上。

二、间接制模

间接制模法是指利用快速成型技术首先制作模芯，然后用此模芯复制硬模具；或者采用金属喷涂法获得轮廓形状，或者制作母模具复制软模具等。由快速成型技术得到的原型表面进行特殊处理后代替木模，直接制造石膏型或陶瓷型，或是由原型经硅橡胶过渡转换得到石膏型或陶瓷型，再由石膏型或陶瓷型浇注出金属模具。

间接制模法能制造出表面质量、尺寸精度和力学性能较高的金属模具。依据材质不同，间接制模法生产出来的模具一般分为简易模具和钢制模具两大类。

1. 简易模具

简易模具主要适用于产品的试制或小批量零件的生产，目前简易模具制造方法主要有硅橡胶浇注法、树脂浇注法、金属喷涂法、电铸法等。

（1）硅橡胶模 硅橡胶模以原型为样件，采用硫化的有机硅胶浇注制作硅橡胶模具。由于硅橡胶有良好的柔性和弹性，对于结构复杂、花纹精细、无拔模斜度或具有倒拔模斜度及具有深凹槽的模具来说，制件浇注完成后均可直接取出，这是相对于其他材料制造模具的独特之处。

翻成硅橡胶模具后，向模中灌注双组分的聚氨酯，固化后即得到所需的零件。所得到的聚氨酯零件的力学性能接近 ABS。

（2）环氧树脂模 当制品数量较大时，则可用快速成型翻制环氧树脂模具。它是将液态的环氧树脂与有机或无机材料复合为基体材料，以原型为母模浇注模具的一种制模方法。其工艺过程为：①采用快速成型（RP）技术制作原型。②将原型进行表面处理并涂刷脱模剂。③设计制作模框。④选择和设计分型面。⑤浇注树脂。⑥开模并取出原型。

采用环氧树脂浇注法制作模具，工艺简单、周期短、成本低廉、树脂型模具传热性能好、强度高，寿命可达 5000 件，适用于注射模、薄板拉深模、吸塑模及发泡成型模等。

（3）金属树脂模 这种简易模具是利用 RP 原型翻制而成的，用环氧树脂加金属粉（铁粉或铝粉）作为填充材料，也可以用水泥、石膏或加强纤维做填料。强度或耐温性比高温硅橡胶更好。

（4）金属喷涂模 金属喷涂法是以原型做基体样模，将低熔点金属雾化后喷涂到样模表面上形成金属薄壳，然后背衬填充复合材料而快速制模的方法。金属喷涂法工艺简单、周期短、型腔和表面精细花纹可一次同时成型，耐磨性好，尺寸精度高。金属喷涂模适用于低压成型过程，模具寿命可达数千件，对于小批量塑料件的生产是极为经济有效的方法。

2. 钢质模具

利用 RP 原型制作钢质模具的主要方法有熔模精密铸造法、电火花加工法、陶瓷型精密铸造法等。

（1）熔模精密铸造法　先根据原型翻制的硅橡胶、金属树脂复合材料或聚氨酯制成蜡模或树脂模的压型，然后利用该压型批量制造蜡模和树脂消失模，再结合熔模精铸工艺制成钢模具，在复杂模具单件生产时，也可直接利用 RP 原型代替蜡模或树脂消失模直接制造金属模具。

1）制作单件钢型腔。用快速成型系统制作原型母模，将母模浸入陶瓷浆料，形成模壳；然后在炉中固化模壳，烧去母模；之后在炉中预热模壳并在模壳中浇注钢制成金属型腔，并进行型腔表面抛光处理，然后加入浇注系统和冷却系统等形成注射模。

2）制作小批量钢型腔。用快速成型方法制作原型母模，用金属表面喷镀或用铝基复合材料、硅橡胶、环氧树脂、聚氨酯浇注法，制成蜡模的压型。然后可以利用压型小批量制造蜡模，再结合传统熔模铸造工艺生产钢模型腔。最后对型腔进行表面抛光，加入浇注系统和冷却系统等，制得批量生产用注射模。

（2）陶瓷型精密铸造法　其基本原理是以快速成型系统制作的模型，用特制的陶瓷浆料制成陶瓷铸型，然后利用铸造方法制作钢质模具。其制造工艺过程为：制造 RP 原型母模→浸挂陶瓷浆→在焙烧炉中固化模壳→烧去母模→预热模壳→浇注钢型腔→抛光→加入浇注、冷却系统→制成生产用注射模。该方法制作周期不超过 4 周，模具寿命可达 2.5 万件。

（3）化学黏接钢粉浇注型腔　用快速成型系统制作纸质或树脂的母模原型来浇注硅橡胶、环氧树脂、聚氨酯等软材料，构成软模。移去母模，在软模中浇注化学黏接钢粉的型腔，之后在炉中烧去型腔用材料中的粘结剂并烧结钢粉，随后在型腔内渗铜，抛光型腔表面达到要求备用。

（4）砂型铸造法　使用专用覆膜砂，利用 SLS 成型技术可以直接制造砂型（芯），通过浇注可得到形状复杂的金属模具。用该覆膜砂材料制成的原型在 100℃的烘箱中保温 2h 进行硬化，取出后可以直接用作铸造砂型。

（5）电火花加工法　用电火花技术加工模具是一种常规的方法，但是复杂模具的电火花电极的加工难度极大。该方法是利用 RP 原型制作石墨电极，然后利用电火花加工制作钢模，其制作过程一般为：RP 原型→三维砂型→石墨电极→钢模。

三、快速制造模具实例

以鼠标壳（见图 6-6）为例来介绍两种快速制造模具的方法。

1. 硅橡胶模具（间接制模）

硅橡胶模具制作过程简单，不需要高压注射机等专门设备，脱模容易。一套硅橡胶模具能制造 30 个左右零件。一般在真空中浇注，以除去气泡。硅胶模的主要优点如下：

（1）制作周期短　一般根据 CAD 文件，在

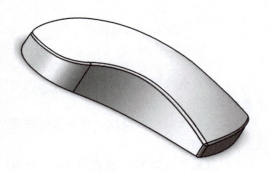

图 6-6　鼠标壳模型

一周内可提供硅胶模，以及用此模具成型的第一个聚氨酯工件，这与传统环氧树脂组合模或

铝合金模注射原型工件相比，开发周期只有原来的十分之一。

（2）成本低　硅胶模的制作费用要比传统模具制作的费用低得多。许多材料都可以用硅胶模成型，适宜于石蜡、树脂、石膏等浇注成型，广泛应用于精铸蜡模的制作、艺术品的仿制和生产样件的制备。

（3）复印性能好　可良好地翻印母模上的细小特征，基本上无尺寸精度损失。

（4）弹性好　传统的钢模或铝模，需要加工拔模斜度，以便工件成型后顺利脱模，特别对有小凹槽的工件更是如此。而硅胶模具有足够的弹性，不必设置拔模斜度，工件就能脱模，大大简化模具设计。

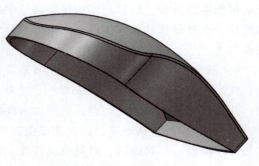

图 6-7　鼠标壳的三维模型

下面介绍试制用的鼠标硅胶模具制作流程。

1）首先建立鼠标壳的三维模型，并用快速原型制造加工出实体，如图 6-7 所示。然后对实体进行表面处理，在实体表面上贴上透明胶带或者涂洒脱模剂以便顺利脱模。

2）用多个薄板把母样从四面包围起来，组合成板状模框，如图 6-8 所示。模板中间应有支撑杆，既起支撑作用又便于浇口的形成，如图 6-9 所示。

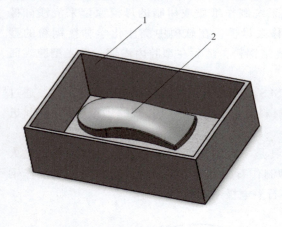

图 6-8　板状模框
1—模框　2—母样

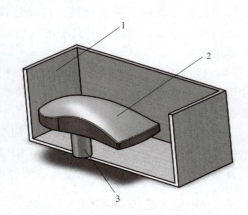

图 6-9　板状模框剖面图
1—模框　2—母样　3—支撑杆

3）计算硅橡胶主剂的用量，将主剂与硬化剂按 10∶1 比例均匀混合，放入真空浇注机中进行真空脱泡。

4）将硅橡胶注入模框，直至母样被完全包围，如图 6-10 所示，再将整个模框放入真空注型机中脱泡。

5）室温下（25℃）放置约 24h，硅橡胶完全硬化，然后移除模框和支撑杆，如图 6-11 所示。

6）用手术刀将硅橡胶模剖开，取出母样，如图 6-12 所示。

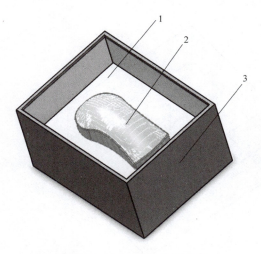

图 6-10　硅橡胶注入效果图

1—硅橡胶　2—母样　3—模框

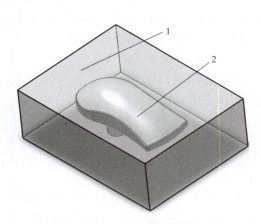

图 6-11　硅橡胶硬化效果图

1—硬化的硅橡胶　2—母样

7）在凸模部分做出排气孔，如图 6-13 所示，如发现模具有少量缺陷，可以用新调配的硅胶修补，并经固化处理即可。

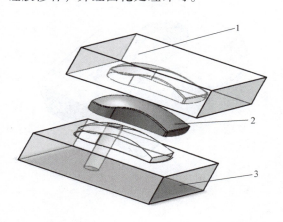

图 6-12　硅橡胶模具开模图

1—硅橡胶凹模　2—母样　3—硅橡胶凸模

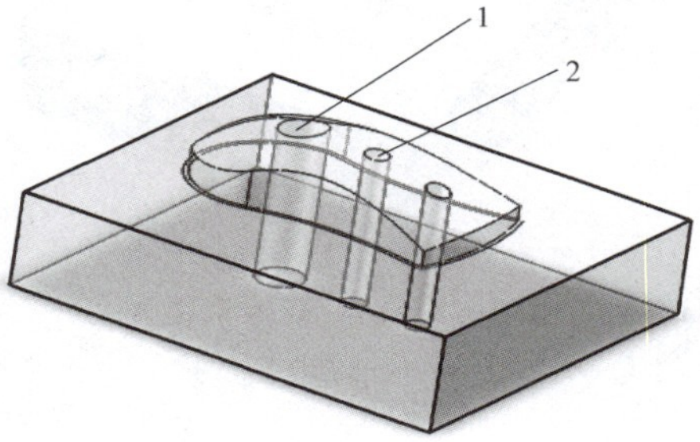

图 6-13　硅橡胶凸模图

1—浇口　2—排气孔

8）对鼠标的凸凹模进行合模，如图 6-14 所示，并检查合模间隙。进行鼠标塑料模具注射，制造出试制的鼠标外壳。

2. 直接制模

随着 RPM 技术的发展，可用来制造原型的材料越来越多，性能也在不断改进，一些非金属 RPM 原型已有较好的机械强度和热稳定性，可以直接用作模具。如采用 LOM 工艺的纸基原型，坚如硬木，可承受 200℃ 的高温，可作为砂型铸造的木模、低熔点合金的铸模、试制用的注射模及熔模铸造用的蜡模成型模。若作为砂型铸造木模时，纸基原型可制作 50～100 件砂型，用作蜡模成型模时可注射 100 件以上的蜡模。

利用 SLS 工艺烧结由聚合物包覆的金属粉末，可得到金属的实体原型，经过对该原型的后处理，即高温熔化、蒸发其中的聚合物，然后在高温下烧结，再渗入熔点较低的（如铜之类）金属后可直接得到金属模具。这种模具可用作吹塑模或注射模，其寿命可达几万件，可用于大批量生产。

下面仍以鼠标制件为例，介绍大批量生产用注射模的直接制模过程。

1）首先用三维软件对鼠标进行三维造型，并根据鼠标的三维造型做出凸凹模的三维图形并进行分模，如图 6-15、图 6-16 所示。

2）采用 SLS 工艺制造出鼠标凸凹模的实体，并进行打磨和修正，然后高温熔化、蒸发其中的聚合物，最后在高温下烧结成型，如图 6-17、图 6-18 所示。

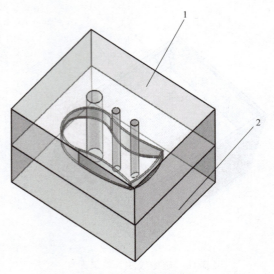

图 6-14　硅橡胶合模

1—凸模　2—凹模

图 6-15　凸模三维模型

1—浇口

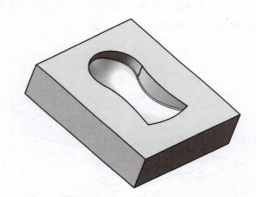

图 6-16　凹模三维模型

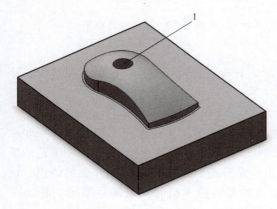

图 6-17　凸模实体

1—浇口

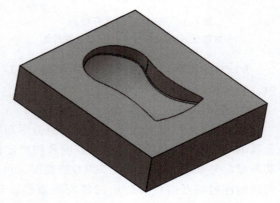

图 6-18　凹模实体

3）对鼠标的凸凹模进行合模，如图 6-19 所示，并检查合模间隙。进行鼠标塑料模具注射，可大批量制造鼠标外壳。

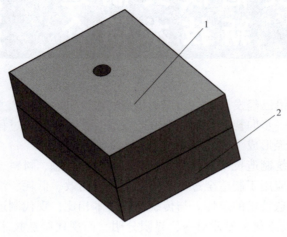

图 6-19　模具合模
1—凸模　2—凹模

思　考　题

1. 试述快速成型加工的基本原理。
2. 正确描述实体数据模型的 STL 文件格式应满足什么要求。
3. 快速成型加工与传统的机械加工相比具有哪些优点？
4. 简单描述光固化成型的基本原理。
5. 简述叠层实体快速成型工艺的基本原理。

其他模具制造新技术简介

当代制造技术的前沿已经发展到以知识密集型的柔性自动化生产方式，满足多品种、变批量的市场需求，并进一步向智能自动化的方向发展。在上述发展过程中，制造技术的内涵不断地延伸和扩展，已经形成了现代制造技术的全新概念。

现代制造技术是传统制造技术不断吸收机械、电子、信息、材料、能源及现代管理技术的最新成果，将其综合应用于制造全过程，实现优质、高效、低耗、清洁、灵活生产，取得理想技术经济效果的制造技术的总称。与传统制造技术相比，现代制造技术具有以下特征：

1）传统制造技术的学科、专业单一，界限分明，而现代制造技术的各学科、专业间不断交叉融合，其界限逐渐淡化甚至消失。计算机技术、传感技术、自动化技术、新材料技术、管理技术等的引入及与传统制造技术的结合，使现代制造技术成为一个能驾驭生产过程的物质流、能量流和信息流的多学科交叉的系统工程。

2）传统制造技术一般单指加工制造过程的工艺方法，而现代制造技术则贯穿了从产品设计、加工制造到产品销售及使用维修的全过程，以实现上市快、质量好、成本低、服务好（即 Time、Quality、Cost、Service，简称"TQCS"），进而满足不断增长的多样化需求。

3）生产规模的扩大及最佳技术经济效果的追求，使现代制造技术更加重视技术与管理的结合，重视制造过程组织和管理体制的简化及合理化，产生了一系列技术与管理相结合的新的生产方式。

4）现代制造技术应能不断地被优化和推陈出新，这就使得现代制造技术具有鲜明的时代特征，具有相对和动态的特点。

可以看出，在市场需求和科技发展的不断推动下，制造技术的内涵和水平已经发生了质的变化。现代制造技术的产生和发展给传统的模具制造技术带来了勃勃生机。本章将简要介绍以下内容：

1）并行工程。

2）逆向工程。

3）敏捷制造。

4）精益生产。

5）绿色制造。

第一节　并行工程

并行工程（Concurrent Engineering，CE）是一种企业组织、管理和运行的先进设计、制造模式，是采用多学科团队和并行过程的集成化产品开发模式。它把传统的制造技术与计算机技术、系统工程技术和自动化技术相结合，在产品开发的早期阶段全面考虑产品生命周期中的各种因素，力争使产品开发能够一次获得成功。从而缩短产品开发周期、提高产品质量、降低产品成本。

一、并行工程的产生

20世纪80年代以来，自动化、信息、计算机和制造技术相互渗透，发展迅速，新知识应用于生产实际的速度是惊人的。随着交通运输技术的进步、信息时代的到来，大大加速了世界市场的形成与发展，而世界市场的形成与发展又使得在世界范围内的市场竞争变得越来越激烈。竞争有力地推动着社会进步，使技术得到了空前发展。但同时，竞争也是残酷无情的，适者生存，给企业造成了严酷的生存环境。不论一个企业原来的基础如何，是处于先进、落后抑或中间，都遵循着同一竞争尺度，即用户选择原则。随着竞争的加剧，竞争的焦点变为以最短的时间开发出高质量、低成本的产品投放市场，而核心是时间。同时，技术的飞速发展以及产品复杂程度的不断提高，都大大增加了新产品开发的难度。企业为适应市场竞争的需要，就必须不断想办法，采取措施，提高企业的效率及效益。谁能在最短的时间内，把采用最新技术生产出的高质量、低成本的产品推向市场，谁将是竞争的胜利者。为提高企业的TQCS水平，企业不断地更新着技术和手段，使其与当时的科技发展水平相适应。随着世界工业市场竞争的不断加剧，各国企业纷纷采用各种新思想、新方法、新技术来改进自己的产品开发模式，力图使企业及其产品具有较强的竞争力和生命力。而用户对产品的需求呈多元化和个性化，降低产品成本的主要手段不再是廉价的原材料和劳动力，而是快速、准确的信息来源和高技术含量。另外，随着产品性能的提高，产品开发周期也越来越长，如图7-1所示。这种形势要求企业不断寻找新的途径来追求企业的TQCS效益目标，增强企业的竞争能力。在这个过程中，CIMS（计算机集成制造系统）首先被提出并被各企业采用，实现了企业的各个环节，如市场、工程设计、制造、销售等的信息集成。

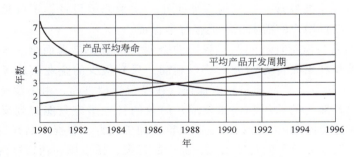

图7-1 产品开发周期与产品平均寿命对比（IBM公司）

由于CIMS在产品开发过程中采用了计算机辅助工具，新产品开发能力得到了增强。然而，应用了CIMS技术的产品开发仍然采用传统的串行开发模式，致使设计的早期阶段不能很好地考虑产品生命周期中的各种因素，不可避免地造成较多的设计返工，在一定程度上影响了企业TQCS目标的实现。如何在产品开发的早期阶段就考虑产品生命周期中的各种因素，对企业获得最佳TQCS效益是至关重要的。

全球性的竞争要求生产者对市场变化做出迅速准确的反应。在这种新的竞争形势下，以信息技术为基础的并行工程技术应运而生。并行工程是对传统的产品开发方式的一种根本性的改进，是一种新的设计理念。并行工程作为一个系统化的思想，由美国国防先进研究计划局最先提出，1988 年发表了其研究结果，并明确提出并行工程的思想，把并行工程定义为对产品及下游的生产及支持过程进行设计的系统方法。并行工程通过组织以产品为核心的跨部门的集成产品开发团队，改进产品开发流程，实现产品全生命周期的数字定义和信息集成，采用新的质量理念满足不断变化的用户需求，并开发新的计算机辅助工具，保证在产品开发过程的早期能做出正确决策，能够有效减少设计修改，缩短产品开发周期，降低产品的总成本。并行工程在国际上引起了各国的高度重视，并行工程的思想正在被越来越多的企业及产品开发人员接受和采纳，各国政府都在加大力度扶持并行工程技术的开发，把它作为抢占国际市场的重要技术手段。

并行工程作为现代制造技术中重要的一环，以 CIMS 信息集成为基础，以实现产品开发过程为主要目标，是今后最主要的产品开发模式之一。

二、市场竞争对并行工程的总体需求

随着全球化市场的形成，企业只有不断缩短产品开发时间，提高质量，降低成本，并改进服务，才能在激烈的市场竞争中立于不败之地。为了增强企业的竞争力，我国绝大部分企业进行了不同程度的技术改造。但是，单纯添置计算机平台、应用软件和先进设备并不能给每个企业都带来期望的效益，关键是要把企业中的各个部门作为企业的有机组成部分加以集成和优化运行。当前，国内制造业在发展过程中遇到了较大的困难。产生这些现象的两个关键原因在于：

(1) 普遍缺乏新产品设计与开发能力　在具有产品开发能力的企业中仍沿用传统的串行产品开发模式。传统的串行产品开发流程使得在设计阶段不能很好地考虑用户需求、加工、装配、支持和计划等，并且缺乏相应的技术手段，因而常使设计出的产品存在可加工性差、可装配性差和不能完全满足用户需求等种种问题。这些问题往往一直延续到制造阶段，甚至交付用户使用时才被发现。这样就需要不止一次地修改设计，不仅延长了产品开发周期，增加了成本，而且用户的需求也不能很好地保证。

(2) 企业的经营与质量管理问题　我国的企业大多数还是大而全、小而全的模式，企业主要通过上规模和利用廉价劳动力来获得利润，只有很少的企业实施了全面质量管理和ISO9000 管理模式。因此，产品质量难以保证。在经营管理方面，由于没有好的产品，没有市场，没有企业内各部门的重组和信息集成，高效的管理措施只能起到反面作用：生产越多，亏本越大。对这个问题的分析结果是：只重视加工能力，忽视产品开发和市场。而好的企业经营管理模式应是从盈利的角度出发，抓产品开发，抓市场和销售这两头。

并行工程就是在当前环境下企业改进与提高自身产品开发能力的有效途径。并行工程技术支持实现企业的信息集成以及产品开发过程集成，从而可大大减少人员的占用，降低实施费用，加快产品开发进程。并行工程注重在 CIMS 信息集成的基础上实现产品开发过程的集成，以期不断开发出满足用户需求的新产品去占领市场。

三、并行工程的核心内容

一种被普遍接受的观点认为并行工程是对 CIMS 的继承和发展。这一点对我国企业实施并行工程显得尤为重要，即并行工程是企业按一定步骤实施制造系统自动化的指导性策略。并行工程包含四个方面的核心内容。

（1）**产品开发队伍重构** 将传统的部门制或专业组变成以产品为主线的多功能集成产品开发团队。它被赋予相应的职责权利，对所开发的产品对象负责。

（2）**过程重构** 从传统的串行产品开发流程转变成集成的、并行的产品开发过程。并行过程不仅是活动的并发，更主要的是下游过程在产品开发早期参与设计过程；另一个方面则是过程的改进，使信息流动与共享的效率更高。

（3）**数字化产品定义** 其包括两个方面，数字化产品模型和产品生命周期数据管理；数字化工具定义和信息集成。

（4）**协同工作环境** 用于支持开发团队协同工作的网络与计算机平台。针对并行工程的核心内容，并行工程包含了组织结构变革、新的用户需求策略、必要的支撑环境、产品开发过程改进等四个关键要素。

第二节　逆　向　工　程

一、逆向工程的产生

逆向工程（Reverse Engineering，RE，也称为反求工程、反向工程）是在没有产品原始图样、文档或 CAD 模型数据的情况下，通过对已有实物的工程分析和测量，得到重新制造产品所需的几何模型、物理和材料特性数据，从而复制出已有产品的过程。20 世纪 90 年代，逆向工程技术受到了各国工业和学术界的高度重视，成为 CAD/CAM 领域的一个研究热点，在模具制造中被越来越广泛地应用。

按照传统的设计和工艺流程，产品的设计从概念设计开始，确定功能规格的预期指标，根据二维图样或设计规范，借助 CAD 软件建立产品的三维模型，然后编制数控加工程序，经历不同的工序，生产出最终的产品。此类开发模式称为预定模式，设计者是以设计规范及已有的 CAD 模型为出发点建立产品的三维模型，根据产品的三维模型制造出实际的产品。

然而在很多情况下，设计者和制造者面对的只有实物样件，而没有图样或 CAD 模型数据。为了适应先进制造技术的发展，需要通过一定的途径，将这些实物转化为 CAD 模型，使之能利用先进技术进行处理。与这种从实物样件求取产品数学模型技术相关的技术，已发展成为 CAD/CAM 中相对独立的一个范畴，称为逆向工程。

目前，对逆向工程还没有一个统一的定义。普遍认可的一种观点是：逆向工程是指由实际的零件反求出其设计的概念和数据的过程。这种观点认为传统的工程将产品的概念或（CAD）模型转变为实际的零件，而逆向工程则是将实际的零件转变为产品的（CAD）模型或概念。

关于逆向工程的研究基本上局限于由实物样件或模型反求其三维几何模型，即几何模型的反求。因此，也有一些文献把"由实物样件（模型）反求其几何模型"作为逆向工程的定义。

二、逆向工程的应用

逆向工程技术的应用范围非常广泛，归纳起来主要有：

（1）**产品仿制** 往往一件拟制作的产品没有原始的设计图档，而只有样品或实物模型。

传统的复制方法是用立体雕刻机或仿型铣床制作出1:1比例的模具，再进行生产。这种方法属于模拟型复制，它的缺点是无法建立工件尺寸图档，因而无法用现有的CAD软件对其进行修改，现已逐渐被新型的数字化逆向工程系统所取代。

（2）新产品的设计　随着工业技术的发展以及经济环境的成长，消费者对产品的要求越来越高。为赢得市场竞争，不仅要求产品在功能上要先进，而且在产品外观上也要美观。而在造型中针对产品外形的美观化设计，已不是传统训练下的机械工程师所能胜任的。一些具有美工背景的设计师们可利用CAD技术构想出创新的美观外形，再以不同方式制造出样件，最后再以三维尺寸测量的方式测量样件建立曲面模型。

（3）旧产品的改进（改型）　在工业设计中，很多新产品的设计都是从对旧产品的改进开始。为了用通常的CAD软件对原设计进行改进，首先要有原产品的CAD模型，然后在原产品的基础上进行改进设计。

综上所述，通过逆向工程复现实物的CAD模型，使得那些以实物为制造基础的产品有可能在设计和制造的过程中，充分利用先进制造及管理技术。同时，逆向工程的实施能在很短的时间内复制实物样件。因此，它也是推行并行工程的重要基础和支撑技术。

随着产品的单件、小批量和用户对产品各不相同的要求，也需要根据模型制作产品，如具有个人特征的太空服、头盔、假肢等。此外，在计算机图形和动画、工艺美术和医疗康复工程等领域，也经常需要根据实物快速建立三维几何模型，即需要用到逆向工程技术。

逆向工程的基本步骤和关键技术为：

1）快速准确地测出实物零件或模型的三维轮廓坐标数据（表面数字化）。

2）根据三维轮廓数据重构曲面，并建立完整、正确的CAD模型。

三、数据采集

数据采集就是利用坐标测量技术得到逆向工程的数据。坐标测量技术和众多学科都有着紧密的联系，如光学、机械、电子、计算机视觉、计算机图形学、图像处理、模式识别等，其应用领域极为广阔，它也是实现逆向工程的基础。常用的三维数据测量方式可分为接触式的三坐标测量和非接触式的激光扫描测量以及逐层扫描测量等方式。接触式测量方法通常采用三坐标测量机或机器人手臂进行测量，需接触被测物体的表面；而非接触式测量方法则采用声、光、电或磁等现象进行测量，测量时和物体表面无机械接触。

接触式测量的优点是：①准确性及可靠性高；②对被测物体的材质和反射特性无特殊要求，不受工件表面颜色及曲率的影响。缺点是：①测量速度慢；②接触头易磨损，故需经常校正探头直径；③不能对软质材料和超薄形物件进行测量，而且对细微部分的扫描受到限制等。

激光扫描测量的最大特点是速度快，测得的点的数据量大，可以充分表示零件的表面信息。此外，采用激光扫描测量方法扫描探头不接触零件表面，因而可对不可进行接触测量的高精密的软质、薄形工件进行测量；采用激光扫描测量方法不必做探头半径校正，很适合于测量大尺寸的具有复杂外部曲面的零件。

断层扫描测量是一种新兴的测量技术，可同时对零件的表面和内部结构进行精确测量，不受测量体复杂程度的限制。与其他方法相比，所获得的数据密集、完整，测量结果包括了零件的拓扑结构。典型的断层扫描测量方法有超声法（US）、工业计算机断层扫描成像

（CT）、磁共振成像（MRI）和层析法等。

关于物体三维轮廓数据的测量，目前存在的主要问题是：①精度有时难以保证；②对于一些复杂物体，因为有的地方测不到（如探头无法接触到或光线无法照到等原因），使得数据不完整或误差很大；③对大物体及表面形状较复杂的物体测量比较困难，往往需要将物体分成若干部分分别进行测量，不同部分的坐标数据往往是在不同的坐标系中测得的，因此，还存在一个多视拼合问题；④一些精度较高的测量方法成本很高，也影响了逆向工程技术的广泛应用。

四、CAD 模型建模的基本方法

逆向工程的 CAD 建模是一个复杂的过程，就是把采集到的数据通过三维造型软件转化为 CAD 模型。目前，市场上具有逆向工程反求模块的软件系统较多，其中相对比较成熟的专业逆向工程软件有 Imageware、Geomagic Studio、CopyCAD、RapidForm。另外 Pro/Engineer、UG、Catia 等软件也集成有逆向工程反求模块，且功能齐全，简单易用。

1. 点云模型预处理

不同的测量系统所得到的测量数据的格式有所不同，且几乎所有的测量方法和测量系统都不可避免地存在误差。因此，在进行 CAD 重构之前对测量数据进行预处理是非常必要的。

（1）噪声点的去除　逆向工程测量过程中，受测量设备的精度、操作者经验和被测物体表面质量等诸多因素的影响，会产生测量数据误差点，习惯上称其为噪声点。删除这些噪声点，能减少其对平滑或细化等处理的干扰。

（2）数据的精简　过多的点云数据不但降低处理效率，对曲线、曲面的光顺性也有较为严重的影响。数据点过滤的原则是在扫描线曲率较小时减少点数，曲率较大时保留较多的点数。

（3）数据点的平滑　为了更好地降低或消除噪声点对后续建模质量的影响，有必要对测量数据点进行平滑滤波。常采用的数据平滑方法有高斯滤波、均值滤波和中值滤波等。

2. 点云数据 CAD 模型重构

在整个逆向工程中，产品的三维几何模型 CAD 重构是最关键、最复杂的环节。构建CAD 模型的方法主要有以下两种：

（1）基于点—样条的曲面构建方法　首先由测量点拟合出组成曲面的网格样条曲线，再利用系统提供的放样、混合、扫描和边界曲面等曲面造型功能进行曲面模型构建，最后通过延伸、求交、过渡、裁剪等编辑操作，将各曲面片光滑拼接或缝合成整体的复合曲面模型。

（2）基于测量点的曲面构建方法　该法是用最小二乘法直接对数据点进行拟合，形成曲面，既能处理规则点，也能直接拟合散乱点。

五、模具逆向工程应用实例

利用逆向工程技术可以快速实现由样件到模具的制造。其流程一般为：样件→样件的三维模型→模型验证→模具结构设计→模具数控加工。

下面以自行车车座为例介绍基于点云的逆向工程造型。

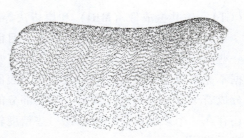

1. 零件原型的数字化采集

本例采用 3DSS-Ⅱ型三维扫描仪,将车座放置在三维扫描仪的工作台上,设置扫描参数后即可对车座进行扫描,扫描完成后以 IGES 格式保存文件。采集的点云如图 7-2 所示。

图 7-2 车座点云图

2. 建立三维 CAD 模型

本例采用 Pro/Engineer 逆向工程模块将点云数据构造成曲面。

1) 打开 Pro/Engineer Wildfire5.0,新建零件文件,利用 Pro/Engineer 的 "独立几何" 命令,创建一组通过平行剖面的扫描曲线,如图 7-3 所示。

2) 修改扫描曲线 将原始扫描曲线中断开的扫描曲线,利用 "修改" 命令连接起来,如图 7-4 所示。

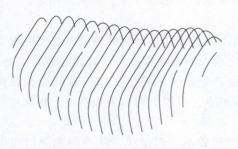

图 7-3 车座扫描曲线图

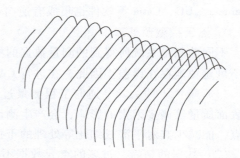

图 7-4 修改后的扫描曲线图

3) 创建造型曲线。利用 "基准点" 命令,创建通过扫描曲线与基准面交点处的基准点,然后通过创建的基准点创建出另外三条造型曲线,如图 7-5 所示。

4) 创建边界混合曲面。利用 "边界混合" 命令,创建出通过造型曲线的混合曲面,并利用"编辑" 命令将三个混合曲面合并成一个完整曲面,如图 7-6 所示。

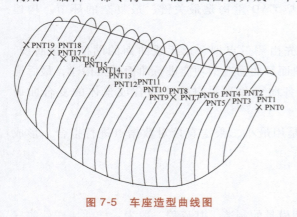

图 7-5 车座造型曲线图

图 7-6 车座曲面图

5) 进入钣金模块,将构造好的曲面加厚成为实体。

3. 模具设计

进入 Pro/Engineer 模具设计模块，对加厚的车座实体进行模具设计，设计好的模具型腔如图 7-7 所示。

图 7-7 车座模具型腔图

4. 生成数控加工程序

利用 UG 对模具型腔进行数控编程，经过对刀具类型、刀具半径、刀补值、进给量、坐标原点、起刀点等参数设置，就可以生成加工程序。

第三节 敏 捷 制 造

敏捷制造（Agile Manufacturing，AM）是一种战略决策，是现代制造系统的组织模式和生产模式，也是一种制造系统工程方法。敏捷制造的出发点是基于对未来产品和市场发展的分析，它是 21 世纪企业生存、竞争的必需，表示了一种对不可预见、持续变化市场的驾驭能力。

敏捷制造就是指制造系统在满足低成本和高质量的同时，对变幻莫测的市场需求的快速反应。因此，敏捷制造的企业，其敏捷能力应当反映在以下六个方面：

（1）对市场的快速反应能力　判断和预见市场变化并对其快速地做出反应的能力。

（2）竞争力　企业获得一定生产力、效率和有效参与竞争所需的技能。

（3）柔性　以同样的设备与人员生产不同产品或实现不同目标的能力。

（4）快速　以最短的时间执行任务（如产品开发、制造、供货等）的能力。

（5）企业策略上的敏捷性　企业针对竞争规则及手段的变化、新的竞争对手的出现、国家政策法规的变化、社会形态的变化等做出快速反应的能力。

（6）企业日常运行的敏捷性　企业对影响其日常运行的各种变化，如用户对产品规格、配置及售后服务要求的变化、用户定货量和供货时间的变化、原料供货出现问题及设备出现故障等做出快速反应的能力。

AM 的基本思想是通过把动态灵活的虚拟组织结构、先进的柔性生产技术和高素质的人员进行全方位的集成，从而使企业能够从容应付快速变化和不可预测的市场需求。它是一种提高企业竞争能力的全新制造组织模式。

一、AM 的主要概念

1. 全新企业概念

制造系统通过企业网络建立"虚拟企业"，以竞争能力和信誉为依据选择合作伙伴，组成动态公司。它不同于传统观念上的企业。虚拟企业从策略上讲不强调企业全能，也不强调一个产品从头到尾都是自己开发、制造。

2. 全新的组织管理概念

简化过程，不断改进。提倡以"人"为中心，用分散决策代替集中控制，用协商机制代替递阶控制机制。提高经营管理目标，精益求精，尽善尽美地满足用户的特殊需要。企业强调技术和管理的结合，在先进柔性制造技术的基础上，通过企业内部的多功能项目组与企业外部的多功能项目组——虚拟公司，把全球范围内的各种资源集成在一起，实现技术、管理和人的集成。企业的基层组织是多学科群体，是以任务为中心的一种动态组合。企业强调权力分散，把职权下放到项目组。

3. 全新的产品概念

敏捷制造的产品进入市场以后，可以根据用户的需要进行改变，得到新的功能和性能，即使用柔性的、模块化的产品设计方法。依靠极大丰富的通信资源和软件资源，进行性能和制造过程仿真。敏捷制造的产品保证用户在整个产品生命周期内满意，企业的这种质量跟踪持续到产品报废为止，甚至包括产品的更新换代。

4. 全新的生产概念

产品成本与批量无关，从产品看是单件生产，而从具体的实际和制造部门看，却是大批量生产。高度柔性的、模块化的、可伸缩的制造系统的规模是有限的，但在同一系统内可生产出产品的品种却是无限的。

二、AM 的基本特点

1. AM 是自主制造系统

AM 具有自主性，每个工件和加工过程、设备的利用以及人员的投入都由本单元自己掌握和决定，这种系统简单、易行、有效。另一方面，以产品为对象的 AM，每个系统只负责一个或若干个同类产品的生产，易于组织小批量或者单件生产，如果项目组的产品较复杂时，可以将之分成若干单元，使每一单元对相对独立的分产品的生产负有责任，分单元之间分工明确，协调完成一个项目组的产品。

2. AM 是虚拟制造系统

AM 系统是一种以适应不同产品为目标而构造的虚拟制造系统，其特色在于能够随环境的变化迅速地动态重构，对市场的变化做出快速的反应，实现生产的柔性自动化。实现该目标的主要途径是组建虚拟企业。其主要特点是：①功能的虚拟化；②组织的虚拟化；③地域的虚拟化。

3. AM 是可重构的制造系统

AM 系统设计不是预先按规定的需求范围建立某过程，而是使制造系统从组织结构上具有可重构性、可重用性和可扩充性三方面的能力。

三、AM 企业的主要特征

敏捷制造的特征及要素，构成了敏捷企业的基础结构，通过一系列功能子系统的支持使敏捷制造的战略目标得以实现。

通常，敏捷制造的技术分为产品设计和企业并行工程、虚拟制造、制造计划与控制、智能闭环加工和企业集成五大类。

目前，敏捷制造还处于研究中，其目的是使企业对面临的市场竞争做出快速响应，由于虚拟制造是敏捷制造的关键和核心，敏捷制造的实现有赖于虚拟制造的完成。

敏捷制造的核心是虚拟公司，虚拟公司是把不同公司、不同地点的工厂或车间重新组织协调工作的一个临时公司或联盟体。当市场上出现新的机遇时，能发挥各自所长，以最快速度、最优组织赢得战机，待任务完成后，又各自独立经营，或组建另一虚拟公司。虚拟公司在正式运行之前，必须分析这种组合是否最优，能否正常协调运行，并对这种组合投产后的效益和风险进行有效的评估。为了实现这些分析和有效评估，就必须把虚拟公司映射为虚拟制造系统，通过对该系统的运行进行实验。因此，虚拟制造系统是实施敏捷制造的关键。

第四节　精益生产

精益生产（Lean Production，LP）是20世纪50年代日本工程师根据当时日本的实际情况——国内市场很小，所需的汽车种类繁多，又没有足够的资金和外汇购买西方最新生产技术，而在丰田汽车公司创造的一种新的生产方式。这种生产方式既不同于单件生产方式，也不同于大批量生产方式，它综合了单件生产与大批量生产的优点，使工厂的工人、设备投资、厂房以及开发新产品的时间等一切大为减少。而生产出的产品和质量却更多更好，这种生产方式到了20世纪60年代已经成熟，它不仅使丰田，而且使日本的汽车工业以至日本经济达到今天的世界领先水平。这种生产方式直到20世纪90年代才被第一次称为"精益生产"。

精益生产的核心内容是准时制生产方式，该种方式通过看板管理，成功地制止了过量生产，实现了"在必要的时刻生产必要数量的必要产品"，从而彻底消除产品制造过程中的浪费，以及由之衍生出来的种种间接浪费，实现生产过程的合理性、高效性和灵活性。准时制方式是一个完整的技术综合体，包括经营理念、生产组织、物流控制、质量管理、成本控制、库存管理、现场管理等在内的较为完整的生产管理技术与方法体系。

精益生产是在准时制生产方式、成组技术以及全面质量管理的基础上逐步完善的，它强调以社会需求为驱动，以人为中心，以简化为手段，以技术为支撑，以"尽善尽美"为目标。主张消除一切不产生附加价值的活动和资源，从系统观点出发将企业中所有的功能合理地加以组合。以利用最少的资源、最低的成本向顾客提供高质量的产品服务，使企业获得最大利润和最佳应变能力。其特征具体可归纳为以下几方面：

1）简化生产制造过程，合理利用时间，实行拉动式的准时生产，杜绝一切超前、超量生产。采用快换工装模具新技术，把单一品种生产线改造成多品种混流生产线，把小批次大批量轮番生产改变为多批次小批量生产，最大限度地降低在制品储备，提高适应市场需求的能力。

2）简化企业的组织机构，采用"分布自适应生产"，提倡面向对象的组织形式。强调权力下放给项目小组，发挥项目组的作用。采用项目组协作方式而不是等级关系，项目组不仅完成生产任务而且参与企业管理，从事各种改进活动。

3）精简岗位与人员，每一生产岗位必须是增值的，否则就撤除。在一定岗位的员工都是一专多能，互相替补，而不是严格的专业分工。

4）简化产品开发和生产准备工作，采取"主查"制和并行工程的方法。克服了大量生产方式中由于分工过细所造成的信息传递慢、协调难、开发周期长的缺点。

5）综合了单件生产和大量生产的优点，避免了前者成本高和后者僵化的弱点，提倡用多面手和通用性大、自动化程度高的机器来生产品种多变的大量产品。

6）建立良好的协作关系，克服单纯纵向一体化的做法。把70%左右的产品零、部件的设计和生产委托给协作厂，主机厂只完成约占产品30%的设计和制造。

7）准时制的供货方式。保证最小的库存和最少的在制品数。为实现这种供货关系，应与供货商建立起良好的合作关系，相互信任，相互支持，利益共享。

8）"零缺陷"的工作目标。精益生产追求的目标不是尽可能好一些，而是"零缺陷"，即最低成本、最好质量、无废品、零库存与产品的多样性。

精益生产方式是以最少投入来获得成本低、质量高、产品投放市场快、用户满足为目标的一种生产方式。它与大批量生产方式相比，工厂中的人员、占用的场地、设备投资、新产品开发周期、工程设计所需工时、现场存货量等一切投入都大为减少，废品率也可大为降低，而且能生产出更多更好的满足用户各种需求的变型产品。

精益生产方式由于其优异之处显著，各国工业界纷纷引进和实践这一生产方式，有些已取得了成功，可以断言，精益生产方式将对世界制造业产生重大的影响。

第五节 绿 色 制 造

一、绿色制造的提出及可持续发展制造战略

制造业是创造财富的主要产业，但同时又大量消耗掉人类社会的有限资源，并且是环境污染的主要根源。

制造过程是一个复杂的输入输出系统。输入生产系统的资源和能源，一部分转化为产品，而另一部分则转化为废弃物，排入环境造成了污染和危害。要想提高加工系统的效益（经济效益和社会效益），系统在输出产品的同时，应具有较少的输入和附加输出物，使系统达到有效利用输入和优化输出的效果。

20世纪70年代以来，工业污染所导致的全球性环境恶化达到了前所未有的程度。整个地球面临资源短缺、环境恶化、生态系统失衡的全球性危机。20世纪的100年消耗了几千年甚至上亿年才能形成的自然资源。工业界已逐渐认识到，工业生产对环境质量的损害不仅严重地影响了企业形象，而且不利于市场竞争，直接制约着企业的发展。

可持续发展的制造业，应是以不损害当前的生态环境和不危害子孙后代的生存环境为前提，应是最有效地利用资源（能源和材料）和最低限度地产生废弃物和最少排放污染物，以更清洁的工艺制造绿色产品的产业。一种干净而有效的工业经济，应是能够模仿自然界具有材料再循环利用能力、同时又产生最少废弃物的经济。

事实上，环境问题融入商业对企业来说不仅是一种威胁，更是一种机会。这是由以下因素造成的：①法律约束：各种环境法规和技术标准、环境税和排污费等对企业约束，不仅增加了企业成本，而且增加了企业的环境风险；②贸易限制：指国际贸易对环境有害产品加以限制；③消费选择：指消费者对绿色产品的需求增加和认可。

有鉴于此，如何使企业进行环境友善生产是当前环境问题研究的一个重要方面，绿色制造由此产生。伴随着新产品更新换代和生产方式的革命，低耗节能、无损健康的绿色产品将接踵而来。绿色汽车、绿色计算机、绿色冰箱、绿色彩电等绿色产品已进入千家万户，成为人们首选的产品，制造过程的绿色化是企业的重要任务。

二、绿色产品

绿色产品就是在其生命过程（设计、制造、使用和销毁过程）中，符合特定的环境保护和人类健康的要求，对生态环境无害或危害极少，资源利用率最高，能源消耗最低的产品。未来市场竞争的深化，焦点不仅是产品的质量、寿命、功能和价格，人们同时更加关心产品给环境带来的不良影响。

绿色产品的特征是：小型化（少用材料），多功能（一物多用），使用安全和方便（对健康无害），可回收利用（减少废弃物和污染）。

产品的"绿色度"是衡量产品满足上述特征的程度，目前还不能定量地加以描述。但是，绿色度将是未来产品设计主要考虑的因素，它包括：

（1）制造过程的绿色度　原材料的选用与管理，以及制造过程和工艺都要有利于环境保护和工人健康，废弃物和污染排放少，节约资源，减少能耗。

（2）使用过程的绿色度　产品在使用过程中能耗低，维护方便，不对使用者造成不便和危害，不产生新的环境污染。

（3）回收处理的绿色度　产品在使用寿命完结或废弃淘汰时易于降解或销毁。

三、绿色制造

绿色制造是综合考虑环境影响和资源利用效率的现代制造模式，其目标是使产品从设计、制造、包装、运输、使用到报废处理的整个生命周期内，废弃资源和有害排放物最少，即对环境的负面影响最小，对健康无害，资源利用率最高。

绿色制造的核心内容是：用绿色材料、绿色能源，经过绿色的生产过程（绿色设计、绿色工艺技术、绿色生产设备、绿色包装、绿色管理等）生产出绿色产品。

绿色制造追求的两个目标：①通过资源综合利用、短缺资源的代用、可再生资源的利用、二次能源的利用及节能降耗措施延缓资源的枯竭，实现持续利用；②减少废料和污染物的生成和排放，提高工业产品在生产过程和消费过程中与环境的相容程度，降低整个生产活动给人类和环境带来的风险，最终实现经济效益和环境效益的最优化。

实现绿色制造的途径有三条：一是改变观念，树立良好的环境保护意识，并体现在具体行动上，可通过加强立法、宣传教育来实现；二是针对具体产品的环境问题，采取技术措施，即采用绿色设计、绿色制造工艺、产品绿色程度的评价机制等，解决所出现的问题；三是加强管理，利用市场机制和法律手段，促进绿色技术、绿色产品的发展和延伸。

企业实施绿色制造的关键是技术设计和企业管理。

（1）技术设计　为了实现绿色制造，必须进行物料转化和产品生命周期两个层次的全程控制。产品生命周期是包括市场分析、产品设计、工艺规划、加工制造、装配调试、包装运输、产品销售、用户服务和报废回收的整个过程。产品生命周期的每个环节都直接或间接影响到资源的消耗和环境污染。实施绿色制造就是要对每个环节重新审视和规划。

（2）企业管理 企业对产品生命周期全过程的管理包括材料管理、工艺管理、设备管理。

随着绿色的概念逐渐深入人心，绿色制造的发展呈现出全球化、社会化、集成产业化、并行化、智能化等特点。绿色制造的实施将导致一批新兴产业的形成，它对未来制造业的可持续发展至关重要。

思 考 题

1. 什么是现代制造技术？它具有哪些主要特征？
2. 并行工程的核心内容主要是什么？
3. 逆向工程技术与传统的复制方法相比，有哪些优点？
4. 什么是虚拟公司？其主要特点是什么？
5. 精益生产的主要特征是什么？
6. 绿色制造的目标是什么？

典型模具制造工艺

第一节　模架制造工艺

冷冲模的模架一般由上模座、导套、导柱、下模座等零件组成。模架的作用有两个：连接和导向。连接作用是指把冲模的工作零件及辅助零件连接起来，以构成一副完整的冲模结构；导向作用是指通过导柱和导套的配合保证凸模和凹模相对运动时具有正确的位置。

模架有标准模架和非标准模架两类。标准模架是专业模具厂按照模架国家标准（GB/T 2851—2008 为冲模滑动导向模架，GB/T 2852—2008 为冲模滚动导向模架）生产的模架，模架的结构和尺寸都已标准化。非标准模架是企业内部根据设计要求自己生产的模架。

标准模架按导向装置的结构形式可分为滑动导向模架和滚动导向模架。滑动导向模架按照导柱在模座上的固定位置不同，可分为对角导柱模架、后侧导柱模架、中间导柱模架和四导柱模架。

上模座和下模座是平板类零件，其加工工艺主要是平面和孔的加工；导柱和导套是轴、套类零件，其加工工艺主要是内、外圆柱表面的加工。模架的制造过程包括上模座、下模座、导柱、导套等零件的制造、装配和检验。

一、上、下模座的加工

上模座通过模柄固定在压力机的滑块上，通过螺钉和销钉连接垫板、凸模固定板、凸模等零件，上模座与导套采用过盈配合或粘结方式连接。下模座主要是用来固定和安装凹模、凹模固定板和导柱等零件，并通过螺钉和压板固定在压力机的工作台面上。上、下模座在工作时应具有足够承受冲击载荷的性能，下模座还必须有良好的抗弯曲性能。这是由于在下模座上要加工出许多紧固螺钉孔、销钉孔、漏料孔等。所以，正确选择模座材料和热处理工艺非常重要。模座一般用铸铁（HT200、QT400-18）或铸钢（ZG310-570）制作，铸件的气孔、砂眼、缩孔、裂纹等铸造缺陷必须得到严格控制，并进行时效处理，消除内应力，以便于后续机械加工。

1. 上、下模座的结构特点和技术要求

上、下模座的加工主要是平面加工和孔加工。图 8-1 所示为后侧导柱的标准模座。为保证模架工作时，上模座在导柱上滑动平稳，无阻滞现象，上、下模座必须按照以下技术要求进行加工。

1）模座的上、下平面平行度必须达到表 8-1 的规定。

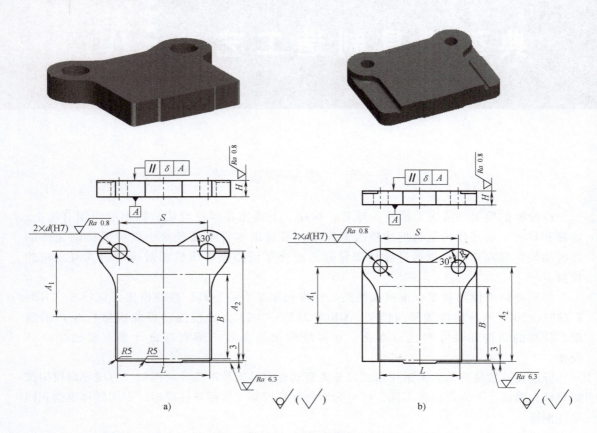

图 8-1 上模座和下模座

a) 上模座 b) 下模座

表 8-1 模座平行度 （单位：mm）

公 称 尺 寸	模架精度等级		公 称 尺 寸	模架精度等级	
	0Ⅰ、Ⅰ级	0Ⅱ、Ⅱ级		0Ⅰ、Ⅰ级	0Ⅱ、Ⅱ级
	平 行 度			平 行 度	
>40~63	0.008	0.012	>250~400	0.020	0.030
>63~100	0.010	0.015	>400~630	0.025	0.040
>100~160	0.012	0.020	>630~1000	0.030	0.050
>160~250	0.015	0.025	>1000~1600	0.040	0.060

注：滑动导向模架的精度分为Ⅰ级和Ⅱ级；滚动导向模架的精度分为0Ⅰ级和0Ⅱ级。

2）上、下模座导柱、导套的安装孔距应一致，导柱、导套安装孔的轴线与基准面的垂直度：0.01/100。

3）模座上、下平面及导柱、导套安装孔的表面粗糙度值 Ra 为 1.60~0.40μm，其余面为 6.3~3.2μm；四周非安装面可按非加工表面处理。

2. 上、下模座的加工工艺过程

模座的毛坯一般采用铸铁件或铸钢件，铸件经检验合格后，可按下述工艺流程加工：铸坯——退火处理——刨削或铣削上、下表面——钻导柱、导套孔——刨气槽——磨上、下平面——镗导柱、导套孔。

模座毛坯经过刨（或铣）削加工后，为了保证模座上、下表面的平行度和表面粗糙度，必须在平面磨床上磨削上、下平面。以磨好的平面为基准，进行导柱和导套安装孔的加工，这样才能保证孔与上、下表面的垂直度。孔的加工常采用钻床、铣床和坐标镗床。镗孔前应先在毛坯上钻孔，并留镗孔加工余量2~3mm。为了保证上、下模座的导套、导柱孔距一致，可将两块模座装夹在一起同时加工，如图8-2所示。目前常采用卧式和立式双轴镗床同时加工模座上的两孔，这样导套与导柱的孔距一致性更容易保证。镗床两主轴间距的调整范围大（100~600mm），而且调整方便，因此适合加工不同规格的模座孔。图8-3为卧式双轴镗床两主轴间距调节示意图。用手轮旋转丝杠，移动拖板，调节两主轴间的距离，采用两主轴头之间垫量块的方法控制镗孔的孔距。

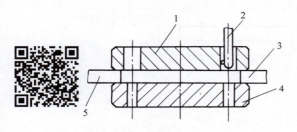

图8-2　两块模座一起加工

1—上模座　2—镗刀

3、5—垫块　4—下模座

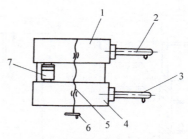

图8-3　卧式双轴镗床两主轴间距调节示意图

1、4—主轴头　2、3—镗刀　5—丝杠

6—手轮　7—量块

二、导柱、导套的加工

1. 导柱、导套的结构特点及技术要求

导柱、导套是冲模的导向零件。图8-4所示为一种标准的滑动导柱、导套。其中，图8-4a为导套，其孔径d与导柱相配合。图8-4b为导柱，图8-4c为直通式导柱。导柱安装在下模座上，导套安装在上模座上，导柱与导套滑动配合，以保证凸模、凹模工作时具有正确位置。为了保证良好的导向作用，导柱与导套的配合间隙要求小于凸模、凹模之间的间隙。导柱与导套的间隙一般采用H7/h6，精度要求很高时为H6/h5。导套与上模座采用H7/r6过盈配合，导柱与下模座也采用H7/r6过盈配合。直通式导柱与下模座采用R7/h6过盈配合。

为了保证导向精度，在加工中除了保证导柱、导套的配合表面的尺寸和形状精度外，还应保证导柱两个外圆表面间的同轴度以及导套外圆与内孔表面的同轴度要求。导柱和导套的技术要求如下：

1）导柱、导套的工作部分的圆度公差应满足：

直径$d \leqslant 30$mm时，0.003mm；

　　　　$>30~60$mm时，0.005mm；

　　　　$\geqslant 60$mm时，0.008mm。

2）导柱与导套的配合精度按照表8-2要求加工。

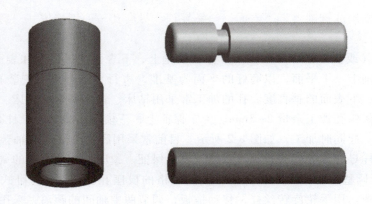

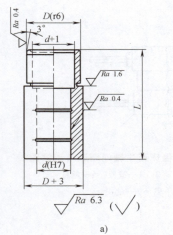

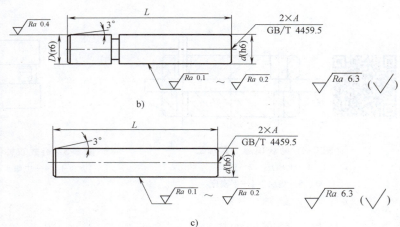

图8-4 导柱和导套

a) 导套 b)、c) 导柱

表8-2 导柱与导套的配合要求 （单位：mm）

配合形式	导柱直径	模架精度等级		配合后的过盈量
		I 级	II 级	
		配合后的间隙值		
滑动配合	≤18	≤0.010	≤0.015	—
	>18~28	≤0.011	≤0.018	
	>28~50	≤0.013	≤0.022	
	>50~80	≤0.015	≤0.025	
	>80~100	≤0.018	≤0.028	
滚动配合	>18~35	—	—	0.010~0.020

注：I 级精度模架的导柱和导套的配合为 H6/h5，II 级精度模架的导柱和导套的配合为 H7/h6。

导柱、导套可选用热轧圆钢做毛坯，渗碳淬火后，再磨削。

2. 导柱、导套的加工工艺过程

导柱、导套的加工工艺过程如下：毛坯（棒料）──→车削加工──→渗碳处理、淬火──→

内、外圆磨削——→精磨。

　　导柱的心部要求韧性好，故导柱的材料为 20 号低碳钢，下料长度应考虑车削时的装夹长度，外圆留 3~4mm 切削余量。车削后的外圆应留 0.5mm 的磨削余量。渗碳层深度为 0.8~1.2mm，淬火后表面硬度为 58~62HRC。在外圆磨床或万能磨床上磨削外圆，磨削后应留研磨余量 0.01~0.015mm。进行研磨加工的目的是进一步提高导柱的表面质量。为了消除热处理引起的导柱两端中心孔的变形等缺陷，导柱在热处理后应修正中心孔，以便在一次装夹中将导柱的两个外圆面磨出，以保证两圆柱面的同轴度。

　　导套一般用 20 号圆钢做毛坯，导套车削时，先车削内孔，并留有磨削余量 0.3~0.5mm，再以内孔为基准，车削外圆。渗碳层深度为 0.8~1.2mm，淬火后表面硬度为 56~62HRC。在内圆磨床上磨削内孔，并留有珩磨余量 0.01~0.015mm。为了提高内孔的表面质量，使导柱、导套的配合精度得到提高，导套磨削后还要进行珩磨。

　　为了保证导套内外圆表面的同轴度，在万能磨床上夹持导套的非配合表面，在一次装夹中将导套的内外圆表面同时磨出，如图 8-5a 所示。或者先磨内圆，再以内圆定位，用顶尖顶住心轴，磨削外圆，如图 8-5b 所示。

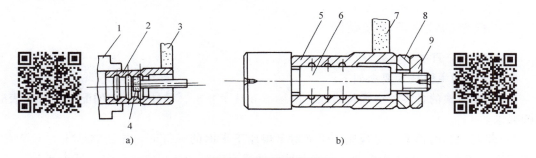

图 8-5　导套的磨削加工

a）一次磨削内外圆　b）以内孔定位磨外圆

1—夹头　2、5—导套　3、4、7—砂轮　6—心轴　8—垫片　9—螺母

　　对于薄材料（厚度≈0.1mm）的冲裁模或硬质合金模、精密冲裁模、高速冲模等要求无间隙导向、要求高精度和高寿命时，常采用滚动导向模架。滚动导向模架的导柱与导套之间装有钢球和保持圈，导套、导柱和钢球之间采用 0.010~0.020mm 的过盈配合。钢球在保持圈内滚动的轨迹互不重合，以减少磨损，为此，钢球在保持圈内的排列与轴线成一定倾角，倾斜角度为 10°~20°。

　　滚动导向模架的上、下模座和导柱、导套的加工方法同滑动导向模架，但其加工精度要求更高。

　　滚动导向模架的钢球直径一般为 3~5mm，在装配时，为了保证接触均匀，钢球要经过严格挑选和选配，其直径误差小于 0.003mm，圆度误差应不大于 0.0015mm。

　　钢球保持圈的材料采用黄铜或硬铝制作，也可用塑料制作，其装配时内、外壁应与导柱、导套各保持 0.35~0.50mm 的双向间隙。钢球保持圈上一般设有数十个台阶孔，将选好的钢球安装在台阶孔内，再将孔的四周铆开收口。保持圈的加工工艺过程如下：黄铜或硬铝毛坯——→车削内、外圆——→钻出圆周上的各孔。钻孔直径比钢球直径大 0.2~0.3mm，钻孔深度必须一致。将钢球保持圈装夹在车床上（见图 8-6），由于保持圈是空心的筒件，并且筒壁薄、材料较软，在收口时易变形。为了防止保持圈在收口时变形，可在保持圈内垫入一根心棒（见图8-7），将钢球放入孔内，用收口工具把孔收小（铆进三点或一圈），使钢球既不掉出，又能灵活转动。

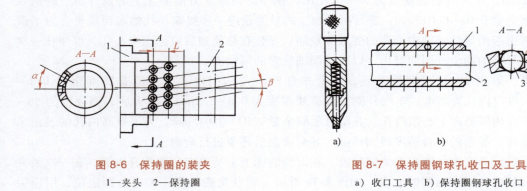

图 8-6　保持圈的装夹　　　　　　　　　图 8-7　保持圈钢球孔收口及工具

1—夹头　2—保持圈　　　　　　　　　a）收口工具　b）保持圈钢球孔收口

1—保持圈　2—心棒　3—钢球

三、模架的技术要求及装配

1. 模架装配的技术要求

模架装配的主要技术要求如下：

1）组成模架的各零件必须符合相应的标准和技术要求，导柱和导套的配合应符合表8-2所列要求。

2）装配成套的模架，上模座上平面对下模座下平面的平行度、导柱的轴线对下模座下平面的垂直度和导套孔的轴线对上模座上平面的垂直度应符合相应的要求，见表8-3。

3）装配后的模架，上模座在导柱上滑动应平稳和无阻滞现象。

4）模架的工作表面不应有碰伤、凹痕及其他机械损伤。

表 8-3　模架分级技术指标

项目	检 查 项 目	被测尺寸 /mm	模架精度要求	
			0Ⅰ、Ⅰ级	0Ⅱ、Ⅱ级
			几 何 公 差 等 级	
A	上模座上平面对下模座下平面的平行度	≤400	5	6
		>400	6	7
B	导柱的轴线对下模座下平面的垂直度	≤160	4	5
		>160	5	6
C	导套孔的轴线对上模座上平面的垂直度	≤160	4	5
		>160	5	6

注：被测尺寸是指：A—上模座的最大长度或最大宽度尺寸；B—下模座上平面的导柱高度；C—导套孔的延长心棒的高度。

2. 模架的装配

冷冲模架的装配方法有压入法、粘结法和低熔点合金浇注法。目前，大都采用压入式过盈配合，在有些情况下，也有采用粘结工艺的。

当冲压材料厚度小于 2mm 的小型零件时，若其冲压精度要求不高，所使用的冲模模架可采用粘结剂或低熔点合金装配法，将导柱、导套与模座固定。粘结法和低熔点合金浇注法对模座上的导柱和导套安装工艺孔，以及导柱、导套的装合部分的尺寸精度要求都不高，这样便于冲模的加工和维修。装配前，将上、下模座的孔扩大，降低其加工要求，同时，将导柱、导套的安装面制成有利于粘结的形状，并降低其加工要求。装配时，先将模架的各零件安放在适当的位置上，然后，在模座孔与导柱、导套之间注入粘结剂或浇注低熔点合金，可使导柱、导套固定。

利用压入法装配模架就是使导柱、导套与上、下模座的固定采用过盈压入配合。滑动导柱模架常用的装配工艺和检验方法见表 8-4。

表 8-4 滑动导柱模架的装配工艺

序号	工 序	简 图	说 明
1	压入导柱	 1—压块　2—导柱　3—下模座	在压力机上，将导柱压入下模座。压导柱时将压块顶在导柱中心孔上。在压入过程中，测量和校正导柱的垂直度
2	装导套	 4—导套　5—上模座	将上模座反置套在导柱上，然后套上导套，并用百分表检查导套压配部分的内外圆同轴度，并将其最大偏差 Δ_{max} 放在两个导套中心连线的垂直位置，这样可减少由于同轴度而引起的中心距变化
3	压入导套	 6—帽形垫块	用帽形垫块放在导套上，将导套一部分压入上模座内，然后取走下模座及导柱，并用帽形垫块将导套全部压入上模座内

（续）

序号	工序	简　图	说　明
4	检验	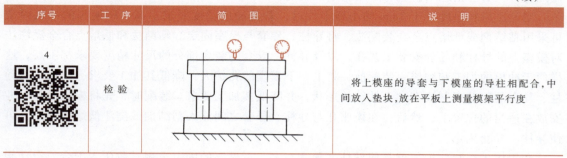	将上模座的导套与下模座的导柱相配合，中间放入垫块，放在平板上测量模架平行度

第二节　冷冲模制造工艺

一、凸模、凹模的结构特点和技术要求

凸、凹模是冲裁模的主要工作零件。凸模和凹模都有与制件轮廓一样形状的锋利刃口，凸模和凹模之间存在一周很小的间隙。在冲裁时，坯料对凸模和凹模刃口产生很大的侧压力，导致凸模和凹模都与制件或废料发生摩擦、磨损。模具刃口越锋利，冲裁件断面质量越好。合理的凸、凹模刃口间隙能保证制件有较好的断面质量和较高的尺寸精度，并且还能降低冲裁力和延长模具使用寿命。凸、凹模的设计有五点要求：①结构合理；②高的尺寸精度、几何精度、表面质量和刃口锋利；③足够的刚度和强度；④良好的耐磨性；⑤一定的疲劳强度。其中第二项要靠模具制造精度来保证，对于后三项，模具材料的选择和热处理规范的制订尤为重要。

凸模属于长轴类零件，从长度上可分为两部分：固定部分和工作部分。固定部分的形状简单，尺寸精度要求不高；工作部分的尺寸精度和表面质量要求高。凹模是板类零件，凹模型孔的尺寸、形状精度和表面质量要求高。凹模外形较简单，一般是圆形或矩形，其尺寸精度要求不高。

对凸模和凹模的技术要求见表8-5。

表8-5　冲裁凸、凹模的技术要求

项　目	加　工　要　求
尺寸精度	达到图样设计要求，凸、凹模间隙合理、均匀
表面形状	凸、凹模侧壁要求平行或稍有斜度，大端应位于工作部分，绝不允许有反斜度（见图8-8）
位置精度	圆形凸模的工作部分对固定部分的同轴度误差小于工作部分公差的一半。凸模端面应与中心线垂直 对于连续模，凹模孔与固定板凸模安装孔、卸料板孔孔位应一致，各步步距应等于侧刃的长度 对于复合模，凸凹模的外轮廓和其内孔的相互位置应符合图样中所规定的要求
表面粗糙度	刃口部分的表面粗糙度值 Ra 为 $0.4\mu m$，固定部分的表面粗糙度值 Ra 为 $0.8\mu m$，其余为 $6.3\mu m$，刃口要求锋利
硬度	凹模工作部分硬度为60~64HRC，凸模工作部分硬度为58~62HRC，对于铆接的凸模，从工作部分到固定部分硬度逐渐降低，但最低不小于38~40HRC（见图8-9）

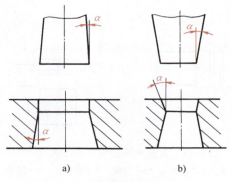

图 8-8 凸模与凹模的侧壁斜度
a) 正确 b) 错误

图 8-9 铆接凸模的硬度

二、冲裁模凸模的制造工艺过程

凸模加工的工艺要点有两个：①工作表面的加工精度和表面质量要求高，这是加工的关键；②热处理变形对加工精度有影响。因此，加工方法的选择和热处理工序的安排尤为重要。

由于冲裁件轮廓的形状种类很多，相应的凸模刃口轮廓形状种类也很多。不同刃口轮廓形状的凸模加工的方法不同。对于圆形凸模（见图 8-10），其加工方法较简单，下料后，经锻造和退火处理，在车床上车削毛坯的外圆和端面，并留磨削余量，淬火和回火处理后，在外圆磨床上精磨，并保证同轴度，工作部分经抛光、刃磨后即可使用。凸模的加工精度不受热处理变形的影响。

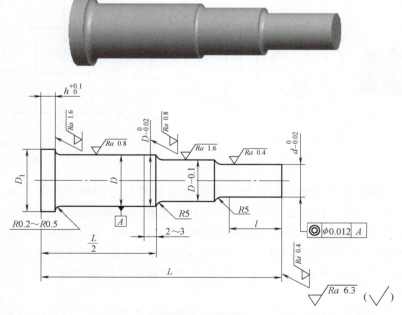

图 8-10 圆凸模

圆凸模零件的工艺路线有两种方案。方案一为双顶尖法：**毛坯加工——退火——车端面、钻中心孔——车外圆——热处理——研磨中心孔——磨削——线切割（两端顶尖孔处）**；方案二为工艺夹头法（图8-11）：**毛坯加工——退火——车端面（留夹头的余量）、车外圆——热处理——磨削——去夹头**。坯料的**长径比较大**时选用方案一，**长径比较小**时选用方案二。

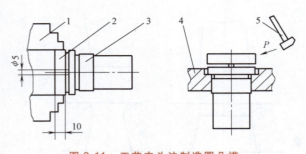

图8-11　工艺夹头法制造圆凸模

1—机床夹头　2—料头　3—凸模　4—固定板　5—锤子

非圆形凸模的加工比较复杂，生产中常用的加工方法有压印锉修、铣削加工、电火花线切割加工和成形磨削。

1. 压印锉修

压印锉修是一种钳工加工方法。图8-12所示的凸模，压印前，根据非圆形凸模的形状和尺寸准备坯料，在车床上或刨床上预加工毛坯各表面，在端面上按刃口轮廓划线，在铣床上按划线粗加工凸模工作表面，并留有压印后的锉修余量0.15~0.25mm（单面）。压印时，在压力机上将粗加工后的凸模毛坯垂直压入已淬硬的凹模型孔内，如图8-13所示。通过凹模型孔的挤压和切削作用，凸模毛坯上多余的金属被挤出，并在凸模毛坯上留下了凹模的印痕，钳工按照印痕锉去毛坯上多余的金属，然后再压印，再锉修，反复进行，直到凸模刃口尺寸达到图样要求为止。压印结束之后，再按照图样要求的间隙值锉小凸模，并留有0.01~0.02 mm（双面）的钳工研磨余量，热处理后，钳工研磨凸模工作表面，直到间隙合适。

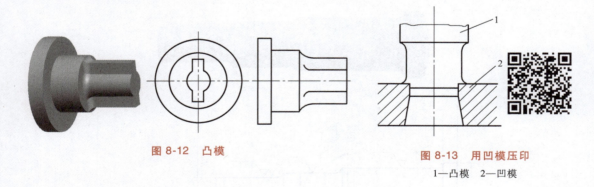

图8-12　凸模

图8-13　用凹模压印

1—凸模　2—凹模

为了减小压印表面的表面粗糙度值，可用磨石将锋利的凹模刃口磨出0.1mm的圆角，以增强挤压作用，并在凸模表面上涂上一层硫酸铜溶液，以减少压印时的摩擦。

压印加工可在手动螺旋压印机或液压压印机上进行。第一次压印深度不宜过大，一般控制在0.2~0.5mm，钳工在锉削时不能碰到压出的表面，锉削后留下的余量要均匀，保持在0.15~0.25mm（单边余量），以免再次压下时出现偏斜。以后各次压下深度可以增加到0.5~1.5mm。

压印加工最适合于无间隙冲裁模的加工，在缺乏先进模具加工设备的情况下，它是模具钳工经常采用的一种方法，而且十分有效。此种方法的缺点是对工人的操作水平要求高，生产率低，模具精度受热处理影响。因此，它逐渐被其他先进的模具加工方法所代替。

2. 铣削加工

非圆形凸模可在立式铣床上按划线加工，然后由钳工研磨、抛光。例如，某冲孔凸模如图 8-14 所示，零件的材料为 MnCrWV，热处理硬度为 58~62HRC，凸模的工作部分为非圆形，成形表面是由 $R6.92_{-0.02}^{0}$ mm×$29.84_{-0.04}^{0}$ mm×$R5$mm×$7.82_{-0.03}^{0}$ mm 组成的曲面，成形面的表面粗糙度值 Ra 为 $0.4\mu m$，与固定板配合部分为矩形，它和成形表面呈台阶状，外廓包容体是尺寸为 22mm×32mm×45mm 的长方体，属于小型工作零件。根据冲孔凸模的形状、尺寸精度和表面质量的要求，结合加工设备情况等具体条件来制订工艺方案。该凸模的工艺方案为：

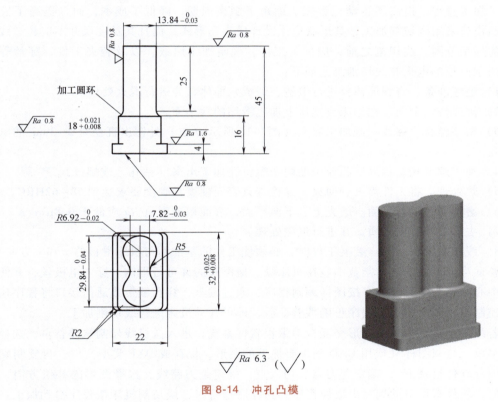

图 8-14　冲孔凸模

1）备料。采用弓形锯床下料。

2）锻造。将棒料锻成一个包含加工余量的长方体。

3）热处理。退火（按 MnCrWV 选取退火方法及退火工艺参数）。

4）刨（或铣）六面，单面留余量 0.2~0.25mm。

5）平磨（或万能工具磨）六面至尺寸上限，用角尺检查基准面，保证平行度和垂直度。

6）钳工划线（或采用刻线机划线）。

7）粗铣外形（立式铣床或万能工具铣床）留单面余量 0.3~0.4mm。

8）精铣成形表面，单面留 0.02~0.03mm 研磨量。

9）检查。用放大图在投影仪上将工件放大检查其曲面（适用于中小工件）。

10）钳工粗研。单面留 0.01~0.015mm 研磨量。

11）热处理。工作部分局部淬火及回火。

12）钳工精研及抛光。

该工艺方案中，由于铣削加工成形面是在凸模淬火之前进行的，加工后的热处理将会引起凸模变形、氧化、脱碳、烧蚀等问题，降低凸模的精度和质量。因此，选择凸模材料时，应选用热处理变形小的合金工具钢，如 CrWMn、Cr12、Cr12MoV 等；采用盐浴炉高温快速加热淬火和真空回火稳定处理，以防止过烧和氧化等现象产生。

3. 电火花线切割加工

电火花线切割机床在模具加工中的应用很广，特别是自动化编程软件的使用，不仅大大简化了加工过程，提高了自动化程度，缩短了制模周期，降低了成本，而且提高了模具质量。凸模若采用线切割加工，其形状应该设计成直通形式，而且其长度尺寸不应超过线切割机床的加工范围。线切割之前，应准备工件，确定加工路线，以及装夹工件，穿丝等。图 8-15 所示凸模的电火花线切割工艺如下：

1）毛坯准备。将圆形棒料进行锻造，锻成六面体，并进行退火处理。

2）刨或铣六个面。在刨床或铣床上加工锻坯的六个面。

3）钻穿丝孔。在线切割加工起点（图 8-15 所示 O 点）处钻出直径为 2~3mm 的电极丝穿丝孔。

4）加工螺钉孔。将固定凸模用的两个螺钉孔加工出来（钻孔、攻螺纹）。

5）热处理。将工件淬火、回火，并检查其表面硬度，硬度要求达到 58~62HRC。

6）磨削上、下两平面。磨光上、下两平面，表面粗糙度值 Ra 应低于 0.8μm。

7）去除穿丝孔内杂质，并进行退磁处理。

8）线切割加工凸模。装夹工件时，必须使工件的基准面与机床滑板的 x 和 y 方向平行，位置要适当，工件的线切割范围应在机床纵、横滑板的许可行程内。穿入电极丝，并使电极丝的中心与钻孔中心重合。按图样编制程序，通过键盘、穿孔纸带或通信接口将程序输入机床的控制柜，画出图形，程序正确性验证后，即可开动机床进行线切割加工。

若线切割机床安装了图形交互自动编程软件系统，进入微机线切割软件首页，选择绘图功能菜单，绘制图样（或用 CAD 画出要加工的图形，保存成 DXF 类型文件，再复制到微机自动编程软件目录下），确定起刀点、切入点，确定走刀路线，选择图形的补偿方向，输入补偿值，软件即可自动编写出数控程序。当程序运行时，线切割机床按程序自动加工。

9）研磨。线切割后，钳工研磨凸模工作部分，使工作表面的表面粗糙度值降低。

4. 成形磨削

利用成形磨削加工凸模是目前常用的一种最有效的加工方法。经过成形磨削的凸模尺寸精度高、质量好，磨削精度不受热处理的影响，并且生产率高。

需要成形磨削的凸模一般设计成直通形式。成形磨削前应根据工厂的实际条件选择磨床，有效利用各种工、夹具及成形砂轮。用万能夹具磨削凸模的工艺要点是：

1）为了简化工艺计算，应选择适当的直角坐标系。一般取工件的设计坐标系为工艺坐标系。

2）将复杂的凸模刃口轮廓分解成数个直线、圆弧段，然后依次磨削。先磨削直线，后磨削斜线及凸圆弧；先磨削凹圆弧，后磨削直线及凸圆弧；先磨削大凸圆弧，后磨削小凸圆

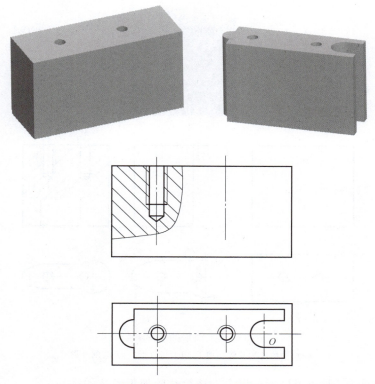

图 8-15　线切割加工凸模

弧；先磨削小凹圆弧，后磨削大凹圆弧。用上述磨削顺序便于加工成形，并且容易达到所要求的精度。

3）选择回转中心，依次调整回转中心与夹具中心重合。

4）由于成形磨削时的工艺基准不尽一致，需要进行工艺尺寸换算。

图 8-16 所示的凸模的成形磨削加工程序如下：

1）准备毛坯。用圆钢锻成六面体，并进行退火处理。

2）刨削或铣削六个面。在刨床或铣床上加工锻坯的六个面。

3）磨上、下两平面及基准面。

4）钳工划线，钻孔、攻螺纹。

5）用铣床加工外形（留磨削余量）。

6）热处理。将凸模淬火、回火处理，并检查表面硬度，硬度要求达到 58~62HRC。

7）磨削上、下两平面。磨光上、下两平面，表面粗糙度值 Ra 应低于 $0.8\mu m$。

8）成形磨削。按一定的磨削程序磨削凸模的外形。

9）精修。凸模外形和凹模配间隙。

三、冲裁模凹模的制造工艺过程

凹模加工与凸模加工相比有以下特点：

1）在多孔冲裁模或级进模中，凹模上有一系列孔（这些孔称为孔系），凹模孔系位置

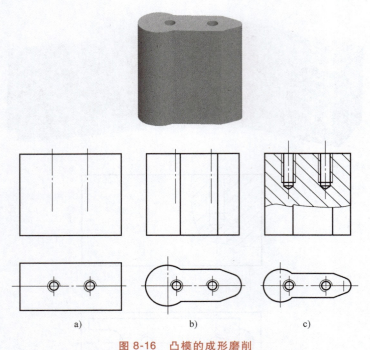

图 8-16 凸模的成形磨削

a)毛坯外形和螺孔加工 b)铣外形 c)磨削外形

精度通常要求在±(0.01~0.02) mm 以上,这给孔的加工带来困难。

2)凹模在镗孔时,孔与外形有一定的位置精度要求,加工时,要求确定基准,并准确确定孔的中心位置,这给加工带来很大难度。

3)凹模内孔加工的尺寸往往直接取决于刃具的尺寸,因此刃具的尺寸精度、刚性及磨损将直接影响内孔的加工精度。

4)凹模孔加工时,切削区在工件内部,排屑、散热条件差,加工精度和表面质量不容易控制。

凹模型孔的加工方法不仅与其形状有关,而且与型孔的数量有关。下面分别介绍单个圆孔、系列圆孔和非圆形型孔的加工。

1. 单个圆形型孔的加工

凹模型孔为单个圆孔时,其加工方法比较简单。毛坯外形用车削加工,当凹模型孔直径小于 5mm 时,先钻孔,然后铰孔,热处理后磨削顶面和底面,用砂布抛光型孔即可;当型孔直径大于 5mm 时,一般采用钻削和镗削方法对型孔进行粗加工,经淬火、回火处理后,利用万能磨床或内圆磨床对型孔进行精加工,磨孔的精度可达 IT5 ~ IT6,孔表面粗糙度值 Ra 可达 0.8 ~ 0.2μm。

2. 系列圆形型孔的加工

凹模型孔为一系列圆孔时,其加工比较困难,应根据工厂现有的加工设备,选择相应的方法。利用坐标法进行孔的加工,可在普通钻床上、铣床上加工出位置精度较高的系列型孔,在坐标镗床上可加工有高精度位置要求的系列型孔。生产中常用的加工方法如下:

(1)在普通钻床上加工 在缺乏坐标镗床的情况下,可在普通钻床上进行孔系的加工。

凹模毛坯经刨或铣六面，然后磨平六个面，并要互相垂直，根据图样，在磨好的工件上划线，并将工件夹持在平口钳上，通过在钻床的纵向和横向附加量块和百分表测量装置，控制工件移动的距离，进行孔系的加工。由某工厂加工经验，此方法能达到孔间距精度±0.04mm，但是加工效率较低。

（2）在铣床上加工　在立式铣床上加工凹模上多个型孔，直接利用工作台上的纵、横向位移来确定孔的位置，其加工的孔间距精度较低，一般为0.06~0.08mm。

当立式铣床工作台纵、横向位移均配数显装置时，其孔距精度一般可达±0.02mm，有的可达±0.01mm。

（3）在精密坐标镗床或坐标磨床上加工　精密坐标镗床具有精密坐标定位装置，它是专门用于镗削尺寸、形状和位置精度要求高的孔系的精密机床。孔位精度一般可达0.005~0.015mm。由于凹模在热处理时易发生变形，导致热处理之前镗好的孔位精度降低。当凹模孔的精度和孔位精度要求很高时，经过坐标镗床加工的凹模在热处理之后，还应在坐标磨床上精加工，以保证型孔尺寸精度和孔系的位置精度。

3. 非圆形型孔的加工

非圆形型孔的加工工艺比较复杂。非圆形型孔中心的废料首先要去除，然后进行精加工，非圆形型孔的精加工方法有锉削加工、压印锉修、电火花线切割加工和电火花加工。

（1）锉削加工　在锉削和压印之前，凹模的外形应先加工出来，钳工按照凹模刃口轮廓线划线，然后在立式铣床或带锯机床上将型孔内部的废料去除，留出0.2~0.8mm（单边）的加工余量。图8-17所示是沿型孔轮廓线内侧依次钻孔后，凿通整个轮廓，去除中心废料。废料去除后，钳工用锉刀修整孔壁，或在铣床、插床上修整孔壁。

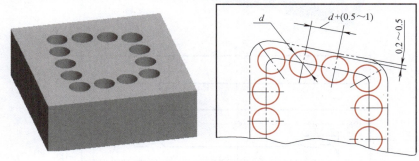

图 8-17　沿型孔轮廓钻孔

型孔内部的废料去除后，可利用锉削方法精加工型孔。钳工先用粗锉锉出形状，最后用细锉精锉成形，并随时用加工好的凸模或样板检查。凹模刃口锉好之后，再锉出凹模孔的后角的大小。注意在锉削过程中，不要碰坏相邻已锉好的表面。

手工锉削的工作量大，效率低。可利用锉刀机来代替手工锉修。用锉刀机床锉修时，必须准备各种形状及尺寸的锉刀，锉削时一般沿工件表面的划线进行。

（2）压印锉修　用淬硬的加工好的凸模对未淬硬的并留有一定压印余量的凹模毛坯进行压印，压印方法与凸模的压印方法相同。凹模在压印锉修后，可用磨石精细加工，并加工出后角。在缺乏专用模具加工设备的情况下，钳工常利用压印方法加工凹模型孔。此方法加工的凹模型孔尺寸精度高、表面粗糙度值低。此方法简单，易于操作。

（3）电火花线切割加工　当凹模形状复杂，带有尖角、窄缝时，电火花线切割加工是常采用的一种精加工凹模型孔的方法。线切割加工可在热处理之后进行，型孔的加工精度高、质量好。线切割后，需要钳工研磨型孔，以保证凸、凹模的间隙均匀。在线切割之前，要对凹模毛坯进行预加工，选择电火花机床，凹模厚度和水平尺寸必须在机床的加工范围内，选择合理的工艺参数（电参数、切割速度等），还要安排好凹模的加工工艺路线，做好切割前的准备工作，如在工件适当位置上加工穿丝孔，仔细检查机床各机构运行状况是否良好，找正工件加工基准，装夹工件等。

图 8-18 所示凹模的材料为 Cr12MoV，凹模厚度为 10mm。由于凹模型孔的长度尺寸为 400mm，故该凹模的切割路线较长，切割面积多，废料质量大，在切割过程中容易变形，并且线切割结束时中间的废料掉下来容易损坏电极丝等。工厂实际加工时，采取的措施是热处理之前，增加一道预加工工序，将凹模型孔各面仅留 2~4mm 的线切割余量，其次工件采用双支撑方式，即在切割结束时，特别是快要结束时，用一块平坦的永久磁铁将工件与废料紧紧吸牢，以便使废料在切割过程中位置固定。线切割该模具型孔的工艺参数为：电源电压 95V，加工平均电流 1.8A，脉冲宽度 25μs，脉冲间隔 78μs，钼丝直径 0.12mm，走丝速度 9m/s，切割速度 40~50mm²/min，工作液为乳化液。其加工过程如下：

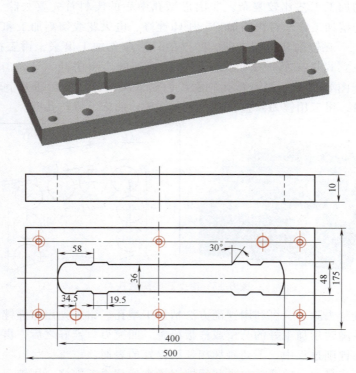

图 8-18　凹模的电火花线切割加工

1）准备毛坯。用圆钢锻成方形坯料，并退火。

2）刨削六个面。将毛坯刨成六面体。

3）平磨上、下两平面及角尺面。

4）钳工划线。并加工销孔（钻孔、铰孔）和螺钉孔（钻孔、攻螺纹）。

5）去除型孔内部废料。沿型孔轮廓划出一系列孔，然后在钻床上顺序钻孔，钻完后凿通整个轮廓，敲出中间废料。

6）热处理。淬火与回火，检测表面硬度，要求达到 $60 \sim 64HRC$。

7）平磨上、下两平面及角尺面。

8）电火花线切割型孔。线切割加工的步骤与凸模加工相似。

9）将切割好的凹模进行稳定回火。

10）钳工研磨销孔及凹模刃口，使型孔达规定的技术要求。

（4）电火花加工　电火花加工在热处理后进行，因而避免了热处理变形带来的不良影响。形状复杂的凹模型孔采用电火花加工时，制模周期短，生产率高。但是在加工过程中，电极的损耗影响加工精度，也难以达到较小的表面粗糙度值。与线切割相比，电火花加工需要制作成形电极，制模成本较高。对于型孔周长比较长、多型孔加工，电火花加工比较有利，如电动机定、转子硅钢片冲模的加工，大多数工厂采用电火花加工的方法。电火花尤其适合于小孔和小异形孔的加工。

凹模型孔电火花加工有直接法、间接法、混合法和二次电极法。这些方法能保证凸、凹模的配合间隙。

1）直接加工法是指将凸模直接作为电极加工凹模型孔的工艺方法。这种方法是将凸模适当加长，其非刃口端作为电极。凹模加工后，再将加长的电极部分去掉。通过在加工过程中控制脉冲放电间隙能保证凸、凹模的配合间隙，即放电间隙等于凸、凹模的配合间隙，用这种方法可以使配合间隙均匀。此方法不需要另做电极，工艺简单，但是，钢电极的电加工性能很差，电火花机床的脉冲电源应能适应钢电极的加工要求。此方法适用于形状复杂的凹模或多型孔的加工，如电动机定子、转子硅钢片冲模等。

2）间接加工法是指凸模与加工凹模的电极分开制造。首先根据凹模尺寸设计和制造电极，然后用电极加工凹模，最后按冲裁模间隙配做凸模。此方法的优点是电极材料不受凸模材料的限制，可以选择电加工性能好的电极材料，而且配合间隙不受放电间隙的限制。其缺点是增加了制造电极和钳工修配的劳动量，而且配合间隙不易做得均匀，对形状复杂的尤甚。故此种方法适合于配合间隙要求比较大或比较小的冲模的加工。

3）混合加工法是指电极与凸模的材料不同，但可通过焊接或采用其他粘结剂将其与凸模连接在一起，并同时加工成形，再对凹模加工，待凹模电火花加工后，再将电极与凸模分开。此方法电极材料可选择电加工性能好的材料，效率较高；凸模与电极一起加工，电极的形状、尺寸与凸模一致，电火花加工后，凸、凹模的配合间隙均匀。

4）二次电极法。利用凸形的电极（称为一次电极）加工出凹模，再用该电极加工凹形的电极（二次电极），然后用二次凹形电极加工凸模，如图 8-19 所示。这种方法常用于凹模制造有困难的电加工。

首先，根据要求设计制造凸形一次电极。用该电极加工凹模，凹模尺寸为

$$d+2\delta_1$$

再用一次电极加工凹形二次电极，二次电极尺寸为

$$d+2\delta_2$$

然后用二次电极反拷贝加工凸模，凸模尺寸为

$$d+2\delta_2-2\delta_3$$

加工好的凸、凹模配合间隙为

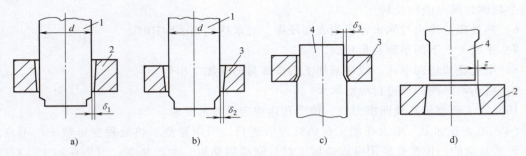

图 8-19 一次电极为凸形的二次电极法

a）加工凹模 b）加工凹形二次电极 c）反拷凸模 d）配合
1—凸形一次电极 2—凹模 3—凹形二次电极 4—凸模

$$z = \delta_1 - \delta_2 + \delta_3$$

二次电极法的加工过程比较复杂，因此一般情况下不采用。通过合理调整放电间隙 δ_1、δ_2 和 δ_3，可以加工出配合间隙为零的精冲模、修光模等。对于硬质合金模具和异形小孔等加工也常采用此方法。

以上四种方法主要根据凸、凹模配合间隙来选用，选用方法见表 8-6。

表 8-6 凹模型孔电火花加工方法选用

配合间隙 z/mm	直接法	间接法	混合法	二次电极法
>0.20	□	☆	□	
0.1~0.2	□	□	□	□
0.1~0.015	☆	□	☆	☆
<0.015		□		☆

注：☆—最合适；□—尚可。

图 8-20 所示为用电火花加工的凹模，凹模材料为 T10A，与凸模的配合间隙为单边 0.05~0.10mm，加工余量为单边 3~4mm，刃口的表面粗糙度值 Ra 要求为 0.8μm。其加工过程如下：

1）准备毛坯。用圆钢锻成方形毛坯，并退火。

2）刨削六个面。

3）平磨。磨上、下两平面和角尺面。

4）钳工划线。划出型孔轮廓线及螺孔、销孔位置。

5）切除中心废料。先在型孔适当位置钻孔，然后用带锯机去除中心废料。

6）螺孔和销孔加工。加工螺孔（钻孔、攻螺纹），加工销孔（钻孔、铰孔）。

7）热处理。淬火与回火，检查硬度，表面硬度要求达到 60~64HRC。

8）平磨。磨上、下两平面。

9）退磁处理。

10）电火花加工型孔。利用凸模加上一段铸铁后作为电极（见图 8-21，L_1 为凸模长度，L_2 为电极长度），电加工完成后去掉铸铁部分后做凸模用。由于凸、凹模配合间隙较大（单边 0.05~0.10mm），故先用粗规准加工，然后调整平动头的偏心量，再用精规准加工，达到凸、凹模的配合间隙要求。

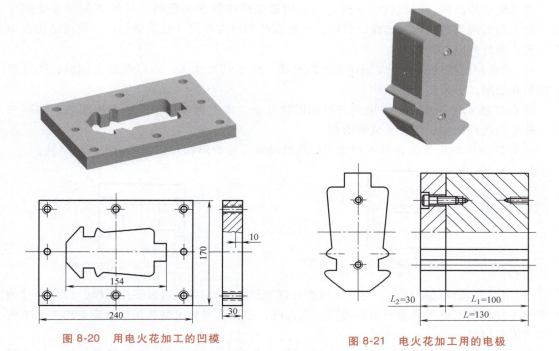

图 8-20　用电火花加工的凹模　　　　　　图 8-21　电火花加工用的电极

四、冷冲模结构的工艺性

冷冲模零件的结构工艺性是指模具零件在满足冲压工艺的前提下，其结构是否便于制造、装配和维修等。在考虑模具结构工艺性时，要特别注意简化其成形表面的加工，以提高模具精度和寿命。不同的制模方法对模具零件结构要求不同，因此模具结构工艺性的好坏是相对的。例如，某种结构的模具零件用传统的加工方法时工艺性是好的，但对新的加工工艺（如电火花加工）来说，其结构就不一定合理。

对模具设计人员来说，设计冲模时，不仅要保证冲压工艺要求，而且要考虑制造工艺方面的要求。即要全面考虑冲压工艺、模具结构以及制造工艺方法、设备工具等问题。只有这样，才能使设计的模具具有良好的工艺性，才能保证模具零件从加工制造到装配维修各环节都达到生产率高、成本低等要求。因此模具设计人员不仅要掌握模具设计知识，而且必须具备较强的模具制造工艺基本理论和实践知识。设计冷冲模时，为了改善模具零件结构工艺性，必须考虑以下原则：

1）模具结构尽量简单。在保证使用要求的前提下，尽可能减少不必要的零件，使模具结构尽量简单。

2）模具使用过程中的易损件能方便地更换和调整。

3）尽可能采用标准化零部件。

4）模具零件，尤其是凸、凹模零件应具有良好的工艺性。例如，选择加工性能较好的材料，合理设计零件的精度和表面粗糙度，使零件便于加工，有利于提高模具的精度和寿命。

5）模具应便于装配。

冷冲模中的凸模、凹模或凸凹模，当采用钳工压印锉修或铣削或成形磨削等方法加工时，为了提高模具结构的工艺性，凸模、凹模或凸凹模常常设计成镶拼结构。镶拼结构在加工工艺方面具有以下优点：

1）简化制模难度。对于大型冲裁模的凹模，由于其尺寸大，难以锻造大钢料，并且热处理引起变形，可采用镶拼结构。

图 8-22 所示的凹模，刃口槽窄或局部形状复杂，钳工难以加工，也无法用成形磨削加工，若采用镶拼结构，则便于成形磨削。

图 8-23 所示的凹模尖角处不易加工，热处理时，易变形和开裂，可采用镶拼结构。

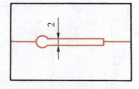

图 8-22　窄槽凹模镶拼结构

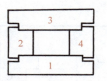

图 8-23　尖角凹模镶拼结构

2）节约贵重模具钢材，避免整体模热处理变形。图 8-24 所示为多孔凹模，刃口部分做成多个镶件，然后镶入普通钢制作的固定板孔内，这样既避免了整体模热处理变形，又节约了贵重模具钢材。

3）便于更换和维修。大型冲裁模凹模或局部形状复杂的凹模，采用镶拼结构，以便易磨损的部分容易加工和更换。图 8-25 所示为镶拼凹模，凸出或凹进的部分，应单独制作成一块，以便于加工和更换。

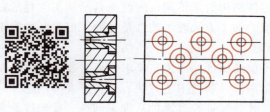

图 8-24　多孔凹模

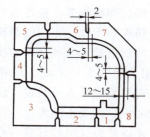

图 8-25　镶拼凹模

冷冲模的凹模，当采用电火花加工时，凹模结构的特点如下：

1）采用整体结构。采用电火花加工凹模时，镶拼结构可以改为整体结构。这是由于凹模上的小孔、尖角和窄槽等对机械加工来说是十分困难的，甚至难以加工，而对于电火花加工来说并不困难。采用整体结构，模具的体积可以减小，刚度和强度增加，设计和制造模具的工作量减少。

2）可减薄模板厚度。当采用电火花加工模具时，模具板厚可减薄，理由如下：

① 由于电火花加工在热处理之后进行，避免了热处理的影响，原来考虑为了减小变形而增加的厚度已无必要。

② 电火花加工后的凹模型孔，刃口平直，间隙均匀，耐磨性能好，使用寿命长，减少了刃磨次数。

③ 从电火花加工工艺来说，减薄凹模厚度可以减少每副模具的加工工时，缩短制模周期。

④ 可以节省贵重的模具材料。

必须注意：挖台阶时要沿着凹模型孔周边挖，以便台阶孔与型孔相似，其周边扩大量为 1~2mm，不可过大，否则凹模强度和刚度会大大降低，影响凹模寿命，采用挖台阶的方法，可大大缩短电火花加工工时，但多了一道铣削工序（挖台阶），并且带来了电火花加工时定位不方便等问题。

3）凹模型孔的尖角改为小圆角。采用电火花加工凹模时，凹模型孔的尖角在无特殊要求的情况下最好改为小圆角。这是因为，当电火花加工凹模型孔时，电极尖角部分总是腐蚀较快。即使将电极的尖角部分做得很尖，在放电加工时，加工出的凹模也会有小圆角，其半径为 0.15~0.25mm。除此之外，小圆角还有利于减少应力集中，提高模具强度。

4）刃口及落料斜度小。利用电火花加工的模具，其型孔刃口形式如图 8-26 所示（其中 α_1 为刃口斜度，α_2 为落料斜度）。电火花加工的落料模型孔的刃口斜度小于 10′，复合模的刃口斜度为 5′左右，落料斜度一般为 30′~50′。对于落料模而言，刃口和落料斜度均比钳工做的小（钳工做的斜度 $\alpha_1 = 15′~30′$，$\alpha_2 = 1°~3°$）。因电火花加工的斜度在各个方向都比较均匀，故冲压时落料仍很顺利。

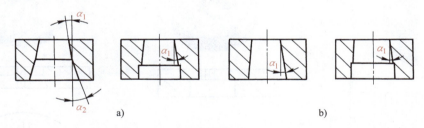

图 8-26 电火花加工模具的斜度

a）落料模 b）复合模

5）标出凸模的公称尺寸和公差。为了便于凸模和电极配套成形磨削，在图样上，应标注出凸模的公称尺寸和公差。

6）刃口表面变质层的处理。电火花加工后的凹模刃口表面存在一层变质层。变质层硬度高，并且其表面有无数小坑，特别有利于保存润滑油，因而耐磨性能好。对于要求耐磨性为主的凹模，应保留变质层；对于承受很大冲击力的凹模，电火花加工后，必须进一步进行磨削和研磨加工，以便去掉变质层，降低表面粗糙度值，延长其疲劳寿命。

采用线切割加工冷冲模时，在模具材料的选用和模具结构的设计方面，都应考虑线切割加工工艺的特点，以保证模具的加工精度，提高模具的使用寿命。

1）选择淬透性好、热处理变形小的材料。用于冷冲模的材料有碳素工具钢和合金工具钢。若采用碳素工具钢（T8A、T10A）制造模具，由于其淬透性差，线切割加工所得的凸模或凹模刃口的淬硬层较浅，经过数次修磨后，其硬度显著下降，模具的使用寿命缩短。另一方面，在线切割加工过程中，放电产生的高温使加工区域的温度很高，又有工作液的不断冷却，加工区相当于局部淬火，引起凸模或凹模的柱面变形，直接影响凸模或凹模的线切割加工精度。

　　合金工具钢的淬透性好，线切割时不会使凸模或凹模的柱面再产生变形，而且凸模或凹模的刃口表面基本上全部淬硬，经多次修磨后，刃口的硬度不会降低，故采用合金工具钢做模具材料能提高线切割模具的加工精度和使用寿命。常用的合金工具钢有 Cr12、CrWMn、Cr12MoV、GCr15 等。

　　2) 对于形状复杂、带有尖角窄缝的小型模具，不必采用镶拼结构。如图 8-27 所示的固体电路冲件，在未采用线切割时，其凸凹模采用镶拼结构，加工工时多，精度要求高，对工人的技术要求高。应用线切割后，采用整体结构，强度高，质量好，简化了模具的设计和制造。

　　3) 线切割加工的凸模为直通型，为了便于凸模与固定板的装配，凸模固定板也采用线切割加工。为了保证连接强度，小型凸模与凸模固定板采用过盈配合，过盈量为 0.01 ~ 0.03mm；若凸模工作型面较大，则可采用螺钉紧固。

　　4) 由于一般线切割机不具有切割斜度功能，因此切割出的凹模为直通型。为了使冲压时落料容易，应采用在凹模背面铣削台阶的方法适当减薄凹模刃口厚度，如图 8-28 所示，或在线切割加工之后，用电火花加工出落料斜度，如图 8-29 所示。

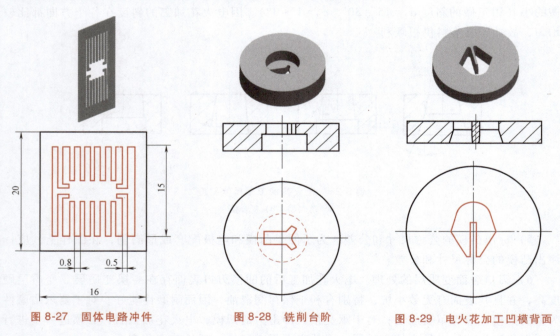

图 8-27　固体电路冲件　　　　图 8-28　铣削台阶　　　　图 8-29　电火花加工凹模背面

第三节　锻模制造工艺

一、锻模的结构特点和技术要求

　　锻模零件的各加工面主要为平面和型腔。锻模型腔结构复杂，精度要求较高，是加工的重点。锻模一般由上、下模构成，即型腔由上、下模合模后构成，上、下模型腔的加工精度及位置精度直接影响锻件的精度。由于锻模在工作时承受很大的冲击力，因此，对模块的锻造质量和型腔的表面质量要求很高。为了提高锻件的精度和模具的使用寿命，对锻模提出下列各项技术要求。

1. 模块的技术要求

1）对于圆形或近圆形锻件的模块，其纤维方向与键槽中心线的方向一致（见图8-30a）；对于长轴类锻件的模块，其纤维方向与燕尾方向一致（见图8-30b），绝对不允许纤维方向与燕尾支撑面垂直（见图8-30c）。

图8-30　模块的纤维方向
a）正确　b）正确　c）错误

2）分型面、燕尾支撑面的平面度误差小于0.02mm。

3）分型面与燕尾支撑面的平行度误差小，合模后上、下模燕尾支撑面的平行度误差均不大于规定的数值。

4）纵向基准面与横向基准面间的垂直度公差为100∶0.03，燕尾侧面与纵向基准面的平行度误差不大于规定的数值。

5）键槽中心线至横向基准面距离的公差不大于±0.2mm；合模后，键槽中心线至横向基准面的距离，上、下模相差不大于0.4mm。

2. 型槽加工精度要求

型槽又称为模膛或型腔。型槽上未注明的公差见表8-7，上、下模检验角对齐后，型槽错移量不应超过表8-8规定的数值。

表8-7　锤锻模型槽制造公差　　　　　　　　　（单位：mm）

型槽尺寸	终锻型槽		预锻型槽		制坯型槽		
	深度	长、宽	深度	长、宽	深度	长度	宽度
≤20	+0.10 -0.05	+0.2 -0.1	+0.2 -0.1	+0.4 -0.2	±0.5	±0.8	—
>20~50	+0.1 -0.1	+0.3 -0.1	+0.2 -0.1	+0.5 -0.2	±0.6	±1.0	+3.0 -1.0
>50~80	+0.2 -0.1	+0.3 -0.2	+0.3 -0.2	+0.5 -0.3	±0.8	±1.2	+3.0 -1.5
>80~160	+0.3 -0.2	+0.4 -0.2	+0.4 -0.2	+0.6 -0.3	±1.0	±1.5	+4.0 -2.0
>160~260	—	+0.5 -0.3	—	+0.6 -0.4	—	±1.8	+5.0 -2.0
>260~360	—	+0.6 -0.3	—	+0.7 -0.4	—	±2.0	—
>360~500	—	+0.7 -0.4	—	+0.8 -0.4	—	±2.5	—
>500	—	+0.8 -0.4	—	+0.8 -0.5	—	±3.0	—

注：深度尺寸公差按单块锻模规定。

表 8-8　分型面上允许的错移量　　　　　　　　（单位：mm）

设备	终锻型槽	预锻型槽	制坯型槽	设备	终锻型槽	预锻型槽	制坯型槽
1t 模锻锤	0.1	0.2	1.0	3t 模锻锤	0.2	0.4	2.0
2t 模锻锤	0.15	0.3	1.0	5t 模锻锤	0.25	0.5	2.0

3. 锻模表面粗糙度要求

　　燕尾支撑面、分型面、预锻型槽等表面经过精铣、精刨或磨削后，使其表面粗糙度值 Ra 达 1.6μm；终锻型槽及毛边槽桥部还需抛光，使其表面粗糙度值 Ra 达 0.8μm；毛边槽仓部、起重孔及钳口槽等非工作表面，用钻或铣削加工到 Ra 为 12.5μm 即可。

4. 锻模硬度要求

　　型腔表面硬度和燕尾部分的硬度要求见表 8-9。

表 8-9　锤锻模的硬度要求

设备及模具	工作部分		燕尾部分	
	布氏硬度 HBW	压痕直径 d/mm	布氏硬度 HBW	压痕直径 d/mm
1t、2t 模锻锤用锻模	360~413	3.01~3.21	302~341	3.30~3.50
3t 模锻锤用锻模	341~385	3.11~3.30	283~318	3.41~3.61
5t 模锻锤用锻模	318~360	3.21~3.41	283~318	3.41~3.61

　　注：d 是在负荷为 29420N、球径为 10mm 时的试验值。

二、锻模加工工艺过程

1. 锻模加工工艺过程

　　通常锻模上的平面加工精度容易达到，而型腔的加工精度较难保证，所以型腔的加工是制订锻模加工工艺过程的重点。在制造锻模之前，要进行一些必要的工艺准备工作，如用薄钢板制作型槽截面形状的样板，制作仿形铣床用的靠模或电火花加工用的电极等。锻模加工工艺过程大致分为四个阶段：模块的预加工、型槽的加工、热处理和精整加工。

　　1）模块的预加工包括钻起重孔，钳工划线，刨或铣基准面、燕尾支撑面、分型面等。

　　2）由于型槽形状复杂、精度要求高，故型槽的加工是锻模加工的重点。根据型槽的形状、尺寸及加工设备的情况，可采用机械加工、电加工或压力加工等方法加工型槽。

　　3）热处理对锻模质量影响很大。模块经锻造后，需进行退火处理，以降低硬度，消除残余内应力，改善工件材料的可加工性，并为后面的热处理做好组织上的准备。对于中小型锻模或淬火变形较小的材料，淬火与回火处理放在模块预加工和型槽加工之后进行，这样可使型槽得到较高的硬度。对于大型锻模或用淬火变形较大的钢材制造的模具，淬火与回火安排在模块预加工之后型槽加工之前进行，这样可以避免热处理变形的影响，可用电加工来解决切削加工难的问题。

　　4）精整加工是指精磨平面、抛光型槽及检验等。

2. 锤锻模加工工艺过程实例

　　图 8-31 所示为连杆锤锻模，其加工工艺过程如下：

　　1）备料。毛坯经锻造后，进行退火处理。

2）划线。钳工在模块上划出起重孔、分型面、燕尾及纵、横基准面。

3）钻起重孔。按图样要求钻起重孔。

4）刨分型面。燕尾、基准面及打印用的槽。

5）磨分型面。在平面磨床上分别磨出上、下模的分型面。

6）钳工划线。钳工划出各型槽的轮廓线、钳口、键槽尺寸线，并打印模具标记。

7）加工型槽。在仿形铣床上或电加工机床上加工型槽。若在仿形铣床上加工，可利用立式铣床进行粗加工，再在仿形铣床上精铣，留出 0.1~0.5mm 的余量，然后加工拔长型槽及滚挤型槽到尺寸要求。若用电加工，则可直接加工到所要求的尺寸。

8）修整型槽。主要修整机械加工难以加工到的窄槽、边角及小圆弧等部位。为了防止淬火时锻模出现裂纹，应将锐角磨圆，然后进行初步的校样检验。

9）铣钳口槽。键槽及毛边槽到尺寸。

10）热处理。淬火与回火，使型槽的工作型面和燕尾部分达到要求的硬度。

11）精加工型槽。钳工用风动砂轮修磨型槽，用样板检验各型槽，并合模浇铅检验型槽精度。

12）修磨毛边槽桥部。主型槽周边倒角，并抛光各型槽表面。

13）磨平燕尾支撑面及分型面。

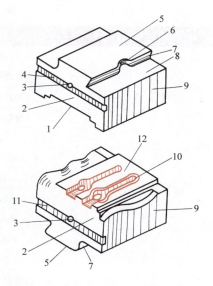

图 8-31　连杆锤锻模

1、12—分型面　2—横向基准面
3—起重孔　4、11—打印用的槽
5—燕尾支撑面　6—键槽　7—燕尾
8—燕尾肩部平面　9—纵向基准面
10—毛边槽

第四节　塑料模制造工艺

一、塑料模制造技术要求

塑料模的加工精度和装配质量直接影响塑料产品的质量。为了保证塑料模的精度，制造模具时应达到以下几项技术要求：

1）构成塑料模具所有零件的材料、加工精度和热处理质量等均应符合图样的要求。

2）构成模架的零件应达到规定的制造要求（表 8-10）。组装后，应运动灵活、无阻滞现象，并达到规定的平行度和垂直度要求，分型面闭合时的贴合间隙应符合要求（表 8-11）。

3）模具应具备的功能必须达到要求：

① 侧向抽芯和顶出装置动作正常。

② 温度调节部分能正常工作。

4）试模和调整直至成型合格的塑件。

表 8-10 模架零件的加工要求

零件名称	加工部位	条 件	要 求
动、定模板	厚度	平行度	300：0.02 以内
	基准面	垂直度	300：0.02 以内
	导柱孔	孔径公差	H7
	导柱孔	孔距公差	±0.02mm
		垂直度	100：0.02 以内
导柱	压入部分直径	精磨	k6
	滑动部分直径	精磨	f7
	直线度	无弯曲变形	100：0.02 以内
	硬度	淬火、回火	55HRC 以上
导套	外径	磨削加工	k6
	内径	磨削加工	H7
	内外径关系	同轴度	0.01mm
	硬度	淬火、回火	55HRC 以上

表 8-11 模架组装后的精度要求

模架组装后的精度	浇口板上平面对底板下平面的平行度	300：0.05
	导柱、导套轴线对模板的垂直度	100：0.02
	固定结合面间隙	不允许有
	分型面闭合时的贴合间隙	<0.03mm

二、塑料模型腔制造工艺

1. 塑料模型腔的加工

塑料模型腔往往由于形状比较复杂，而且要求尺寸精度高，表面粗糙度值小，因此型腔的加工是制造的难点。型腔的加工方法有以下三种：

（1）用通用机床加工 通用机床可以加工形状简单的型腔，如圆形型腔、方形型腔。此种方法生产率低、成本高，质量也不易保证。

（2）用仿形铣床加工 使用靠模或数控仿形铣床加工型腔，其自动化程度较高，生产率高，能加工出形状较复杂的型腔，加工后一般需要修整仿形铣留下的刀痕、凹角及狭窄的沟槽等部位。

（3）采用型腔加工新工艺 随着模具制造技术的发展和模具新材料的出现，目前，冷挤压、电加工、精密铸造等新工艺在型腔加工中得到了广泛的运用。这些新的型腔加工方法缩短了制模周期，提高了模具的精度以及降低了模具成本。

1）型腔冷挤压。

① 开式挤压：开式挤压是将模具毛坯置于冲头下面加压，如图 8-32 所示。在冲头的作用下金属向四周自由流动，冲头压入毛坯形成型腔。这种方法较简单，但是毛坯上表面出现内陷，挤压后需要机械加工。对于加工精度要求不高的浅型腔，宜采用这种挤压方法加工。

② 闭式挤压：闭式挤压是将毛坯放入凹模内进行挤压加工，如图 8-33 所示。坯料在冲头的作用下由于受凹模壁的限制，迫使金属与冲头紧密贴合，型腔轮廓清晰，提高了型腔的成形精度，但也造成挤压力增大，此种方法适合于精度要求较高、深度较大的型腔加工。

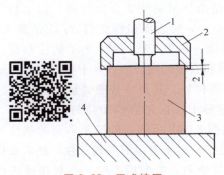 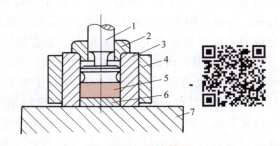

图 8-32　开式挤压
1—冲头　2—导套　3—毛坯
4—压力机工作台

图 8-33　闭式挤压
1—冲头　2—导套　3—凹模　4—加强圈
5—毛坯　6—垫块　7—压力机工作台

2）电加工。

① 电火花加工：电火花加工可以加工切削困难的小孔、窄缝或带有文字花纹的部位，其加工精度高。但电火化加工后的表面呈粒状麻点，需手工抛光或机械抛光，由于表面为硬化层，手工抛光较费时。

② 电火花线切割加工：电火花线切割加工适合于加工镶拼结构的型腔，线切割后的表面粗糙度若不能达到要求，还需抛光型腔。

3）精密铸造法。精密铸造方法较多，如陶瓷型铸造、失蜡铸造和壳型铸造等，生产中应用较广的是陶瓷型铸造。

陶瓷型铸造是在砂型铸造和熔模铸造的基础上发展起来的铸造工艺。陶瓷型铸造是把颗粒状耐火材料和粘结剂等配制而成的陶瓷浆料浇到母模上，在催化剂的作用下，陶瓷浆结胶硬化而形成陶瓷层，然后再进行脱模、喷烧和焙烧等工序，就形成了耐火度、尺寸精度以及表面质量都很高的精密铸型，再经过合箱、浇注等操作，就可获得铸件，如图 8-34 所示。

① 制作母模。母模分为两种：一种

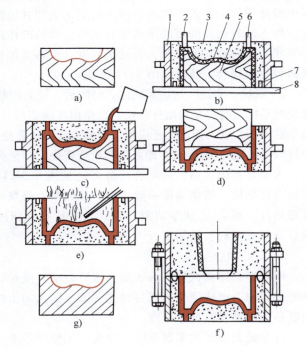

图 8-34　陶瓷型精密铸造工艺过程示意图
a）制造母模　b）砂套造型　c）灌浆　d）起模
e）喷烧　f）焙烧、合箱、浇注　g）铸件
1—砂箱　2—排气孔木模　3—水玻璃砂　4—橡皮泥
5—精母模　6—灌浆口木模　7—定位销　8—平板

是灌浆时用的精母模（见图8-34a），另一种是砂套造型时用的粗母模。粗母模的尺寸显然比精母模大一层陶瓷层厚度。为简化起见，可将精母模需要灌浆的表面包覆一层等厚度的橡胶泥或湿黏土后作为粗母模使用。精母模与完成造型的砂套配合，构成5~8mm的间隙，此间隙就是所需浇注的陶瓷层厚度。母模的材料通常是金属材料或非金属材料，如木材、石膏、塑料、橡胶和石蜡。精母模的表面粗糙度值要小，一般表面粗糙度值Ra应达到1.6~$0.4\mu m$。断面收缩率按型腔尺寸取2%左右，脱模斜度一般取$17'$~$34'$。为了防止粘模，在精母模的表面均匀地涂上一层分型剂，如石蜡、石蜡和石墨的混合物、凡士林等。

② 砂套造型。陶瓷型大多仅型腔表面一层是陶瓷材料，其余由普通铸造型砂构成，这样可以节省陶瓷材料，降低成本。在陶瓷型制造过程中，首先将砂型造好，即所谓"砂套"。造砂套的型砂一般为水玻璃砂，砂套的形状如图8-34b所示。砂箱和砂套的热变形要小，强度要高。砂套上设有灌浆口和若干个排气小孔，使砂套有足够的透气性。还需要设计合理的冒口，以保证铸件补缩，避免铸件产生缩孔等缺陷。造型后需吹入二氧化碳进行硬化，然后翻箱取出粗母模，将砂套与精母模配合，准备灌浆。

③ 陶瓷层的材料配制及灌浆。陶瓷层浆料由耐火材料、粘结剂、催化剂、透气剂等组成，按一定比例配制。耐火材料主要含Al_2O_3和SiO_2。粘结剂为硅酸乙酯水解液，常用的催化剂有氢氧化钙、氧化镁、氢氧化钠、氧化钙及碳酸钠等。常用的透气剂有过氧化氢、碳酸钡等。

根据选定的配方备好料后，就可以开始配制陶瓷浆。先把催化剂氢氧化钙粉倒入耐火材料中搅拌均匀，放入容器内，再把过氧化氢和甘油倒入水解液摇匀，倒入容器内立即搅拌均匀。加入过氧化氢的目的是增加透气性。甘油的作用是为防止陶瓷开裂。

灌浆需注意掌握时机，若过早灌浆，浆料太稀容易粘模；若过晚灌浆，浆料太稠，不易充满铸型而报废。灌浆如图8-34c所示。

④ 脱模、喷烧、焙烧和浇注。结胶后，一般控制在15~20min内即可脱模（见图8-34d）。脱模时不可左右摇晃和敲打母模，以免损坏陶瓷层。脱模后，应立即点火喷烧（见图8-34e）。对于空气不易进入部位，还应吹入压缩空气，让各处均匀燃烧。使水和乙醇迅速均匀地从型腔中排除。喷烧约1min后，即可让其自行燃烧，直至火焰自行熄灭。

火焰自行熄灭后，就可进行焙烧（见图8-34f），以进一步清除铸型中的水分、乙醇和其他有机物质。焙烧温度一般为300~500℃。焙烧后就可进行合箱浇注。待冷却后，可开箱清理铸件，用氧-乙炔焰切割冒口，并进行喷砂清理。清理后的铸件需经正火及回火处理，然后进行必要的机械加工。

2. 型腔的抛光

模具型腔经机械加工后表面会留下刀痕，或经过电火花加工后表面会留下一层硬化层。型腔表面的刀痕或硬化层需要抛光去除。抛光加工的好坏不仅影响模具的使用寿命，而且影响制品表面光泽、尺寸精度。

目前抛光加工大多数靠钳工完成，如使用砂纸、砂布、锉刀和磨石，或用电动软轴磨头等工具。手工操作效率低，费时。随着现代技术的发展，电解、超声波加工等技术在型腔抛光中得到了广泛运用。

（1）电解抛光 电解抛光是通过阳极溶解作用对型腔进行抛光的一种表面加工方法。电解加工时，以被加工的工件为阳极，修磨工具为阴极，电解液从两极之间通过，两极由一低压直流或脉冲电源供电。修磨工具与工件表面接触并进行锉磨，工件表面在电解液和电流作用下生成很薄的氧化膜，这层氧化膜被移动着的工具磨粒所刮除，使工件表面露出新的金属表面，并继续被电解。这样，电解作用和刮除作用如此交替进行，达到抛光型腔表面的目的。图8-35所示为电解修磨原理图。抛光速度为$0.5 \sim 2 cm^2/min$，抛光后的工件应立即用热水冲洗。模具型腔经电解修磨抛光后，再用磨石及砂纸抛光，其表面粗糙度值Ra能达到$0.4 \mu m$以下。电解装置结构简单，操作方便，电解液无毒，工作电压低，便于推广。

图8-36所示为电解修磨装置，电解修磨装置由工作液循环系统、加工系统和修磨工具组成。

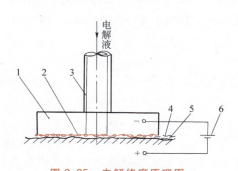

图8-35　电解修磨原理图

1—工具（阴极）　2—磨料　3—电解液管
4—电解液　5—工件（阳极）　6—电源

图8-36　电解修磨装置图

1—阀门　2—手柄　3—磨头　4—电源　5—电阻
6—工作槽　7—磁铁　8—工件　9—电解液箱
10—回液管　11—电解液　12—隔板　13—泵

工作液循环系统包括电解液箱9、离心式水泵13、控制流量的阀门1、导管及工作槽6。工作时，水泵将电解液箱内的电解液通过控制流量的阀门输送到工件与磨头之间。电解产物被电解液冲走，并从工作槽通过回液管流回电解液箱中。电解液箱中的隔板起过滤电解液作用，电源4提供低压直流电，最大输出电流为10A，电压为24V，外接可调的限流电阻5。

修磨工具由带有喷嘴的手柄2和磨头3组成，磨头接负极。通过永久磁铁将工件接电源正极。电解液常选用每立升水中溶入$150g NaNO_3$、$50g NaClO_3$制成。

（2）超声波抛光　超声波抛光是超声波加工的一种特殊的应用，它对工件进行抛光，降低工件的表面粗糙度值，甚至可将工件表面抛光到近似镜面的光亮度。图8-37为超声波抛光机的外形图。该抛光机由超声波发生器、换能器、变幅杆和工具等组成，如图8-38所

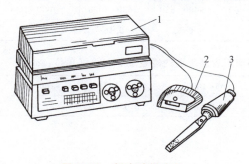

图8-37　超声波抛光机

1—超声波发生器　2—脚开关　3—手工具

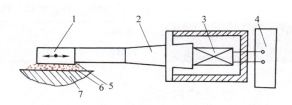

图8-38　超声波抛光装置示意图

1—抛光工具　2—变幅杆　3—超声波换能器
4—超声波发生器　5—工作液　6—磨粒　7—工件

示。超声波发生器能将 220V、50Hz 的交流电转变为一定功率的，频率达 20kHz～100MHz 的超声频电振荡，以提供工具振动的能量。抛光机工作时，利用换能器将输入的超声频电振荡转换成机械振动，由变幅杆将机械振动放大，再传至固定在变幅杆端部的工具头上，使工具产生超声频振动，从而对工件进行抛光。

粗、中抛光时，用水做工作液；细精抛光时，采用煤油做工作液。工具上的磨料可以是金刚石、刚玉、碳化硅、烧结刚玉、磨石等，工具的形状有圆形、扁形、三角形、半圆形、锥形、针形等，故能抛光各种型腔的模具，尤其适用于窄槽、圆弧、深槽等的抛光。抛光时，工具上的磨料以 20000 次/s 以上的频率进行振动，即进行高速微细切削，切削次数多，金属切除量大，因而抛光效率高。此外，工具振幅小，仅有 0.01～0.025mm，从而对工件进行微量尺寸加工，抛光精度高。

第五节　压铸模制造工艺

一、压铸模的技术要求

压铸成形模具主要用于较高温度或高温条件下，使有色或黑色液态金属在模具型腔内凝固成合格的制件。由于模具型腔在较高温度下工作，因此压铸模的特点为：在模具寿命内，必须保持在高温或较高温度条件下的型面精度和质量。因此，压铸模模具材料除了应具有塑料模具的特点外，还应具有较高的高温强度、硬度、抗氧化性、抗回火稳定性和冲击韧性，具有良好的导热性和抗疲劳性。常用于制造压铸模型腔、型芯的材料有 3Cr2W8V、5CrMnMo、4CrW2Si、4Cr5MoSiV。

压铸模的主要技术要求如下：

1）压铸模型腔或型芯的制造精度，取压铸件尺寸公差的 1/5～1/4。

2）在分型面上，动、定模镶块平面应分别与动、定模板齐平，允许高出量 ≤0.05mm。

3）动、定模合模后分型面应紧密贴合，其允许间隙值 ≤0.05mm（排气槽除外）。

4）模具分型面对动、定模座板安装平面的平行度见表 8-12。

5）导柱、导套对动、定模座板安装平面的垂直度见表 8-13。

表 8-12　模具分型面对动、定模座板安装平面的平行度　　　（单位：mm）

被测面最大直线长度	≤160	>160～250	>250～400	>400～630	>630～1000	>1000～1600
公差值	0.06	0.08	0.10	0.12	0.16	0.20

表 8-13　导柱、导套对动、定模座板安装平面的垂直度　　　（单位：mm）

导柱、导套有效长度	≤40	>40～63	>63～100	>100～160	>160～250
公差值	0.015	0.020	0.025	0.030	0.040

二、压铸模的制造

对于小型和简单的压铸模，通常是直接在定模或动模板上加工出型腔，即所谓整体式模板；对于形状复杂的大型模具，一般采用镶拼式模板，即把加工好的型腔镶块装入模板的型孔内。

1. 整体式模板的加工

整体式模板一般采用锻件作为毛坯，其加工程序为：锻造→退火→粗加工→退火处理消除内应力→调质处理→机械加工→型腔精加工。图 8-39 所示的零件 16 为整体式模板，其加工程序如下：

1）备料。按下料长度将圆棒料在锯床上切断。

2）锻造。将圆形棒料锻成六面体。

3）退火。消除锻件的内应力，改善毛坯的切削性能。

4）粗加工。在铣床或刨床上粗加工上、下两个平面，然后以这两个平面为基准，加工四个侧面，留 1mm 左右的精加工余量。

5）退火及调质处理。粗加工的切削用量较大。可能由于内应力不均匀而发生变形，所以在精加工前要退火处理，以清除内应力引起的变形。调质处理一般要求硬度为 35~40HRC。

6）磨平面。在平面磨床上，磨削上、下两平面及互相垂直的两侧面。

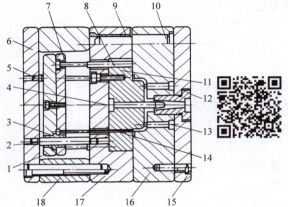

图 8-39 压铸模

1—垫板 2—推板导柱 3—推板导套 4—型芯
5—限位钉 6—动模座板 7—推杆固定板
8—复位杆 9—导套 10—导柱 11—镶块
12—浇口套 13—型芯 14—推杆 15—定模座板
16—定模板 17—动模套板 18—垫块

7）划线。以垂直的两侧面为基准，划出型腔中心位置及其轮廓、型芯位置等。

8）镗孔。用坐标镗床加工导柱孔、型芯孔或浇口套的安装孔。

9）型腔的加工。若型腔为矩形时，需在立式铣床上加工。

10）抛光型腔。

2. 镶拼式模板的加工

镶拼结构给型腔的加工带来许多便利，但镶拼结构的设计应合理，否则会影响制件质量。图 8-39 中所示镶块 11 的设计是合理的。若将它安排在动模上面（见图 8-40），则镶块与动模的接缝 A 处由于接合不紧密或螺钉的松弛等原因，有可能产生横向毛刺。此时，为了消除横向毛刺，必须将整套模具拆开。另外，制造时，必须保证镶块与模板的配合精度，否则压铸时可能出现漏料。加工镶块时尽量不要直接用圆钢，坯料必须经过锻造，锻成方形毛坯，以消除材料组织的方向性。

3. 压铸模的装配

1）镶件与模板一般采用 H7/h6 配合，必须保证零件间紧密配合。

2）安装导柱、导套要保证垂直度。

3）手工抛光动模、定模镶件的成形表面、型芯的表面、浇道、进料口、排气槽和溢料槽表面，其中型腔和型芯表面及浇道等表面的表面粗糙度值 Ra 应达 $0.2~0.1\mu m$。

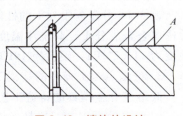

图 8-40 镶块的设计

4）装配。

5）检查。用硫黄、塑料或石蜡进行浇注，取出铸件后，测量铸件的尺寸，以判断型腔的精度。

6）试模。在生产条件下进行试模，并根据试模的情况进行修模，直至压铸出合格的产品为止。

第六节　简易模具制造工艺

模具的结构在一定程度上取决于产品的生产批量。对于大批量生产的零件，模具制造的要求是制造精度高、使用寿命长、生产率高；对于小批量生产或新产品试制的零件，则要求在短时间内，用简易的方法以低成本制造模具。

简易模具在模具材料、结构形式以及冲压机理等方面都与常规模具有所区别，因此简易模具的制造工艺与常规模具有所不同。本节对低熔点合金模具和锌基合金模具制造工艺加以介绍。

一、低熔点合金模具

1. 概述

低熔点合金模具主要指工作零件刃口或型面材料采用低熔点合金，制造工艺采用铸造代替机械加工的模具。低熔点合金模具具有以下优点：

（1）制造方便、制模周期短　低熔点合金模具与钢模具相比，可节约大量机械加工工时，制模周期短，并可成形机械加工难以完成的复杂型面，还可以用所谓的自铸法在熔箱内一次铸出拉深成形的凹、凸模，凸、凹模间隙均匀，省略了研配、调整型腔间隙等工作。

（2）可简化模具的保管工作　利用低熔点合金易重熔的特点，对于一次使用后到下次再用时间较长的模具，可以不必保存，而只要保存样件即可，因此可大量节约仓库存储面积。

低熔点合金模具的硬度低，模具使用寿命低，只适用于小批量冲压生产。低熔点合金一般适用于制作弯曲、拉深、成形等模具，尤其适用于新产品的试制、老产品改型，在飞机、汽车、拖拉机等行业中较大尺寸、立体形状复杂的薄板零件的冲压模具制造中得到广泛运用。用低熔点合金模具冲压的材料可以是铝、铜、不锈钢和一般碳钢，厚度可达 1~3mm，冲压 1mm 厚的 08A 钢板可达 3000 多件。

2. 制模用低熔点合金的成分和性能

低熔点合金常由熔点较低的非铁金属铋、铅、锡、锑等组成，配成的合金熔点比原来金属的熔点更低，而强度较高。常用的三种低熔点合金的成分见表 8-14。

表 8-14 中合金成分 I 的性能最佳，不仅浇注性能好，而且有足够的强度。模具制造中常选用合金成分 I，其浇注温度为 150~200℃，抗拉强度为 91.2MPa，伸长率 $A<1\%$，抗压强度为 111.2MPa，硬度为 19HBW，密度为 $9.04g/cm^3$，冷胀率为 0.002。

3. 低熔点合金模具的铸模工艺

低熔点合金模具的铸造工艺有两大类：自铸法和浇注法。

（1）自铸模工艺　这是指熔箱本身带有熔化合金的加热装置，以样件为基准，通过样

表 8-14　三种低熔点合金的成分

合金成分	合金熔点/℃	金属元素成分(%)	Bi	Pb	Sn	Sb
金属元素符号			271	327	232	630.5
Ⅰ	120		48.00	28.5	14.5	9.00
Ⅱ	138.5		58		42	
Ⅲ	100		45	35	15	5

件使液态合金分隔，冷却凝固后，同时铸出凸模、凹模和压边圈等零件，铸模工艺可以在专用压力机或通用压力机上进行，也可以在压力机外专用的铸模装置上进行。

铸模用的样件是用与零件厚度相同的金属板材或塑料、玻璃钢等非金属材料制成的铸模工艺零件。图 8-41 为一专用压力机上自铸模工艺过程示意图。

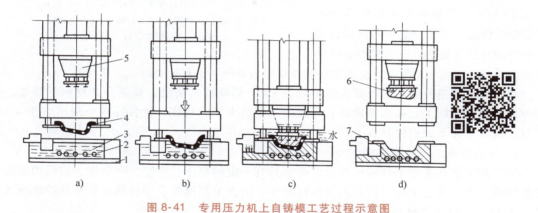

图 8-41　专用压力机上自铸模工艺过程示意图
a) 合金熔化　b) 浸放样件　c) 加压和冷却　d) 取样件
1—熔箱　2—电加热器　3—合金　4—样件　5—凸模架　6—合金凸模　7—合金凹模

图 8-41a 表示合金熔化。在压力机滑块上安装凸模架和样件，在压力机工作台上安装熔箱、电加热器，使合金熔化。铸模时合金温度应高于熔点 30~50℃，温度过高易氧化及产生气孔，温度过低会产生夹渣及气孔。

图 8-41b 表示浸放样件。刮去合金液面的薄层氧化皮，滑块下降，样件浸入合金液。合金液从样件的通孔中流入样件内腔，直到样件内外合金液面相平。

图 8-41c 表示通气加压和冷却。通压缩空气调节合金液面升至需要高度，将凸模板与合金液面粘实后，保压约 6kPa，以增强合金密度，自然冷却 30min。当合金表面凝固结成硬壳时，即通入冷水，加速合金凝固，并继续通气加压。

图 8-41d 表示分模取样件。合金完全凝固后，压力机滑块上升，凸、凹模分开，取出样件，铸模即完成。清理掉模具上的溢流柱，即可进行冲压工作。

（2）浇注模工艺　浇注法可以在压力机上或压力机外进行浇注。浇注前，先将熔箱与样件、模架组装好后，通过另外的加热装置将合金熔化，然后把液态合金浇注在熔箱内制模。

图 8-42 所示为一压力机上浇注模示意图。首先，将凸模架安装在滑块上，将熔箱安装在工作台上，然后将样件放入熔箱内，再将滑块下降到适当的位置固定。由另外的熔化装置熔化合金，达到浇注温度后，便可以浇注到熔箱内，自然冷却，压力机滑块上升，凸、凹模分开，取出样件，铸模即完成。

二、锌基合金模具

1. 锌基合金模具的特点

以锌为基体的锌、铜、铝三元合金，加入微量镁称为锌基合金，用锌基合金材料制造的模具称为锌基合金模具。锌基合金模具使用铸造方法制成，制模周期短，工艺简单，成本低。据统计，锌基合金模具成本仅为钢模具成本的 1/7～1/10。锌基合金冲裁模具有补偿磨损的性能，锌基合金拉深模具有独特的自润滑性和抗粘结性，有利于提高拉深件质量。还可利用锌基合金的超塑性在模具表面压制出复杂的图案、花纹等。

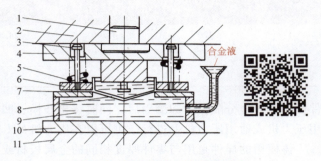

图 8-42　压力机上浇注模示意图

1—模柄　2—压力机滑块　3—螺杆　4—连接板
5—弹簧　6—卸料板　7—样件　8—合金凸模
9—合金凹模　10—熔箱　11—压力机工作台

锌基合金铸造凝固后的断面收缩率约为 1%，影响模具精度；锌基合金材料的强度、硬度较低，因而限制了它在热塑模具、厚板冲压模具方面的应用，冲件厚度一般不大于 4mm，同时，模具寿命不如钢模具长。

2. 锌基合金的成分和性能

用于制造模具工作零件的锌基合金必须具有一定的强度、硬度、耐磨性，较低的熔点和良好的流动性。通过理论分析和大量实验研究，能满足制模要求的锌基合金材料的标准成分见表 8-15。锌基合金模具材料的性能见表 8-16。

表 8-15　模具用锌基合金的标准成分

合金有效成分（质量分数）（%）				不纯物（质量分数）（%）			
w_{Zn}	w_{Cu}	w_{Al}	w_{Mg}	w_{Pb}	w_{Cd}	w_{Fe}	w_{Sn}
92～93	2.85～3.55	3.90～4.30	0.03～0.08	<0.003	0.001	<0.020	微量

表 8-16　锌基合金模具材料的性能

密度/(g/cm³)	熔点/℃	凝固断面收缩率（%）	抗拉强度/MPa	抗压强度/MPa	布氏硬度 HBW
6.7	380	1.1～1.2	240～290	550～600	120～130

锌是一种质软、在常温下呈脆性的金属。在锌基合金中，铜可以提高合金的硬度和冲击韧度，铝和镁影响合金的流动性并起到细化晶粒的作用，合金在熔炼过程中，应避免铝、镁的烧损，同时避免铁、铅、锡等杂质的混入。杂质的混入会导致力学性能下降。

3. 锌基合金模具的铸造工艺

锌基合金模具的铸造方法有砂型铸造、金属型铸造、石膏型铸造等多种方法。应用时可根据模具的用途和要求以及工厂设备条件的不同来选择经济上合理的方法。下面介绍用砂型铸造制作一副拉深模的过程。利用模样（或者石膏模）制作砂型，将熔化的锌基合金浇注到砂型中，获得拉深凸模或凹模。图 8-43 所示为用砂型铸造法制造一副拉深模的工艺过程示意图。

凸模的制造方法是：将制好的模样放在固定板上，放好砂箱，填入型砂并桩实，翻转砂箱即可起模，检查并修整砂型，浇注熔化的锌基合金，冷却清理后，凸模制造工作完成。

凹模的制造方法是：在凸模模样贴上一层相当拉深间隙厚度的材料（如铅皮），浇注石膏过渡样，待石膏凝固后合模并烘干，把过渡样放在砂箱内造型，起模修型后，浇注锌基合金，冷却清理后，凹模制造完成。

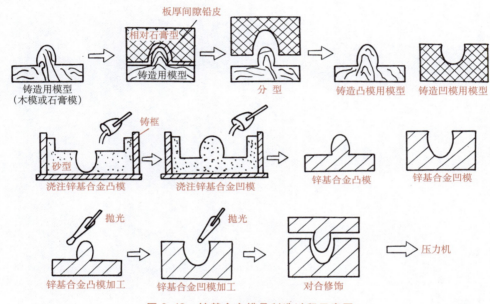

图 8-43　锌基合金模具制造过程示意图

思　考　题

1. 冲模模座加工的工艺路线是怎样安排的？对模座的技术要求有哪些？

2. 为了保证上、下模座的孔位一致，应采取什么措施？

3. 导柱、导套所用材料是如何选用的？热处理的要求是什么？

4. 导柱、导套加工的工艺路线是怎样安排的？对导柱、导套的技术要求有哪些？

5. 模架装配后应达到哪些技术要求？

6. 对冲裁模凸模和凹模的主要技术要求有哪些？

7. 非圆形凸模的加工方法有哪几种？不同的加工方法各有什么特点？

8. 系列圆孔的加工方法有哪些？不同的加工方法的加工精度如何？

9. 非圆形型孔的加工方法有哪些？如何选用这些加工方法？

10. 为了提高模具结构的工艺性，设计模具时必须考虑哪几个主要原则？

11. 锻模的热处理对模具质量的影响怎样？热处理在锻模加工过程中是如何安排的？各种热处理的目的是什么？

12. 对锻模模块的纤维方向有什么要求？

13. 塑料模型腔的加工方法有哪些？各种加工方法的特点及适用范围是什么？

14. 塑料模型腔抛光的目的是什么？电解抛光的工作原理是什么？超声波抛光的工作原理是什么？

15. 压铸模具材料应具备哪些性能？常用于制造压铸模型腔、型芯的材料有哪些？

16. 简易模具制造方法有哪些？锌基合金模具的特点是什么？简述用砂型铸造法制造锌基合金拉深模的过程。

17. 简述低熔点合金自铸模的工艺过程。浇注模工艺与自铸模工艺相比有什么特点？

典型模具的装配与调试

模具装配是模具制造过程的最后阶段，装配质量的好坏将影响模具的精度、寿命和各部分的功能。要制造出合格的模具，除了要保证零件的加工精度外，还必须做好装配工作。同时模具装配阶段的工作量比较大，又将影响模具的生产制造周期和生产成本。因此模具装配是模具制造中的重要环节。

第一节 概 述

一、模具装配的特点和内容

模具装配属于单件小批装配生产类型，特点是工艺灵活性大，工序集中，工艺文件不详细，设备、工具尽量选择通用的，组织形式以固定式为多，手工操作比重大，要求工人有较高的技术水平和多方面的工艺知识。

模具装配过程是按照模具技术要求和各零件间的相互关系，将合格的零件按一定的顺序连接固定为组件、部件，直至装配成合格的模具。它可以分为组件装配和总装配等。

模具装配的内容有：选择装配基准、组件装配、调整、修配、总装、研磨抛光、检验和试冲（试模）等环节，通过装配达到模具的各项指标和技术要求。通过模具装配和试冲，也能考核制件的成形工艺、模具设计方案和模具制造工艺编制等工作的正确性和合理性。在模具装配阶段发现的各种技术质量问题，必须采取有效措施妥善解决，以满足试制成形的需要。

模具装配工艺规程是指导模具装配的技术文件，也是制订模具生产计划和进行生产技术准备的依据。模具装配工艺规程的编写，应根据模具种类和复杂程度、各单位的生产组织形式和习惯做法视具体情况可简可繁。模具装配工艺规程包括：模具零件和组件的装配顺序、装配基准的确定、装配工艺方法和技术要求、装配工序的划分以及关键工序的详细说明、必备的二级工具和设备、检验方法和验收条件等。

二、模具装配精度要求

模具装配精度包括以下几个方面的内容：

(1) 相关零件的位置精度　例如：定位销孔与型孔的位置精度；上、下模之间，动、定模之间的位置精度；型腔、型孔与型芯之间的位置精度等。

(2) 相关零件的运动精度　包括直线运动精度、圆周运动精度及传动精度。例如，导柱和导套之间的配合状态，顶块和卸料装置的运动是否灵活可靠，进料装置的送料精度。

(3) 相关零件的配合精度　相互配合零件的间隙和过盈量是否符合技术要求。

（4）相关零件的接触精度　例如，模具分型面的接触状态如何，间隙大小是否符合技术要求，弯曲模、拉深模的上下成形面的吻合一致性等。

三、模具装配的工艺方法

模具装配的工艺方法有互换法、修配法和调整法。模具生产属于单件小批生产，又具有成套性和装配精度高的特点，所以，目前模具装配以修配法和调整法为主，互换法应用较少。今后随着模具技术和设备的现代化，零件制造精度可以满足互换法的要求，互换法的应用将会越来越多。

1. 完全互换法

完全互换法的实质是利用控制零件的制造误差来保证装配精度的方法。其原则是各有关零件公差之和小于或等于允许的装配误差。用公式表示如下：

$$\delta_\Delta \geqslant \sum_{i=1}^{n} \delta_i = \delta_1 + \delta_2 + \cdots + \delta_n$$

式中　δ_Δ——装配允许的误差（公差）；

　　　δ_i——各有关零件的制造公差。

显然在这种装配中，零件是可以完全互换的。即对于加工合格的零件，不需经过任何选择、修配或调整，经装配后就能达到预定的装配精度和技术要求。例如，某 $\phi56mm$ 定、转子硅钢片硬质合金多工位级进模，凹模由 12 个拼块镶拼而成，制造精度达 μ 级，不需修配就可以装配，是采用精密加工设备来保证的。

互换法的优点如下：

1）装配过程简单，生产率高。

2）对工人技术水平要求不高，便于流水作业和自动化装配。

3）容易实现专业化生产，降低成本。

4）备件供应方便。

另外互换法将提高零件的加工精度（相对其他装配法），同时管理水平要求较高。

2. 修配法

在单件小批生产中，当装配精度要求高时，如果采用完全互换法，则使相关零件的要求很高，这对降低成本不利。在这种情况下，常采用修配法。

修配法是在某零件上预留修配量，装配时根据实际需要修整预修面来达到装配要求的方法。修配法的优点是能够获得很高的装配精度，而零件的制造精度可以放宽。缺点是装配中增加了修配工作量，工时多且不易预定，装配质量依赖工人的技术水平，生产率低。

采用修配法时应注意以下内容：

1）应正确选择修配对象。即选择那些只与本装配精度有关，而与其他装配精度无关的零件作为修配对象。然后再选择其中易于拆装且修配面不大的零件作为修配件。

2）应通过尺寸链计算，合理确定修配件的尺寸和公差，既要保证它有足够的修配量，又不要使修配量过大。

3）应尽可能考虑用机械加工方法来代替手工修配，如用手持电动或气动修配工具。

3. 调整法

调整法的实质与修配法相同，只是具体方法不同，它是用一个可调整位置的零件来调整它在机器中的位置以达到装配精度，或增加一个定尺寸零件（如垫片、垫圈、套筒等）以达到装配精度的一种方法。

调整法的优点如下：

1）能获得很高的装配精度。

2）零件可按经济精度要求确定加工公差。

另外，调整法往往需要增加调整件，这就增加了零件的数量，使制造费用提高，并且装配精度依赖于工人的技术水平，调整工时长，工时难预定。

第二节　模具零件的固定方法

模具和其他机械产品一样，各个零件、组件是通过定位、固定连接在一起组成模具产品的。因此，必须掌握常用的模具零件的固定方法。

一、紧固件法

紧固件法如图 9-1 所示，主要通过定位销和螺钉将零件相连接。

图 9-1a 所示方法主要适用于大型截面成形零件的连接，其圆柱销的最小配合长度 $H_2 \geqslant 2d_2$；螺钉拧入长度，对于钢件 $H_1 = d_1$ 或稍长，对于铸铁 $H_1 = 1.5d_1$ 或稍长。图 9-1b 所示为螺钉吊装方式，凸模定位部分与固定板配合孔采用基孔制过渡配合 H7/m6 和 H7/n6，或采用小间隙配合 H7/h6。螺钉的大小视卸料力确定。图 9-1c、

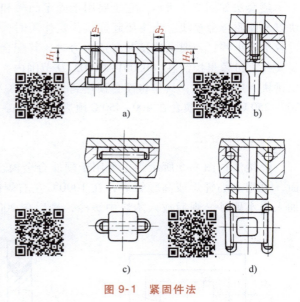

图 9-1　紧固件法

d 所示方法适用于截面形状较复杂的凸模或壁厚较薄的凸凹模零件，其定位部分配合长度应保持在板厚的 2/3，用圆柱销卡紧。

二、压入法

压入法如图 9-2 所示，定位配合部分采用 H7/m6、H7/n6 和 H7/r6 配合，适用于冲裁板厚 $t \leqslant 6mm$ 的冲裁凸模与各类模具零件，利用台阶结构限制轴向移动，注意台阶结构尺寸，应使 $H > \Delta D$，$\Delta D \approx 1.5 \sim 2.5mm$，$H = 3 \sim 8mm$。

它的特点是连接牢固可靠，对配合孔的精度要求较高，加工成本高。装配过程如图 9-2b 所示，将凸模固定板型孔台阶朝上，放在两个等高垫铁上，将

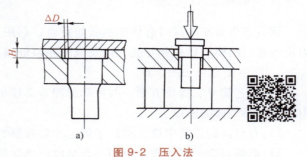

图 9-2　压入法

凸模工作端朝下放入型孔对正，用压入机分多次压入，要边压入边检查凸模垂直度，并注意过盈量、表面粗糙度，导入圆角和导入斜度。压入后台阶面要接触，然后将凸模尾端磨平。

压入时最好在手动压力机上进行，首次压入时不要超过 3mm。

三、铆接法

铆接法如图 9-3 所示。它主要适合于冲裁板厚 $t \leqslant 2mm$ 的冲裁凸模和其他轴向拔力不太大的零件。凸模和型孔配合部分保持 0.01~0.03mm 的过盈量，凸模铆接端硬度 $\leqslant 30HRC$。固定板型孔铆接端倒角为 $C0.5~C1$。

四、热套法

热套法如图 9-4 所示。它主要用于固定凸模和凹模拼块以及硬质合金模块。当主要起连接固定作用时，其配合过盈量要小些；当要求连接并有预应力时，其配合过盈量要大些。过盈量控制在 $(0.001~0.002)D$ 范围内。对于钢

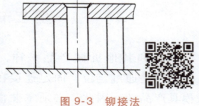

图 9-3　铆接法

质拼块一般不预热，只是将模套预热到 300~400℃ 保持 1h，即可热套。对于硬质合金模块应在 200~250℃ 预热，模套在 400~450℃ 预热后热套。一般在热套后进行型孔的精加工。

五、焊接法

焊接法如图 9-5 所示，主要用于硬质合金模。焊接前要在 700~800℃ 预热，并清理焊接面，要用火焰钎焊或高频钎焊，在 1000℃ 左右焊接。焊缝为 0.2~0.3mm，钎料为黄铜，并加入脱水硼砂。焊后放入木炭中缓冷，最后在 200~300℃ 保温 4~6h 去除应力。

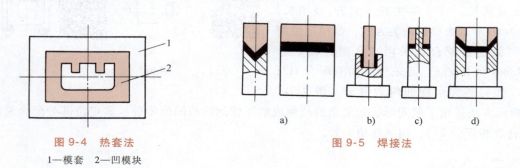

图 9-4　热套法

1—模套　2—凹模块

图 9-5　焊接法

六、低熔点合金法

低熔点合金在冷凝时有体积膨胀的特点，利用这个特点在模具装配时固定零件。例如，固定凸模、凹模、导柱和导套，以及浇注卸料板型孔等。

1. 低熔点合金法的优点

1）工艺简单、操作方便，并可降低配合部位的加工精度，减少加工工时。适用于多凸模和复杂小凸模的固定。

2）有较高的连接强度，适用于固定冲裁板厚 $t \leqslant 2mm$ 钢板的凸模。

3）低熔点合金可以重复使用。合金收回熔化后再重复使用，一般可回用 2~3 次。回用

次数较多时，应测定合金的成分比例，补足多次回收熔化而散失的合金元素。

2. 低熔点合金法的缺点
1）浇注前相关零件要加热。
2）模具易发生热变形。
3）耗费贵重金属铋。

3. 固定工艺过程
（1）配方　常用低熔点合金配方有两种，见表9-1。

表9-1　低熔点合金配方

名　　称	Sb	Pb	Bi	Sn	合金熔点	浇注温度
熔点/℃	630.5	327.4	271	232	/℃	/℃
配方Ⅰ〔质量分数（%）〕	9	28.5	48	14.5	120	150~200
配方Ⅱ〔质量分数（%）〕	5	32	48	15	100	120~150

（2）固定结构形式　低熔点合金固定结构形式如图9-6所示。

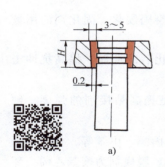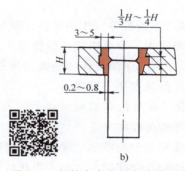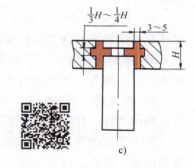

图9-6　低熔点合金固定结构形式

（3）固定步骤　低熔点合金固定浇注的实例如图9-7所示。
其步骤为：

1）清洗浇注部位并去油，预热100~150℃。控制好预热温度，防止温度过高引起凸、凹模变形和降低硬度。

2）将凸模固定板放在平板上，再放上等高垫铁块。

3）放上凸模和凹模，并由凹模定位，控制好间隙。

4）浇注低熔点合金。

5）浇注24h后固化方可移动。

图9-7　低熔点合金固定浇注示意图
1—平板　2—凸模固定板
3—等高垫铁　4—凹模　5—凸模

七、粘接法

1. 环氧树脂粘接法

环氧树脂粘接结构如图9-8所示。

环氧树脂是有机合成树脂的一种，当其硬化后对金属和非金属材料有很强的粘接力，连接强度高，化学稳定性好，能耐酸碱。粘接方法较简单。但环氧树脂脆性大，硬度低，不耐高热，使用温度低于100℃。

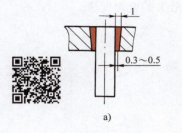
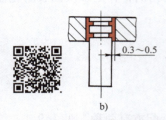
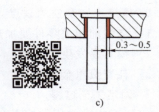

图 9-8　环氧树脂粘接固定凸模

环氧树脂粘接法常用于固定凸模、导柱和导套以及浇注成形卸料孔型孔等，适用于固定冲载板厚 $t \leqslant 0.8mm$ 板料的凸模。采用粘接法可降低固定板连接孔的制造精度，尤其对于多凸模及形状复杂的凸模效果更显著。

（1）环氧树脂粘接剂配方

1）粘接剂。常用的有 634#、6101# 环氧树脂，要求流动性好，易于固化剂混合，便于操作。

2）固化剂。有乙二胺和邻苯二甲酸酐等，作用是使环氧树脂凝固硬化。固化剂的用量对环氧树脂粘接剂的力学性能影响较大，要严格按比例使用。

3）增塑剂。常用的有邻苯二甲酸二丁酯，作用是改善树脂固化后的性能，提高抗冲击强度和抗拉强度，增加流动性、降低黏度便于搅拌。

4）填充剂。氧化铝粉、铁粉、石英粉和玻璃纤维等，作用是提高粘接剂的强度、硬度、和耐磨性，改变热膨胀系数和断面收缩率等。

除上述成分外，视情况加入稀释剂和脱模剂。常用的稀释剂有丙酮、甲苯等，作用是降低黏度便于操作。脱模剂是在浇注型孔时使用，以利于固化后脱模。脱模剂为聚苯乙烯。环氧树脂粘接剂配方见表 9-2。

表 9-2　环氧树脂粘接剂配方

组 成 部 分	名　　称	配比[质量分数(%)]	备　　注
粘接剂	环氧树脂 6101#	100	任选一种
	环氧树脂 634#	100	
	环氧树脂 637#	100	
填充剂	铁粉 200 目	250	任选一种
	二氧化铝 200 目	40 }合用	
	石英粉 200 目	20~50	
增塑剂	邻苯二甲酸二丁酯	15~20	
固化剂	β 羟乙基乙二胺	16~18	任选一种
	聚酰胺 200#	50~100	
	间苯二胺	12~16	
	邻苯二甲酸酐	40~50	
	α-甲基咪唑	5~10	

（2）粘接固定工艺过程

1）粘接固定结构形式。粘接固定凸模的结构形式如图 9-8 所示，图 9-8a、b 所示结构形式适用于固定冲裁板厚 $t<0.8mm$ 的板料，图 9-8c 所示结构形式适用于固定冲裁板厚 $t≥$ 0.8mm 的板料。粘接固定导柱、导套的结构形式如图 9-9 所示。

2）粘接剂的配制方法和粘接过程。环氧树脂粘接剂按照配方中的用量，先将环氧树脂和邻苯二甲酸二丁酯放于干净的烧杯中搅拌均匀，然后放入氧化铝粉搅拌，过 2~3min 后加入乙二胺，迅速搅拌均匀在流动性最好状态，立即浇入粘接缝中，经过 4~6h 后，环氧树脂便凝固硬化，12h 后即可使用工作。为了使粘接牢固，粘接表面应尽量粗糙些，$Ra≥$ 6.3μm，并控制好粘接缝隙的大小。

当粘接固化好的模具需要更换或修理时，将模具局部加热，使环氧树脂粘接剂软化，将凸模卸下，清理残余粘接剂后，重新粘接固化。图 9-10 为粘接固化示意图。

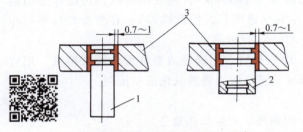

图 9-9　环氧树脂粘接固定导柱、导套
1—导柱　2—导套　3—模板

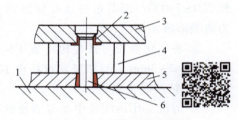

图 9-10　粘接固化示意图
1—平板　2—垫片　3—凹模　4—垫块
5—固定板　6—凸模

2. 无机粘接固定法

采用无机粘接剂粘接固定模具零件，其结构形式和要求与环氧树脂粘接固定法基本相同。只是要求粘接缝更小些，对于小尺寸单边缝隙取 0.1~0.3mm，对于较大尺寸的单边缝隙取 1~1.25mm。同时粘接表面要更粗糙些，$Ra≥12.5~20μm$，以增强粘接强度。

（1）无机粘接剂配方　模具制造中常用的无机粘接剂为磷酸氧化铜粘接剂，其配方见表 9-3。

磷酸氧化铜无机粘接剂中固体氧化铜对磷酸溶液的比例，简称固液比 R。即

$$R = \frac{氧化铜（g）}{磷酸溶液（mL）} = 3~4.5g/mL$$

R 值越大，粘接强度越高，凝结速度越快，但 R 不能大于 5，否则反应过快，使用困难。

说明：

① 配比时按 1mL 的磷酸溶液中加 3~4.5g 氧化铜。一般夏季取 3，冬季取 4。

② 氢氧化铝的加入量视具体情况而定。密度较大的磷酸可用较大的 R 值。

表 9-3　无机粘接剂配方

	成分及比例		技术要求	说　明
磷酸溶液	磷酸（H_3PO_4）	100mL	1. 密度 1.72g/mL 或 1.9g/mL 2. 二三级试剂	密度 1.9g/mL 的粘接强度较好，固化时间延长，但注意易析出结晶，结晶时可加少量水缓热到 230℃ 再冷到室温使用。密度 1.72g/mL 的加热到 200~250℃ 然后冷到 25℃ 或 20℃，即可浓缩为 1.85g/mL 和 1.9g/mL
	氢氧化铝［$AL(OH)_3$］	5~8g		为缓冲剂，可延长固化时间，夏天多加，冬天少加。对密度 1.9g/mL 的磷酸作用不大，可不加

（续）

	成分及比例		技术要求	说　明
固体	氧化铜（CuO）	3~4.5g	1. 粒度 W40 2. 二三级试剂 3. 纯度 98.5%以上	粒度太粗则固化慢，黏性差。粒度太细则反应过快，质量差

（2）粘接固定工艺过程

1）粘接剂配制。

① 先将少量（如 10mL）磷酸放入烧杯中，将 5~8g 氢氧化铝（100mL 磷酸的配量）缓慢加入，用玻璃棒搅拌均匀后再加入其余的磷酸（如 90mL），调成浓乳状，边搅拌边加热到 200~240℃呈淡茶色（也有加热到 120℃左右呈透明状，但黏性差），自然冷却后即可作为磷酸溶液使用。

② 将氧化铜粉（按配比）置于铜板上，中间呈坑，用滴管或量杯倒入磷酸溶液，用竹片调匀，2~3min 后呈浓胶状可拉出 10~20mm 长丝，即为磷酸氧化铜粘接剂。

2）粘接固化步骤。

① 清洗。用丙酮或甲苯等清洗粘接面上的油污、灰尘和锈迹等。

② 安装定位。将粘接件按照装配要求进行定位固定。必要时利用专用夹具。

③ 粘接固化。固化时间视具体情况而定。当磷酸密度小时，固化温度为 20℃，固化时间为 4~5h；当磷酸密度大时，在室温保持 1~2h 后，再加热到 60~80℃，保温 3~8h 即完全固化。

第三节　间隙（壁厚）的控制方法

冷冲模中凸、凹模之间的间隙以及塑料模等型腔和型芯之间形成的制件壁厚，在装配时必须给予保证。为了保证间隙及壁厚尺寸，在装配时根据具体模具结构特点，先固定好其中一件（如凸模或凹模）的位置，然后以这件为基准，控制好间隙或壁厚值，再固定另一件的位置。

控制间隙（壁厚）的方法有以下几种。

1. 垫片法

垫片控制法如图 9-11 所示。将厚薄均匀、其值等于间隙的纸片、金属片或成形制件，放在凹模刃口四周的位置，然后慢慢合模，将等高垫铁放好，使凸模进入凹模内，观察凸、凹模的间隙状况。如果间隙不均匀，用敲击凸模固定板的方法调整间隙，直至间隙均匀为止。然后拧紧上模固定螺钉，再放纸片试冲，观察试冲情况，如果冲裁毛刺不均匀则说明凸、凹模间隙没调均匀，再进行调整直至冲裁毛刺均匀为止。最后将上模座与固定板夹紧后同钻、同铰定位销孔，然后打入销钉定位，这种方法广泛应用于中小冲裁模、拉深模、弯曲模和各种型腔模等。

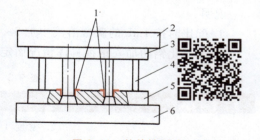

图 9-11 垫片控制法

1—垫片　2—上模座
3—凸模固定板　4—等高垫铁
5—凹模　6—下模座

2. 镀铜法

对于形状复杂、凸模数量又多的小间隙冲裁模，用上述方法控制间隙比较困难。这时可以将凸模表面镀上一层软金属，如镀铜，镀层厚度为单边冲裁间隙值。然后再按上述方法调整、固定和定位，镀层装配后不必去除，使用中会自然脱落。

3. 透光法

透光法是将上、下模合模后，用手灯从底下照射，然后观察凸、凹模刃口四周的光隙大小，来判断间隙是否均匀。如果光隙不均匀，再调整直至光隙均匀后再固定、定位。这种方法适合于薄料冲裁模。

4. 涂层法

涂层法是在凸模表面涂上一层薄膜材料，如磁漆或氨基醇酸绝缘漆等。漆层厚度等于单边间隙值。不同的间隙要求选择不同黏度的漆或涂不同次数的漆来控制其厚度。涂漆后将凸模组件放于烘箱内，在 100~120℃ 的温度下烘烤 0.5~1h，烘干后修折角处使涂层均匀一致，然后按上述方法调整、固定和定位。凸模上的漆装配时不必去除，模具使用中会自行剥落。此法适用于小间隙冲裁模。

5. 腐蚀法

腐蚀法是将凸模尺寸加工成与凹模型孔尺寸相同，装配后再将凸模用酸腐蚀以达到间隙要求。注意腐蚀时间的长短及腐蚀后要及时清洗涂油防锈。此法常用于较复杂的冲裁模。

常用腐蚀剂有：

1）硝酸 20%+醋酸 30%+水 50%。

2）蒸馏水 55%+过氧化氢 25%+草酸 20%+硫酸（1~2）%。

6. 工艺尺寸法

工艺尺寸法如图 9-12 所示。制造凸模时，将凸模长度适当加长，加长部位的截面尺寸加工到与凹模型孔尺寸相同（呈滑配合）。装配时将凸模插入凹模，然后装配调整、定位和固定。最后将加长部分去除形成均匀的间隙。此法主要适用于圆形凸模（易加工）。

7. 工艺定位器法

工艺定位器法如图 9-13 所示。装配前先加工一个专用工具——工艺定位器，如图 9-13a 所示，要求 d_1 与冲孔凸模相滑配，d_2 与冲孔凹模相滑配，d_3 与落料凹模相滑配，d_1、d_2 和 d_3 尺寸要在一次装夹中加工出来，以保证它们的轴线同轴。装配时用工艺定位器定位装配保证各处的冲裁间隙。此法主要用于复合模，也可用于塑料模等型腔模壁厚的控制。

图 9-12　工艺尺寸法

1—凸模　2—凹模

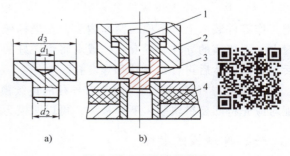

图 9-13　工艺定位器法

a）工艺定位器　b）工艺定位器法装配示意图

1—凸模　2—凹模　3—工艺定位器　4—凸凹模

第四节　冷冲模的装配

模具的装配质量既与零件质量有关，也与装配工艺有关，而装配的中心环节就是保证凸、凹模间隙的均匀性。为此，一般要遵循以下几点：

（1）**选择装配基准件**　选择基准件的原则是按照模具主要零件加工的依赖关系来确定。可做基准件的主要有凸模、凹模、导向板及固定板等。

（2）**组件装配**　组件装配是指模具在总装前，将两个以上的零件按照规定的技术要求连接成一个组件的装配工作。如模架的组装，凸模和凹模与固定板的组装，卸料与推件机构各零件的组装等。这些组件，应按照各零件所具有的功能进行组装，这将会对整副模具的装配精度起到一定的保证作用。

（3）**总体装配**　总体装配是将零件和组件结合成一副完整的模具过程。在总装前，应选好装配基准件和安排好上、下模的装配顺序，然后以基准件为准，按工艺顺序装配相应的零件。

（4）**调整凸、凹模间隙**　在装配模具时，必须严格控制及调整凸、凹模间隙的均匀性。间隙调整合格后，才能固紧螺钉并打入销钉。

（5）**检验、调试**　模具装配完毕后，必须保证装配精度，满足规定的各项技术要求，并要按照模具的验收技术条件，检验模具各部分的功能。在实际生产条件下进行试模，合格后打号、入库。

冲模的装配，最主要的是保证凸模和凹模的对中，使其间隙均匀。为此总装前必须认真考虑上、下模的装配顺序。通常是看上、下模的主要零件中哪一个零件位置所受的限制大，就作为基准件先装，再以它调整另一个零件的位置。一般冲模的装配顺序如下：

（1）**无导向装置的冲模**　由于凸模与凹模的间隙是在模具安装到机床上进行调整的，故上、下模的装配顺序没有严格要求，可以按上、下模分别进行装配。

（2）**有导向装置的冲模**　装配前要先选择基准件，如导板、凸模、凹模或凸凹模等。在装配时，先装基准件，再按基准件装配有关零件，然后调整凸、凹模间隙，使其保证间隙均匀，而后再装其他辅助零件。如果凹模是安装在下模上的，一般先装下模，再以下模为基准安装上模较为方便。

（3）**有导柱的复合模**　对于有导柱的复合模，一般先安装上模，再借助上模的冲孔凸模及落料凹模孔，找正下模凸凹模的位置及调整好间隙后，固紧下模。

（4）**上、下模工作零件是分别装入上、下模板窝座的导柱模**　此时则分别按图样要求，把工作零件装入上、下模板窝座内后，在坐标镗床上分别以上、下模工作件刃口为基准件，镗上、下模座的导柱、导套孔。或者将组装好的上模与下模合模后，调整凸、凹模间隙均匀后再紧固，然后再合镗导柱和导套孔。

（5）**有导柱的连续模**　对于有导柱的连续模（级进模），为了便于准确调整步距，在装配时应先将凹模拼块装入下模板后，再以凹模为基准件安装下模部分。

一、冲裁模的装配

1. 组件装配

（1）模柄组件的装配

1）装模柄。压入式模柄的装配过程如图 9-14 所示。

装配前要检查模柄和上模座配合部位的尺寸精度和表面粗糙度，并检验模座安装面与平面的垂直度。装配时将上模座放平，在压力机上将模柄慢慢压入（或用铜棒慢慢打入）模座，要边压边检查模柄的垂直度，直至模柄的台阶面与安装孔的台阶面相接触为止。检查模柄相对于上模座上平面的垂直度。

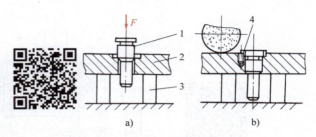

图 9-14　压入式模柄的装配
a）压入模柄　b）磨平端面
1—模柄　2—上模座
3—等高垫铁　4—骑缝螺钉

2）磨端面。合格后钻骑缝销孔，装骑缝销，然后磨平端面。

（2）凸模、凹模与固定板的装配

1）压入式凸模与固定板的装配。压入式凸模与固定板的装配过程如图 9-15 所示。装配过程与要点和模柄的装配过程基本相同。

2）凹模镶块与固定板的装配。凹模镶块与固定板的装配过程和模柄的装配过程相近，如图 9-16 所示。装配后在磨床上将组件的上下面磨平，并检验凹模型孔中心线与平面的垂直度。

图 9-15　压入式凸模的装配

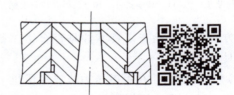

图 9-16　凹模镶块的装配

2. 冲裁模总装配要点

（1）**选择装配基准件**　装配前要先确定装配基准件，根据模具主要零件之间的相互关系，以及装配方便和易于保证装配精度要求，确定装配基准件。模具的类型不同，基准件不同。常见的有导板、凹模、凸凹模以及模座窝槽等。

（2）**确定装配顺序**　根据各个零件与装配基准件的依赖关系和远近程度确定装配顺序。先装配的零件要有利于后续零件的定位和固定，不得影响后续零件的装配。

（3）**保证冲裁间隙**　装配时要根据模具类型和间隙大小来确定一个合理的间隙调整方法，严格控制凸、凹模的冲裁间隙，保证间隙均匀。

（4）**位置正确，动作无误**　模具内各活动部件必须保证位置、尺寸正确，动作灵活、可靠。

（5）**试冲**　试冲是模具装配中的重要一环，通过试冲可发现问题，并采取措施修正。

图 9-17 所示的固定板冲孔模的装配过程如下：

（1）**装配前的准备**　装配钳工接到任务后，必须先仔细阅读装配图及零件图，了解所冲零件的形状、精度要求以及模具的结构特点、动作原理和技术要求，选择合理的装配顺序

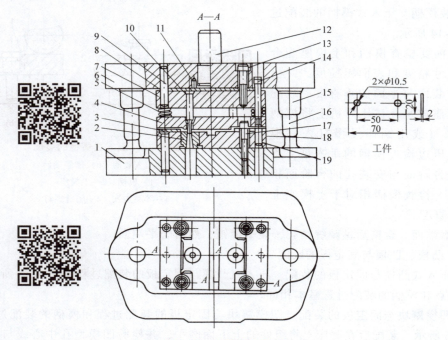

图 9-17　固定板冲孔模

1—下模板　2—凹模　3—定位板　4—卸料板　5—弹簧　6—上模板　7、18—固定板
8—垫板　9、11、19—销钉　10—凸模　12—模柄　13、17—螺钉　14—卸料螺钉　15—导套　16—导柱

和装配方法。并且检查模具零件是否合格，备好必要的标准件（如螺钉、销）及装配用的辅助工具等。

（2）装配模柄　在手搬压力机或油压机上，将模柄 12 压入上模板 6 上，并加工出骑缝销孔，将销装入后，再把模柄端面与上模板 6 的底面在平面磨床上磨平。

安装模柄 12 与上模板 6 后，应用角尺检查模柄与上模板上平面的垂直度，若偏斜要及时进行调整，直到合适后再加工骑缝销孔，打入销钉 11。

（3）装配导柱与导套　在模板上安装导柱、导套，并注意安装后导柱与导套的间隙要均匀，上、下滑动时无阻滞发涩及卡住现象。

（4）装配凸模　采用压入法将凸模安装在固定板 7 上，装配后应将固定板 7 的上平面与凸模尾部一起在平面磨床上磨平。为了保证刃口锋利，还应在平面磨床上刃磨凸模工作端面。

（5）装配卸料板　将卸料板 4 套入已装入固定板 7 的凸模 10 上。在固定板和卸料板 4 之间垫上垫铁，并用夹板将它们夹紧，然后按卸料板上的螺孔在固定板相应位置上划线。拆开后钻铰固定板 7 上的螺钉孔。

（6）装凹模　把凹模 2 装入固定板 18 中。固紧后将固定板 18 与凹模 2 的上平面一起磨平，使刃口锋利，同时把底面也磨平。

（7）安装下模　在凹模与固定板组件上安装定位板 3，并把固定板组件安装在下模板 1 上。调好位置后，在下模板上加工螺钉孔、销孔，装入销，拧紧螺钉。

（8）配装上模　把已装入固定板 7 的凸模 10 插入凹模 2 孔内，其固定板 7 与凹模 2 之间应垫上适当高度的等高垫铁，再把上模板放在固定板 7 上，将上模板 6 与固定板 7 组件用夹钳夹紧，并在上模板 6 上加工卸料螺孔窝和螺钉过孔，拆开后钻孔，然后放入垫板 8 拧入螺钉 13，但不要拧得太紧。

（9）调整间隙　将模具（合模后）翻转过来倒置，把模柄夹在平口钳上，用手灯照射，从下模板的漏料孔中观察凸、凹模间隙大小，看是否均匀。若发现某一方向不均匀，可用锤子轻轻敲击固定板 7 的侧面，使凸模位置改变，以得到均匀的间隙。

（10）固紧上模　间隙调整均匀后，用螺钉将上模紧固，并钻、铰销孔，打入销。

（11）卸料板装配　将卸料板 4 装在已紧固的上模上，并检查其是否能灵活地上、下移动，检查凸模 10 端面是否缩在卸料板孔内 0.5mm 左右。最后安装弹簧 5。

（12）试冲与调整　将冲模的其他零件安装完成后，用纸作为工件材料，将其放在上、下模之间，用锤子敲击模柄进行试冲，若冲出的纸试件毛刺较小及均匀，表明装配正确，否则应重新装配与调整。

二、复合模的装配

复合模是在压力机的一次行程中，完成两个或两个以上的冲压工序的模具。复合模结构紧凑，内、外形表面相对位置精度高，冲压生产率高，对装配精度要求也高。

图 9-18 所示的落料冲孔复合模的装配过程如下：

1. 组件装配

模具总装配前，将主要零件如模架、模柄、凸模等进行组装。

1）将压入式模柄 15 装配于上模座 14 内，并磨平端面。

2）将凸模 11、24 装入凸模固定板 18 内，成为凸模组件。

3）将凸凹模 4 装入凸凹模固定板 3 内，成为凸凹模组件。

4）将导柱 21、26，导套 20、25 压入上、下模板，成为模架。导柱、导套之间滑动要平稳，无阻滞现象，并且上、下模板之间应平行。

2. 确定装配基准件

落料冲孔复合模应以凸凹模为基准件，首先确定凸凹模在模架中的位置。

1）安装凸凹模组件，加工下模座漏料孔。确定凸凹模组件在下模座上的位置，然后用平行夹板将凸凹模组件和下模座夹紧，在下模座上划出漏料孔线。

2）加工漏料孔。下模座漏料孔尺寸应比凸凹模漏料孔尺寸单边大 0.5~1mm。

3）安装凸凹模组件。将凸凹模组件在下模座重新找正定位，并用平行夹板夹紧。钻铰销孔、螺孔，安装定位销 2 和螺钉 23。

3. 安装上模部分

1）检查上模各个零件尺寸是否能满足装配技术条件要求，如推板 9 顶出端面应突出落料凹模端面等。检查打料系统各零件尺寸是否合适，动作是否灵活等。

2）安装上模，调整冲裁间隙。将上模系统各零件分别装于上模座 14 和模柄 15 孔内，用平行夹板将落料凹模 8、空心垫板 10、凸模组件、垫板 12 和上模座 14 轻轻夹紧，然后调整凸模组件和凸凹模 4 及冲孔凹模的冲裁间隙，以及调整落料凹模 8 和凸凹模 4 及落料凸模的冲裁间隙。可采用垫片法调整，并用纸片进行试冲、调整，直至各冲裁间隙均匀。再用平行夹板将上模各板夹紧。

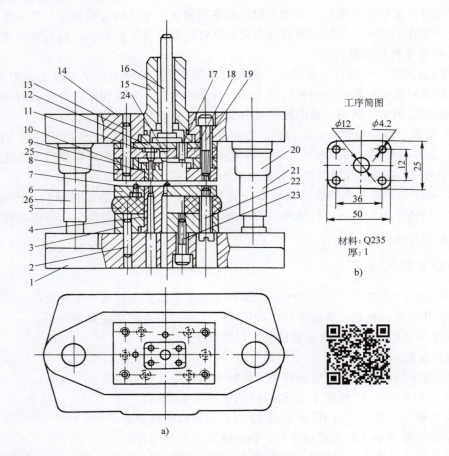

图 9-18　落料冲孔复合模

a）模具装配图　b）零件简图

1—下模座　2、7、13—定位销　3—凸凹模固定板　4—凸凹模　5—橡胶　6—卸料板　8—凹模　9—推板
10—空心垫板　11—凸模　12—垫板　14—上模座　15—模柄　16—打料杆　17—顶料销　18—凸模固定板
19、22、23—螺钉　20—导套　21—导柱　24—凸模 1　25—导套 1　26—导柱 1

3）钻、铰上模销孔和螺钉孔。上模部分用平行夹板夹紧，在钻床上以凹模 8 上的销孔和螺钉孔作为引钻孔，钻、铰销孔和螺钉孔。然后安装定位销 13 和螺钉 19。

4. 安装弹压卸料部分

1）安装弹压卸料板。将弹压卸料板套在凸凹模上，弹压卸料板和凸凹模组件端面垫上平行垫铁，保证弹压卸料板端面与凸凹模上平面的装配位置尺寸，用平行夹板将弹压卸料板和下模夹紧。然后在钻床上同钻卸料孔。最后将下模各板上的卸料螺钉孔加工到规定尺寸。

2）安装卸料橡胶和定位销。在凸凹模组件上和弹压卸料板上分别安装卸料橡胶 5 和定位销 7，拧紧卸料螺钉 22。

5. 检验

按冲模技术条件进行装配检查。

6. 试冲

按生产条件试冲，合格后入库。

三、级进模的装配

使用级进模可在送料方向上设有多个冲压工位，并在不同工位上进行连续冲压完成多道冲压工序。这些工序可以是冲裁、弯曲和拉深等。这类模具的加工与装配要求较高，难度较大。下面结合两个实例，分析级进模的装配特点。

实例 1：游丝支片级进冲裁模，如图 9-19 所示。

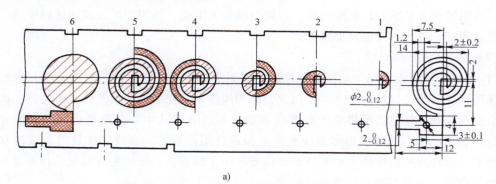

a)

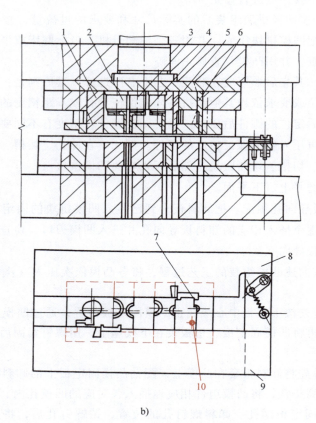

b)

图 9-19 游丝支片级进冲裁模

a）排样图　b）模具装配图

1—落料凸模　2、3、4、5、6—凸模　7—侧刃　8、9—导料板　10—冲孔凸模

1. 级进模的装配要点

（1）装配顺序选择　级进模的凹模是装配基准件，所以应先装下模，再以下模为基准装配上模。

级进模的结构多采用镶拼形式（方便加工、装配和维修），由若干块拼块或镶块组成。为了便于调整步距和保证间隙均匀，装配时先装拼块凹模，把步距调整准确，并进行各组凸、凹模的预配，检查间隙均匀程度，修整合格后再把凹模压入固定板。然后把固定板装入下模，再以凹模为基准定位装配凸模，再把凸模装入上模，待用切纸法试冲达到要求后，用销钉定位固定，再装入其他辅助零件。

（2）模具装配方法

1）各组凸、凹模预配。如果级进模的凹模不是镶块而是整体的，则凹模型孔步距靠加工时保证。若凹模是以拼块方式组合而成，则凹模步距是在装配凹模时调整得到的。此时装配前应仔细检查并修整凹模拼块的宽度（拼块一般以各型孔中心分段拼合，即拼块宽度等于步距）和型孔中心距，使相邻两块宽度之和符合图样要求。在拼合拼块时，应按基准面排齐磨平。再将凸模逐个插入相对应的凹模型孔中，检查凸、凹模配合情况，目测其配合间隙的均匀程度，若有不妥，应进行修正。

2）组装凹模。先按凹模拼块组装后的实际尺寸和要求的过盈量，修正凹模固定板，固定型孔的尺寸，然后把凹模拼块压入。并用三坐标测量机、坐标磨床或坐标镗床对位置精度和步距精度做最终检查，并用凸模复查修正间隙。

压入凹模镶块时，其先后顺序应在装配工艺上有所选择，其原则是：凡装配容易定位的应先压入，凡较难定位或要求依赖其他镶拼件才能保证型孔或步距精度的镶件，以及必须通过一定工艺方法加工后定位的镶件后压入。当各凹模镶件对精度有不同要求时，应先压入精度要求高的镶拼件，再压入容易保证精度的镶件。例如，在冲孔、切槽、弯曲、切断的级进模中，应先压入冲孔、切槽、切断镶块，然后压入弯曲凹模镶块。

凹模组装后，应磨平上、下平面。

3）凸模与卸料板导向孔预配。把卸料板合到已装入凹模拼块的固定板上，对准各型孔后夹紧，然后把凸模逐个插入相应的卸料板导向孔并进入凹模刃口，检查凸模垂直度，若误差太大，应修正卸料板导向孔。

4）组装凸模。按前述凸模组装的工艺过程，将各凸模依次压入（浇注或粘接）凸模固定板。

5）装配下模。首先按下模板中心线找正凹模固定板位置，通过凹模固定板螺孔配钻下模板上的螺钉过孔，再将凹模固定板、垫板装在下模座上，用螺钉紧固后，钻、铰销孔，打入销钉定位。

6）配装上模。首先将卸料板套在凸模上，配钻凸模固定板上的卸料螺钉孔。然后在下模的凹模面上放上等高垫铁，将凸模组件相应地插入各对应的凹模孔内。装上上模座，并在上模座上再划出凸模固定板螺孔、卸料螺钉孔的位置，钻螺钉孔后，将上模板、凸模固定板、垫板用螺钉紧固在一起，同时复查凸、凹模间隙，并用切纸法检查间隙合适后，固紧螺钉，钻、铰销孔，打入销钉定位。

7）安装下模其他零件。以凹模固定板外侧为基准，装导料板，并装承料板和侧压装置。经试冲合格后，钻、铰销孔，打入销钉固定导料板。

8）装卸料板。把卸料板装入上模，复查与卸料板导向孔的配合状况。

9）总体检查。

2. 组件装配

（1）凹模组件 以图 9-20 所示的凹模组件说明其装配过程。

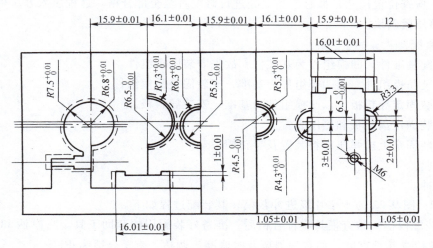

图 9-20 凹模组件

该凹模组件由 9 个凹模拼块和 1 个凹模模套组成，形成 6 个冲压工位和 2 个侧刃孔。各个凹模拼块都以各型孔中心分段，其拼块宽度尺寸等于步距尺寸。

1）初步检查修配凹模拼块。组装前检查各凹模拼块尺寸、型孔孔径和位置尺寸，要求凹模、凸模固定板和卸料板相应尺寸一致。

2）按图示要求拼接各凹模拼块，并检查相应凸模和凹模型孔的冲裁间隙，不妥之处进行修配。

3）组装凹模组件。将各凹模组件压入模套（凹模固定板），并检查实际装配过盈量，不当之处修整模套。装配合格后将模套上下面磨平。

（2）凸模组件 级进模中各个凸模与凸模固定板的连接形式有：单个凸模压入法、单个凸模低熔点合金法和粘接剂粘接法，也有多个凸模依次相连压入法。

1）单个凸模压入法。以图 9-21 为例说明装配过程。

先压入半圆凸模 6 和 8（连同垫块 7 一起压入），再依次压入半环凸模 3、4 和 5，然后压入侧刃凸模 10 和落料凸模 2，最后压入冲孔圆凸模 9。

注意压入时要边压入边检查凸模的垂直度。

最后磨平上下端面。

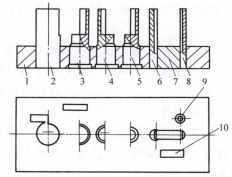

图 9-21 单个凸模压入法

1—固定板 2—落料凸模 3、4、5—半环凸模
6、8—半圆凸模 7—垫块 9—冲孔圆凸模
10—侧刃凸模

2）粘接法。粘接法的优点是：固定板型孔孔径和孔距精度低，加工容易，而装配精度可以达到很高。

粘接前，将各个凸模装入相应凹模型孔，并调整好冲裁间隙，然后套入固定板，检查粘接间隙是否合适，合适后进行浇注粘接。

3）多凸模整体压入法。凹模组件装配检查合格后，以凹模型孔为定位基准，多凸模整体压入后，检查位置尺寸，如有不当之处进行修配直至全部合格。这种压入方法可以设计一个尺寸调整压紧斜块。

3. 总装配

1）装配基准件。凹模组件为基准件，故先安装凹模组件。

2）安装凸模组件。以凹模组件为基准，安装固定凸模组件。

3）安装固定导料板。以凹模组件为基准，安装导料板。

4）安装固定承料板和侧压装置。

5）安装固定上模弹压卸料装置及导正销。

6）检验。

7）试冲。

实例2：图9-22为十字片级进冲裁模，其装配过程如下。

（1）装配模柄　检查模具零件合格后，准备好装配用的辅助工具。将模柄11旋入上模座8中，并检查其垂直度，如有偏斜要及时修磨、调整，直至合适为止。

（2）装配导柱、导套　在上、下模板压入导柱、导套，保证上模板上、下滑动自如，无阻滞现象。

（3）装配凸模　将大、小凸模分别压入凸模固定板9中，并随装配过程逐个检查其垂直度。平磨端面保证刃口锋利。然后将垫板10装好。

（4）装配上模　把已装入三个凸模的固定板组件按划线位置与上模板用夹板夹紧，加工销钉孔、螺纹过孔，装入销钉、螺钉将上模部分安装好。

（5）装配大、小凸模　将大凹模3、小凹模25按合适位置放在下模座上，垫好合适的等高垫铁，把三个凸模插入各自的凹模口，用夹板夹紧上、下模座，投下模座固定螺钉孔窝，拆开后加工下模座板上的螺纹过孔。拧入螺钉初步固定好大、小凹模，螺钉不要拧得太紧。

（6）调整间隙　将模具合模后倒置，把模柄夹在平口钳上，用手灯照射，从下模板的漏料孔中观察凸、凹模间隙大小及均匀性，若不均匀可用锤子轻敲凹模3、25的侧面使其位置改变直至均匀合适为止，然后拧紧螺钉，最后通过凹模块上的销钉孔复钻、铰下模座板上的销钉孔，打入销钉。

（7）安装导料板、固定卸料板　将固定卸料板16、导料板17调好位置拧入螺钉，但不要拧紧。合上模用垫片法调好凸模与固定卸料板之间的间隙，紧固螺钉固定好导料板和固定卸料板。

（8）试冲和调整　用1.5mm厚的硬纸板作为工件材料，将其放在凹模孔上面，合模后用锤子敲击模柄进行试冲，若冲出的硬纸板试件毛刺均匀说明装配正确合格，否则重新装配调整。注意：试模和模具工作冲裁时，凸模都不要离开固定卸料板。

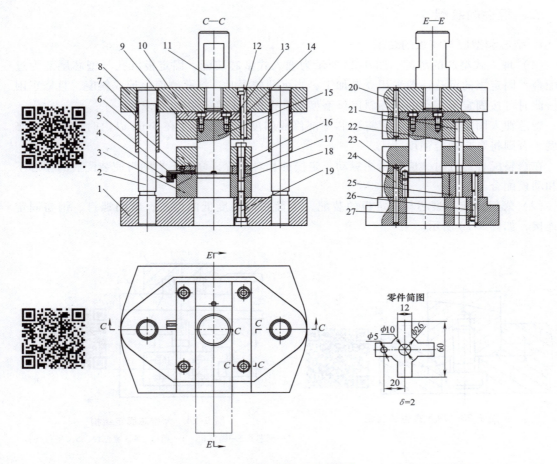

图 9-22　十字片级进冲裁模

1—下模座　2—导柱　3—大凹模　4—初始挡料销　5—弹簧　6、12、13、18、19、26—螺钉　7—导套
8—上模座　9—凸模固定板　10—垫板　11—模柄　14、20、24、27—定位销钉　15—大凸模
16—固定卸料板　17—导料板　21—中凸模　22—小凸模　23—送料定位销　25—小凹模

第五节　塑料模的装配

一、塑料模的装配顺序

　　塑料模的装配顺序没有严格的要求，但有一个突出的特点，零件的加工和装配常常是同步进行的，即经常边加工边装配，这是与冷冲模加工装配所不同的。

　　塑料模的装配基准有两种：一是当动、定模在合模后有正确配合要求，互相间易于对中时，以其主要工作零件如型芯、型腔和镶件等作为装配基准，在动、定模之间对中后才加工导柱、导套。另一种是当塑料件结构形状使型芯、型腔在合模后很难找正相对位置，或者是模具设有斜滑块机构时，通常是先装好导柱、导套，并以其作为模具的装配基准。

二、组件的装配

1. 型芯和型腔与模板的装配

（1）埋入式型芯的装配　图9-23所示为埋入式型芯装配，固定板沉孔与型芯尾部为过渡配合。固定板的沉孔一般采用立铣加工，当沉孔较深时，沉孔侧面会形成斜度，且修正困难。此时可按固定板沉孔的实际斜度修磨型芯配合段，以保证配合要求。

型芯埋入固定板较深者，可将型芯尾部修成斜度。埋入深度在5mm以内时，则不应修斜度，否则将影响固定强度。

在修整配合部分时，应特别注意动、定模的相对位置，修配不当则将使装配后的型芯不能和动模配合。

（2）螺钉固定式型芯与固定板的装配　大面积而高度低的型芯，常用螺钉、销与固定板连接，如图9-24所示。

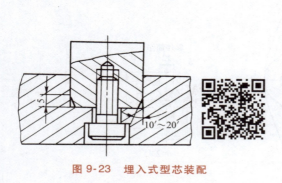

图9-23　埋入式型芯装配

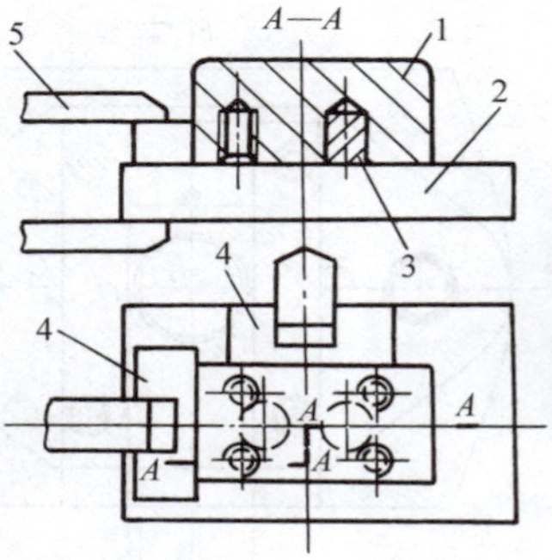

图9-24　大型芯固定结构

1—型芯　2—固定板　3—销钉　4—定位块　5—平行夹板

装配时可按以下顺序进行：

1）在加工好的型芯1上压入实心的定位销套。

2）在型芯螺孔口抹红丹粉，根据型芯在固定板上的要求位置，用定位块4定位，把型芯与固定板合拢，用平行夹板夹紧在固定板上。将螺钉孔位置复印到固定板上，取下型芯，在固定板上钻螺钉过孔及锪沉孔，用螺钉将型芯初步固定。

3）在固定板背面划销孔位置，并与型芯一起钻、铰销孔，压入销钉3。

图9-25所示为螺纹连接型芯的不同结构。加工时先加工好止转螺孔，然后热处理，组装时要配磨型芯与固定板的接触平面，以保证型芯在固定板上的正确位置。

对某些有方向要求的型芯，当螺纹拧紧后型芯的实际位置与理想位置常常出现误差，如图9-26所示。

α是理想位置和实际位置之间的夹角。型芯的位置误差可通过修磨a和b面来消除。因此，要先进行

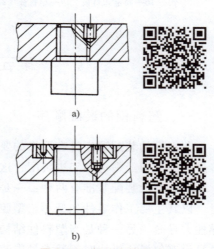

a)

b)

图9-25　螺纹连接式型芯

预装并求出角度 α 的大小。

修磨量 Δ 由下式计算：

$$\Delta = \frac{\alpha}{360°}t$$

式中　α——误差角（°）；

　　　t——连接螺纹的螺距（mm）。

为了方便装配和保证装配质量，安装有方向要求的型芯时，可采用图 9-25b 所示的螺母固定方式。这种固定方式适合于固定任何形式的型芯，以及在固定板上同时固定几个型芯的场合。

（3）单件圆形整体型腔凹模的镶入　如图 9-27 所示，这种型腔凹模镶入模板，关键是型腔形状和模板相对位置的调整和最终定位。调整的方法有：

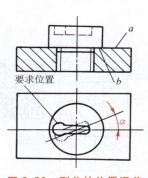

图 9-26　型芯的位置误差

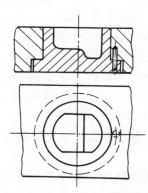

图 9-27　单件圆形整体式型腔凹模与模板的镶入

1）部分压入后调整。型腔压入模板一小部分时，用百分表校正其位置，当调整位置正确后，再将型腔全部压入模板。

2）全部压入后调整。将凹模型腔全部压入模板后再调整其位置。用这种方法是不能采用过盈配合的，一般使其有 0.01～0.02mm 的配合间隙。位置调整正确后，需用定位零件定位，防止其转动。

（4）多型腔凹模的镶入　如图 9-28 所示。在同一块模板上需要镶入多件型腔凹模，且动、定模板之间要有精确的相对位置者，其装配工艺比较复杂。装配时先要选择装配基准，合理地确定装配工艺，保证装配关系正确。在图 9-28 所示结构中，小型芯 2 必须同时穿过小型芯固定板 5 和推块 4 的孔，再插入定模镶块 1 的孔中。因此，这三者必须有正确的相对位置。推块 4 又是套入镶在动模板上的型腔凹模 3 的长孔中，所以动模板固定型腔凹模孔的位置要按型腔外形的实际位置尺寸来修整。并且定模镶块经热处理后，小孔孔距将有所变化，因此要选择定模镶块上的孔为装配基准。从推块的孔中配钻小型芯固定板上的孔。

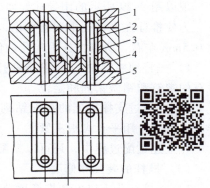

图 9-28　多型腔凹模镶入示意图

1—定模镶块　2—小型芯　3—型腔凹模
4—推块　5—小型芯固定板

（5）装配时的注意事项

1）型腔凹模和型芯与模板固定孔一般为 H7/m6 配合，如配合过紧，应进行修磨，否则压入后模板要变形，对于多型腔模具，还将影响各型芯间的尺寸精度。

2）装配前应将影响装配的清角修磨成圆角或倒棱。

3）型芯和型腔块的压入端应有压入斜度，以防止挤伤孔壁，而影响装配质量。

4）型芯和型腔块在压入时要边压入边检查垂直度，以保证其正确位置。

2. 过盈配合零件的装配

过盈配合零件装配后，应该紧固，不允许有松动脱出。为保证装配质量，应有适当的过盈量和较小的表面粗糙度值，而且压入端导入斜度应做得均匀正确。

薄壁精密件，如导套或镶套压入模板，除上述要求外，还应边压入边检查，压入后必须检查内孔尺寸，如有缩小，应修磨到规定尺寸。也可压入后再进行精加工。

3. 推杆的装配与修整

推杆的装配与修整如图 9-29 所示。

（1）推杆的装配要求

1）推杆的导向段与型腔推杆孔的配合间隙要正确，一般用 H8/f8 配合。注意防止间隙太大而溢料。

2）推杆在推杆孔中往复运动应平稳，无卡滞现象。

3）推杆和复位杆端面应分别与型腔表面和分型面平齐。

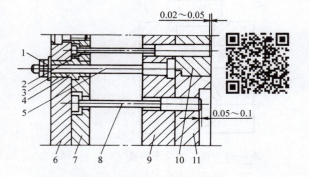

图 9-29　推杆的装配与修整

1—螺母　2—复位杆　3—垫圈　4—导套　5—导柱
6—推板　7—推杆固定板　8—推杆　9—支撑板
10—动模板　11—型腔镶块

（2）推杆固定板的加工与装配　为了保证制件的顺利脱模，各推出元件应运动灵活，复位可靠，推杆固定板与推板需要导向装置和复位支撑。其结构形式有：用导柱导向的结构、用复位杆导向的结构等。

现以图 9-29 所示的用导柱导向的结构说明加工和装配方法。

为使推杆在推杆孔中运动平稳，推杆在推杆固定孔中应有所浮动，其浮动间隙为单边间隙 0.5mm 左右。所以推杆固定孔的位置通过型腔镶块上的推杆孔配钻而得。其配钻过程为：

1）先将型腔镶块 11 上的推杆孔配钻到支撑板 9 上，配钻时用动模板 10 和支撑板 9 上原有的螺钉和销做紧固和定位。

2）在通过支撑板上的孔配钻到推杆固定板 7 上。两者之间可利用已装配好的导柱 5、导套 4 定位，用平行夹板夹紧。

在上述钻配过程中，还可以钻配固定板上的其他孔，如复位杆和拉料杆的固定孔。

（3）推杆的装配和修磨

1）将推杆孔入口处和推杆顶端倒成小圆角或斜度。

2）修磨推杆尾部台肩厚度，使台肩厚度比推杆固定板沉孔深度小 0.05mm 左右。

3）装配推杆时将有导套 4 的推杆固定板 7 套在导柱 5 上，然后将推杆 8 和复位杆 2 穿入推杆固定板、支撑板和型腔镶块推杆孔，而后盖上推板 6，并用螺钉紧固。

4）将导柱台肩修磨到正确尺寸。由于模具闭合后，推杆和复位杆的极限位置取决于导柱的台肩尺寸。因此，在修磨推杆端面之前，先将推板复位到极限位置，如果推杆低于型面，则应修磨导柱台肩；如果推杆高出型面，则可修磨推板6的底平面。

5）修磨推杆和复位杆的顶端面。先将推板复位到极限位置，然后分别测出推杆和复位杆高出型面和分型面的尺寸，确定修磨量。修磨后，推杆端面应与型面平齐，或高出 $0.05 \sim 0.10mm$；复位杆与分型面平齐，或低于 $0.02 \sim 0.05mm$。

当推杆数量较多时，装配应注意两个问题：一是应将推杆与推杆孔选配，防止组装后，出现推杆动作不灵活、卡紧现象。二是必须使各推杆端面与制件相吻合，防止顶出点的偏斜，推力不均匀，使制件推出时变形。

4. 埋入式推板的装配

埋入式推板机构是将推板埋入固定板沉孔内，如图9-30所示。装配的主要技术要求是：既要保证推板与型芯和沉孔的配合要求，又要保证推板上的螺孔与导套安装孔的同轴度要求。

埋入式推板的装配步骤如下：

（1）修配推板与固定板沉孔的锥面配合　首先修整推板侧面，使推板底面与沉孔底面接触，同时使推板侧面与沉孔侧面保持图示位置的 $3 \sim 5mm$ 的接触面，而推板上平面高出固定板 $0.03 \sim 0.06mm$。

（2）配钻推板螺孔　将推板放入沉孔内，用平行夹板夹紧。在固定板导套孔内安装二级工具钻套（其内径等于螺孔底径尺寸），通过二级工具钻套孔钻螺纹底孔、攻螺纹。

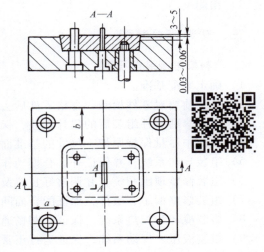

图 9-30　埋入式推板

（3）加工推板和固定板的型芯孔　采用同镗法加工推板和固定板的型芯孔，然后将固定板的型芯孔扩大。

5. 斜导柱抽芯机构的装配

斜导柱抽芯机构如图9-31所示。装配技术要求如下：

1）闭模后，滑块的上平面与定模平面必须留有 $x = 0.2 \sim 0.8mm$ 的间隙。这个间隙在机床合模时被锁模力消除，转移到斜楔和滑块之间。

2）闭模后，斜导柱外侧与滑块斜导柱孔留有 $y = 0.2 \sim 0.5mm$ 的间隙。在机床合模时锁模力将把滑块推向内方，如不留间隙会使斜导柱受侧向弯曲力。

斜导柱抽芯机构的装配步骤如下：

1）型芯装入型芯固定板成为型芯组件。

2）安装导块。按设计要求在固定板上

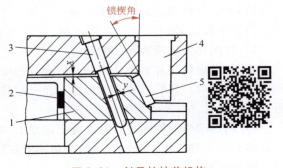

图 9-31　斜导柱抽芯机构

1—滑块　2—壁厚垫块　3—斜导柱
4—锁楔（压紧块）　5—垫片

调整滑块和导块的位置，待位置确定后，用夹板将其夹紧，钻导块安装孔和动模板上的螺孔，安装导块。

3）安装定模板锁楔。保证锁楔斜面与斜滑块斜面有 70% 以上的接触面（如侧芯不是整体的，在侧芯位置垫上相当于制件壁厚的铁片或铝片）。

4）闭模，检查间隙 x 值是否合格（通过修磨或更换滑块尾部垫片保证 x 值）。

5）镗导柱孔。将定模板、滑块和型芯组一起用夹板夹紧，在卧式镗床上镗斜导柱孔。

6）松开模具，安装斜导柱。

7）修整滑块上的导柱孔口为圆环状（即倒角）。

8）调整导块，使其与滑块松紧合适。然后钻销孔，压入销钉。

9）镶侧型芯。

三、塑料模总装配

1. 塑料模常规装配程序

1）确定装配基准。

2）装配前要对零件检测，合格零件后去磁和清洗。

3）调整修磨零件组装后的累计误差，保证分型面接触紧密，防止飞边产生。

4）装配中尽量保持原加工尺寸的基准面，以便总装合模调整时检查。

5）组装导向系统，并保证开、合模动作灵活，无松动、卡滞现象。

6）组装修整顶出系统，并调整好复位及顶出位置等。

7）组装修整型芯、镶件，保证配合面间隙达到要求。

8）组装冷却和加热系统，保证管路畅通，不漏水，不漏电，阀门动作灵活。

9）组装液压、气动系统，保证运行正常。

10）紧固所有连接螺钉，装配定位销。

11）试模，合格后打上标记。如模具编号、合模标记及组装基准面等。

12）最后检查模具的各种配件、附件及起重吊环等零件，保证模具装备齐全。

2. 塑料模装配实例

实例 1：图 9-32 所示为热塑性注射模，其装配要求如下：

1）模具上下平面的平行度误差不大于 0.05mm，分型面处必须密合。

2）推件时，推杆和卸料板动作要保持一致。

3）上、下模型芯必须紧密接触。

（1）装配工艺

1）按图样要求检验各装配零件。

2）修磨定模与卸料板分型曲面的密合程度。

3）将定模、卸料板和支撑板叠合在一起并用平行夹板夹紧，镗导柱、导套孔，在孔内压入定位销后，加工侧面的垂直基准。

4）利用定模的侧面垂直基准确定定模上实际型腔中心，作为以后的加工基准，分别加工定模上的小型芯孔、镶块型孔的线切割工艺穿丝孔和镶块台肩面。修磨定模型腔部分，并压入镶块组装。

5）利用定模的实际中心，加工型芯固定型孔的线切割穿丝孔，并割型孔。

6）在定模卸料板和支撑板上分别压入导柱、导套，并保证导向可靠，滑动灵活。

7）用螺钉复印法和压销套法，把型芯定位紧固于支撑板上。

8）过型芯引钻、铰支撑板上的顶杆孔。

9）过支撑板引钻顶杆固定板上的顶杆孔。

10）加工限位螺钉孔、复位杆孔，并组装顶杆固定板。

11）组装模脚和支撑板。

12）在定模座板上加工螺孔、销孔和导柱孔，并将浇口套压入定模座板上。

13）装配定模部分。

14）装配动模部分，并修整顶杆和复位杆的长度。

15）装配完后进行试模，合格后打标记并交验入库。

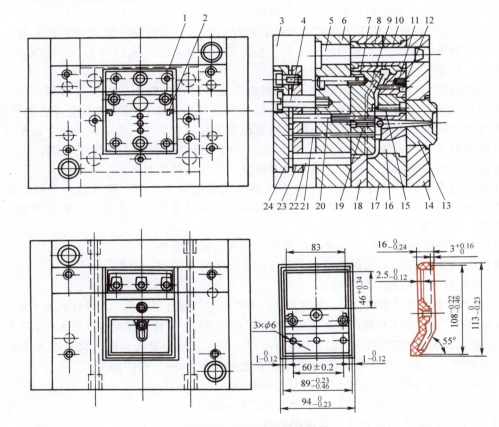

图 9-32　热塑性塑料注射模

1—嵌件螺杆　2—矩形推杆　3—模脚　4—限位螺钉　5—导柱　6—支撑板　7—销套　8、10—导套
9、12、15—型芯　11、16—镶块　13—浇口套　14—定模座　17—定模　18—卸料板　19—拉杆
20、21—推杆　22—复位杆　23—推杆固定板　24—推板

（2）试模要求

1）试模前，必须对设备的油路、水路和电路进行检查，并按规定保养设备，做好开机准备。

2）原料应该合格。根据推荐的工艺参数将料筒和喷嘴加热。由于制件大小、形状和壁厚的不同，以及设备上热电偶位置的深度和温度表的误差也各有差异，因此资料上介绍的加工某一塑料的料筒和喷嘴温度只是一个大致范围，还应根据具体条件调试。判断料筒和喷嘴温度的最好办法是，在喷嘴和主流道脱开的情况下，用较低的注射压力，使塑料自喷嘴中缓慢流出，以观察料流，如果没有硬块、气泡、银丝和变色，而是光滑明亮者，即说明料筒和喷嘴的温度是合适的，这时就可以开始试模。

3）在开始试模时，原则上选择在低压、低温和较长的时间条件下成形，然后按压力、时间、温度这样的先后顺序变动。最好不要同时变动两个或三个工艺条件，以便分析和判断情况。压力的变化，马上就会从制件上反映出来，所以如果制件充不满，通常首先是增加注射压力。当大幅度增加压力仍无显著效果时，才考虑变动时间和温度。延长时间实质上是使塑料在料筒内加热时间延长，注射几次后仍然未充满，最后才提高料筒的温度。但由于料筒温度的上升以及塑料温度达到平衡需要一定的时间，一般要15min左右，因此不能立刻把料筒温度升得太高，以免塑料过热甚至发生降解。

4）注射成形时可选高速注射和低速注射两种工艺。一般在制件壁薄而面积大时，采用高速注射，而壁厚面积小者采用低速注射，在高速和低速都能充满的情况下，除玻璃纤维增强塑料外，均易采用低速注射。

5）对黏度高和稳定性差的塑料，采用较慢的螺杆转速和略低的备压加料和预塑，而黏度低和热稳定性好的塑料可采用较快的螺杆转速和略高的备压。在喷嘴温度合适的情况下，采用喷嘴固定的形式可提高生产率。但当喷嘴温度太高或太低时，需要采用每个成形周期向后移动喷嘴的形式（喷嘴温度低时，由于后加料时喷嘴离开模具，减少了散热，故可使喷嘴温度升高；而喷嘴温度太高时，后加料时可挤出一些过热的塑料）。

在试模过程中应做详细记录，并将结果填入试模记录卡，注明模具是否合格。如需返修，则应提出返修意见。在记录卡中应摘录成形工艺条件及操作注意要点，最好能附上加工出的制件，以供参考。

试模后，将模具清理干净，涂上防锈油，然后入库或返修。

实例2：图9-33所示为热塑性注射模1，主要装配工艺如下。

1）按图样要求检验各装配零件。

2）将型腔板与定模板叠合在一起并用平行夹铁夹紧，通过型腔板上的导柱孔加工定模板上的导柱固定孔，同时加工出侧面垂直基准。拆开后压入导柱，并检查滑动是否灵活、无阻滞。

3）将定模座板与定模板用螺钉连接固定后，钻、铰浇口套孔，压入浇口套并平磨分型面，然后装配定位圈，保证定位圈与定模座板之间有0.1mm左右的间隙。

4）利用侧面基准加工定模板上的型腔与分流道。

5）把小型芯压入大型芯并保证小型芯露出的高度。

6）将大型芯压入型腔板中，并磨平两端面。

7）把型腔板、支撑板和顶杆固定板用夹板夹紧，通过大型芯上的顶杆孔和型腔板上的复位杆孔复钻支撑板和顶杆固定板上的顶杆孔、复位杆孔和拉料杆孔，拆开后把各孔加工到图样要求尺寸。

8）组装顶杆、复位杆和拉料杆。

9）组装动模。把顶杆、复位杆组件的各杆插入相应的各孔中，将限位钉压入，然后用螺钉将动模部分组装连接好。测量顶杆、复位杆头部的位置尺寸决定加工调整的尺寸，通过对顶杆、复位杆和限位钉的加工与调节保证顶杆高出型腔面0.1mm左右、复位杆低于分型面0.1mm左右。

10）总装配模具后进行试模，合格后打标记并交验入库。

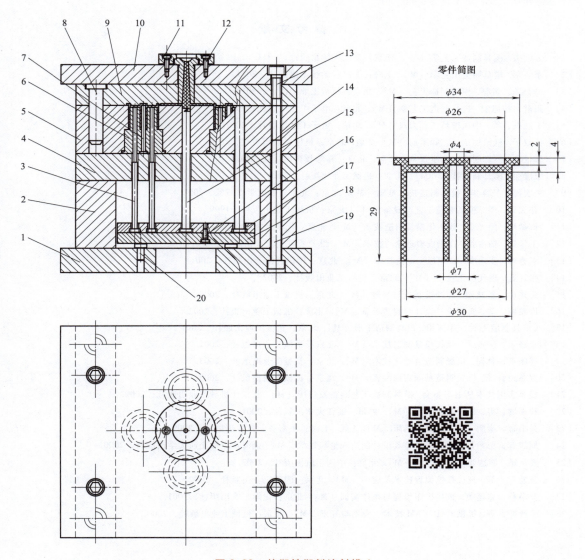

图 9-33 热塑性塑料注射模 1

1—动模座板 2—垫块 3—顶杆 4—支撑板 5—型腔板 6—大型芯 7—小型芯 8—导柱
9—定模板 10—定模座板 11—定位圈 12、13、16、19—螺钉 14—复位杆 15—拉料杆
17—顶杆固定板 18—推板 20—限位钉

思 考 题

1. 模具常用的装配工艺方法有哪些？各有何特点？
2. 常见冷冲模的装配顺序是怎样的？
3. 模具成形零件的固定方法有哪些？各用于哪类模具？
4. 调整凸凹模间隙的方法有哪些？各用于什么场合？
5. 简述冷冲模间隙的装配要点。
6. 与冷冲模相比，塑料注射模的装配有何特点？

参 考 文 献

[1]　方世杰. 模具制造工艺学 [M]. 南京：南京大学出版社，2011.

[2]　李晓东. 模具制造工艺学 [M]. 上海：上海科学技术出版社，2011.

[3]　杨金凤，黄亮. 模具制造工艺 [M]. 北京：机械工业出版社，2012.

[4]　张霞，初旭宏. 模具制造工艺学 [M]. 北京：电子工业出版社，2014.

[5]　王敏杰，等. 中国模具工程大典 [M]. 北京：电子工业出版社，2007.

[6]　杨叔子. 机械加工工艺师手册 [M]. 2 版. 北京：机械工业出版社，2010.

[7]　郭铁良. 模具制造工艺学 [M]. 3 版. 北京：高等教育出版社，2014.

[8]　宋建丽. 模具制造技术 [M]. 北京：机械工业出版社，2012.

[9]　王宏霞，吴燕华. 模具制造技术基础 [M]. 北京：北京理工大学出版社，2011.

[10]　孙凤勤，等. 模具制造工艺与设备 [M]. 北京：机械工业出版社，1999.

[11]　许鹤峰，闰光荣. 数字化模具制造技术 [M]. 北京：化学工业出版社，2001.

[12]　王学让，杨占尧. 快速成型理论与技术 [M]. 北京：航空工业出版社，2001.

[13]　王秀峰，罗宏杰. 快速原型制造技术 [M]. 北京：中国轻工业出版社，2001.

[14]　张辽远. 现代加工技术 [M]. 北京：机械工业出版社，2002.

[15]　彭建声，秦晓刚. 冷冲模制造与修理 [M]. 北京：机械工业出版社，2000.

[16]　许发樾，等. 实用模具设计与制造手册 [M]. 北京：机械工业出版社，2002.

[17]　《模具制造手册》编写组. 模具制造手册 [M]. 北京：机械工业出版社，2001.

[18]　金涤尘，宋放之. 现代模具制造技术 [M]. 北京：机械工业出版社，2001.

[19]　周骥平，林岗. 机械制造自动化技术 [M]. 北京：机械工业出版社，2003.

[20]　贾慈力，等. 机械制造基础实训教程 [M]. 北京：机械工业出版社，2003.

[21]　模具实用技术丛书编委会. 模具制造工艺装备及应用 [M]. 北京：机械工业出版社，2000.

[22]　狄瑞坤，等. 机械制造工程 [M]. 杭州：浙江大学出版社，2001.

[23]　吴祖育，秦鹏飞，等. 数控机床 [M]. 3 版. 上海：上海科学技术出版社，2009.

[24]　周雄辉，彭颖红，等. 现代模具设计制造理论与技术 [M]. 上海：上海交通大学出版社，2000.

[25]　齐从谦. 制造业信息化导论 [M]. 北京：中国宇航出版社，2003.

[26]　王爱玲，等. 现代数控编程技术及应用 [M]. 北京：国防工业出版社，2002.

[27]　罗学科，张超英. 数控机床编程与操作实训 [M]. 北京：化学工业出版社，2001.

[28]　王贤坤，等. 机械 CAD/CAM 技术、应用与开发 [M]. 北京：机械工业出版社，2000.